全 国 高 等 学 校 建 筑 学 学 科 专 业 指 导 委 员 会 推 荐 教 学 参 考 书

Illustrated History
of
Landscape Design

图解景观设计史

伊丽莎白·伯顿（Elizabeth Boults）　　奇普·沙利文（Chip Sullivan）　著

肖蓉　李哲　译

刘大馨　审校

U0259499

天津大学出版社
TIANJIN UNIVERSITY PRESS

版权合同：天津市版权局著作权合同登记图字02-2010-249号

本书中文简体字版由约翰·威利父子公司授权天津大学出版社独家出版

图书在版编目（CIP）数据

图解景观设计史 ／（美）伯顿，（美）沙利文著；肖蓉 李哲译.
－天津 ：天津大学出版社，2013.9
ISBN 978-7-5618-4755-8

Ⅰ．①图… Ⅱ．①伯… ②沙… ③肖… ④李… Ⅲ．
①景观设计－建筑史－世界－图解 Ⅳ．①TU986.2-091

中国版本图书馆CIP数据核字(2013)第192635号

出版发行：	天津大学出版社
出 版 人：	杨　欢
地　　址：	天津市卫津路92号天津大学内（邮编：300072）
电　　话：	发行部：022-27403647
网　　址：	publish.tju.edu.cn
印　　刷：	北京信彩瑞禾印刷厂
经　　销：	全国新华书店
开　　本：	210毫米×285毫米
印　　张：	16.5
字　　数：	880千
版　　次：	2013年9月第1版
印　　次：	2013年9月第1次印刷
定　　价：	55.00元

New Preface to the Chinese Edition

We are very pleased about the publication of a Chinese language version of *Illustrated History of Landscape Design*. This edition affords us an opportunity to share our knowledge of landscape history with a wide audience, in a culture that has always valued the building of gardens. The tradition of great garden making continues in China today with the astounding amount of contemporary landscape design that is transforming the urban environment.

Illustrated History of Landscape Design joins other titles on environmental design available through Tianjin University Press, attesting to the world's growing concern with understanding the issues that affect our common home. Our book is intended to provide a framework for understanding human history through the lens of landscape architecture – how throughout time people have artfully shaped nature to suit their needs.

Our approach in presenting a survey of historically significant built landscapes is to position landscape design as an artistic product of a culture at a given point in time. There existed in China a close connection between painting, poetry, and gardening that the authors admired and took inspiration from when conceptualizing this book. We view *Illustrated History of Landscape Design* as a work of art, a poetic organization of research into the many factors that influence the design of the built environment. Our goal is to inspire others to be aware of the great landscapes of the past as they go on to create beautiful gardens, parks, and green spaces in the future.

Elizabeth Boults
Chip Sullivan
Berkeley, CA

中文版前言

悉闻中文版《图解景观设计史》即将付梓，我们感到非常欣喜。中文版的面世让我们有机会与广大中国读者分享关于景观历史的知识，中国文化一直以来就很关注景观建筑的营造。中国博大精深的造园传统今天仍在延续，涌现了大量当代景观设计作品，它们正在深刻地改变着城市环境。

与天津大学出版社合作出版《图解景观设计史》，表明全世界的人们都在不断重视影响我们共同家园的各类景观问题。本书旨在通过景观建筑的视角为读者了解人类历史提供一个整体框架，即长久以来，人们如何巧妙地塑造自然，以契合自身的需求。

我们考察并呈现具有历史意义的人工景观的撰稿方法就是将景观设计定位为特定历史时期的一种文化艺术性产品。在中国，绘画、诗歌和园林之间具有密切的联系；在书稿写作过程中，我们沉醉其间并从中获得灵感。我们把《图解景观设计史》视为一部艺术作品，它对影响人工环境的诸多因素进行了诗情画意般的组织研究。我们的目的是激励人们去认识那些历史上的伟大景观作品，从而在未来创造出更多美好的花园、公园和绿色空间。

伊丽莎白·伯顿
奇普·沙利文
加利福尼亚大学伯克利分校

目　录

致　谢

感谢蒂姆·莫利特-帕克斯（Tim Mollette-Parks）为本书的出版所付出的辛劳。他的付出对于整个编撰计划的顺利完成至关重要。蒂姆协助我们将图纸与文字完美地融合为一体，呈现出富有诗意的排版形式，并对书稿提出了富于灼见的点评。他的研究工作构成了本书最后一章的内容基础。

麦克道威尔居住区（MacDowell Colony）的寓所对于创作并完成这部书稿不可或缺。我们非常欣慰在撰稿期间能够居住在这处充满创造力、激发思考灵感的安静环境之中。

衷心感谢兰迪·赫斯特教授（Professor Randy Hester）、乔·麦克布莱德教授（Professor Joe McBride）和马克·特雷布（Marc Treib）对我们研究方法的信任。马克教授对介绍日本园林的章节做出了评论。我们还要感谢环境设计学院图书馆（the College of Environmental Design Library）的伊丽莎白·伯恩（Elizabeth Byrne）和她的同事，她们帮助我们迅速搜集到了重要的研究资料。

伊丽莎白要向海斯·辛克教授（Professor Heath Schenker）表达谢意，感谢他给了伊丽莎白在戴维斯（Davis）的加利福尼亚大学（the University of California）讲授景观建筑史的机会。感谢格里·罗宾逊老师（Gerrie Robinson），她全身心地投入教学令人敬佩，感谢她持之以恒的精神支持。我们作为她的学生，积极将她传授的方法应用于研究主题。感谢语言大师帕梅拉·坎宁安（Pamela Cunningham）。还要感谢约翰·福隆（John Furlong），他是拉德克利夫研讨班（the Radcliffe Seminars）景观设计项目组的前任负责人，福隆启发式的教学模式有力地支撑了伊丽莎白探索、研究景观建筑的热情。

奇普要感谢加利福尼亚大学伯克利分校的景观建筑与环境规划系（the Department of Landscape Architecture and Environmental Planning），因为这里是培养创造热情的场所。大学生们激励并丰富了奇普的试验成果。詹姆斯·纳塔利（James Natalie）为本书一些关键性的内容节点提供了极有价值的帮助。此外，贝娅特丽克丝·弗莱德研究基金会（Beatrix Farrand Research Fund，贝娅特丽克丝·琼斯·弗莱德（Beatrix Jones Farrand，1872—1959），美国景观建筑师）为本研究项目提供了重要支持。奇普还要特别感谢比尔·汤姆森（Bill Thomson）在《景观建筑》杂志（Landscape Architecture）上刊登的连环漫画，为本书的出版做了前期准备工作。最后，他还要感谢《癫狂》杂志（Mad，美国著名幽默杂志）的所有原创艺术家，是他们打开了通往写意生活的大门。

序 言

建成景观具有一种视觉创造力。历史上的园林与景观是无穷的可能性与设计灵感的源泉。我们痴迷于探究自然元素如何在不同的时间和地点被重新组合，目标是形成一本纵览历史上著名景观的图解参考书，为读者获取丰富的景观设计知识提供有益的指导。

我们从设计者的角度回溯了景观发展的历程，借助设计语言，如草图、平面图、剖面图、立面图和透视图等多种方式有效进行了形式与空间关系的沟通交流。为此，我们在书中增添了许多系列性的插图，以便帮助读者建立动态的空间体验。

作为一种艺术表现形式，经过人工设计的景观是一种文化产品，体现了在特定社会、经济和政治环境下，它的设计者、所有者或者出资者的理想和价值观。研究景观历史能够激发当代设计师的灵感，帮助他们在目前社会环境中找准自身工作的定位。设计师既可以摒弃传统，也可以引鉴传统。夏季带队出国游学的经历使我们体会到掌握历史遗迹现场的第一手信息是多么重要。观察和分析（借助绘制插图的方式）能够帮助我们了解设计生成过程，并且提高工作质量。

书中梳理信息资料的方式非常独特：根据设计重点的不同，按照年代顺序组织，进行图解式的引导。这种按照年代叙述景观历史的方法，能够帮助读者建立不同文化之间的联系，理解同一个常规主题是如何在不同时代进行表达的，并且领略设计潮流的不同之处。用绘图进行表达的方式源自奇普在《景观建筑》杂志（*Landscape Architecture*）上发表的题为"创意学习"（creative learning）的系列漫画。今天，视觉媒体主宰着我们的文化。图片足以传达观念。我们希望书中的钢笔画插图能够为读者提供景观史的总体认知，鼓励人们借助绘画方式研究景观。

书中内容以世纪为时间单位进行历时性组织，每个章节均从设计图开始——用绘图方式表现这一时期的重要主题概念——世界上发生的重大事件均按照时间线索排序。这为我们研究具体案例提供了一个视野广阔的历史背景。有代表性的园林和景观设计案例将根据所属地域进行划分。借助系列插图、案例研究及图解说明描述空间。每一章节末尾对设计理念、设计原则和设计语汇进行了总结，并列出了能够展现特定时期历史上及当时的艺术作品清单。第一章和最后一章则没有采用这种模式，而是设计成图解年代表——按照时间线索组织不同主题。

每一处建成景观都流传着浪漫的传奇故事，每幅图片都胜过千言万语。我们的目标就是通过图文结合的方式引领读者轻松领略历史上那些伟大的景观空间。我们期待这部作品能够鼓励读者更深入地研究景观，继而发掘出隐含在景观背后的故事。

史前时代至公元6世纪

早期的人类文明试图在景观建造中重塑或表达山水环境、自然现象的神秘意义和精神内涵。人们改造景观旨在表达对神秘大自然的崇拜。早期的"景观设计"源自人们依托直觉的挖山堆土。我们的祖先创造了许多大地景观，高高堆垒的石块以及奇异的大地标识，有的呈简单的几何图形，有的呈轴向放射排列。这些空间当初所具有的功能至今依旧是未解之谜。

最迟至古代晚期，随着基于人类逻辑推理能力的自然科学研究系统的建立，文化价值观也开始发生变化。人们寻求对自然奥秘的理性解释。古希腊人将自然尊为神的避难所，同时也是人类的领地。他们关注个体在大型的民主社会群体里所扮演的角色，并将其作为公民的责任，体现在建筑、城市空间和景观的设计中。

本章中图解的年代表依照以下主题进行组织：
[1] 史前的天地景观具有宇宙崇拜的特征；
[2] 古代园林由早期的别墅和宅内庭园组成；
[3] 景观和建筑涵盖了寺庙、住宅和重要场所的场地规划；
[4] 神圣的景观空间普遍具有鲜明的地域与风俗特征。

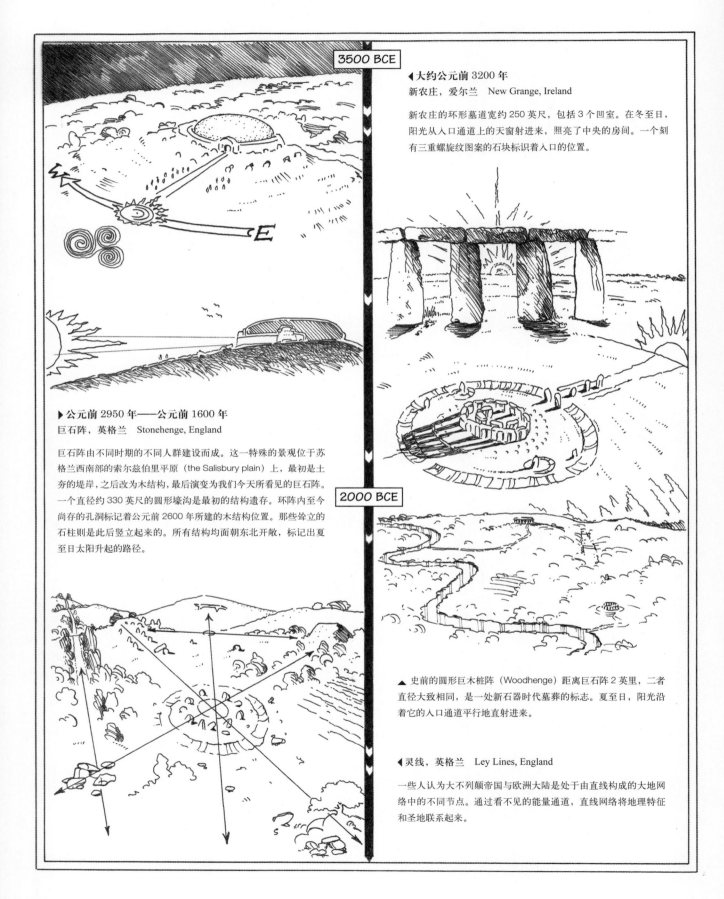

3500 BCE

◄ 大约公元前 3200 年

新农庄，爱尔兰　New Grange, Ireland

新农庄的环形墓道宽约 250 英尺，包括 3 个凹室。在冬至日，阳光从入口通道上的天窗射进来，照亮了中央的房间。一个刻有三重螺旋纹图案的石块标识着入口的位置。

▶ 公元前 2950 年——公元前 1600 年

巨石阵，英格兰　Stonehenge, England

巨石阵由不同时期的不同人群建设而成。这一特殊的景观位于苏格兰西南部的索尔兹伯里平原（the Salisbury plain）上，最初是土夯的堤岸，之后改为木结构，最后演变为我们今天所看见的巨石阵。一个直径约 330 英尺的圆形壕沟是最初的结构遗存。环阵内至今尚存的孔洞标记着公元前 2600 年所建的木结构位置。那些耸立的石柱则是此后竖立起来的。所有结构均面朝东北开敞，标记出夏至日太阳升起的路径。

2000 BCE

▲ 史前的圆形巨木桩阵（Woodhenge）距离巨石阵 2 英里，二者直径大致相同，是一处新石器时代墓葬的标志。夏至日，阳光沿着它的入口通道平行地直射进来。

◄ 灵线，英格兰　Ley Lines, England

一些人认为大不列颠帝国与欧洲大陆是处于由直线构成的大地网络中的不同节点。通过看不见的能量通道，直线网络将地理特征和圣地联系起来。

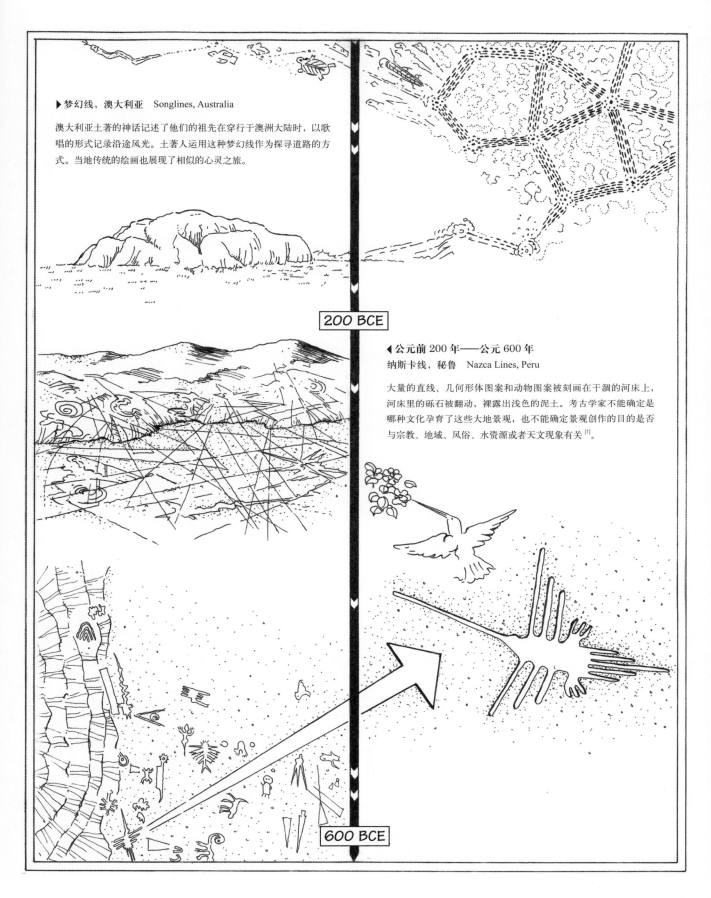

▶梦幻线，澳大利亚　Songlines, Australia

澳大利亚土著的神话记述了他们的祖先在穿行于澳洲大陆时，以歌唱的形式记录沿途风光。土著人运用这种梦幻线作为探寻道路的方式。当地传统的绘画也展现了相似的心灵之旅。

200 BCE

◀公元前 200 年——公元 600 年
纳斯卡线，秘鲁　Nazca Lines, Peru

大量的直线、几何形体图案和动物图案被刻画在干涸的河床上，河床里的砾石被翻动，裸露出浅色的泥土。考古学家不能确定是哪种文化孕育了这些大地景观，也不能确定景观创作的目的是否与宗教、地域、风俗、水资源或者天文现象有关[1]。

600 BCE

1500 BCE

◀ 公元前1380年

内巴蒙[译注]陵墓，底比斯　Tomb of Nebamun, Thebes

雕刻在这位富有的埃及官员墓墙上的花园是有关古埃及景观的重要原始信息。各色植栽排列有序地环绕着一个盛产鱼虾的矩形河谷盆地。

[译注] 内巴蒙是古埃及新王国时期的一名谷物计量员和登记员。

▶ 公元前 2500 年—公元前 612 年

美索不达米亚[译注]平原的狩猎园　Mesopotamian Hunting Parks

据文献记载，苏美尔人建造了大型的封闭式花园，古巴比伦人和亚述人在花园中种植奇花异草、圈养动物，这是早期园林管理的证据之一。《吉尔伽美什史诗》(the Epic of Gilgamesh，吉尔伽美什是传说中的苏美尔国王) 中记述了苏美尔人的乌鲁克城 (Uruk，伊拉克中部城市)，它由面积大致相等的城区、园林和田地三片区块构成[2]。

[译注] 美索不达米亚是古希腊对两河流域的称谓，意为"(两条) 河流之间的地方"，这两条河指的是幼发拉底河和底格里斯河。

500 BCE

◀ 公元前 546 年

帕萨尔加德[译注]，波斯　Pasargadae, Persia

在古希腊人和古罗马人的描述中，伟大的居鲁士国王 (Cyrus the Great，公元前 600 年—公元前 530 年) 修建的波斯帝国首都用水和植物的自然地理形态划定了边界，早期的长方形景观构图 (the four-square pattern) 后来与"天堂"花园 ("paradise" gardens) 联系起来。现存的废墟遗址揭示了建筑与花园之间的紧密联系以及水体的装饰性用途。花园提供了视觉上的美感与气候上的舒适感，但没有实际的使用功能[3]。

[译注] 帕萨尔加德位于伊朗境内，是波斯阿契美尼德帝国 (Achaemenid Empire) 的首都之一，目前被列为世界文化遗产。

50 CE

◀▲ 大约公元 79 年

维蒂之家，庞贝　House of the Vettii, Pompeii

庞贝以前是希腊的殖民地，后来成为富有的罗马人的旅游胜地。公元 79 年维苏威火山喷发，在火山灰和残片的掩盖下，公元 1 世纪时的建筑和景观得以保存。典型的罗马民居包含有铺地的中庭和由带檐柱廊或列柱环绕的花园庭院。花园景观被描绘在列柱走廊的墙壁上，从视觉角度延伸了空间。

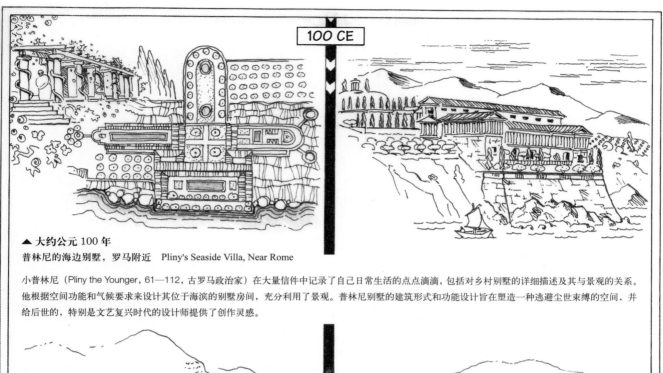

100 CE

▲ **大约公元 100 年**

普林尼的海边别墅，罗马附近　Pliny's Seaside Villa, Near Rome

小普林尼（Pliny the Younger, 61—112, 古罗马政治家）在大量信件中记录了自己日常生活的点点滴滴，包括对乡村别墅的详细描述及其与景观的关系。他根据空间功能和气候要求来设计其位于海滨的别墅房间，充分利用了景观。普林尼别墅的建筑形式和功能设计旨在塑造一种逃避尘世束缚的空间，并给后世的，特别是文艺复兴时代的设计师提供了创作灵感。

▲ **公元 118 年**

哈德良离宫，提沃利，意大利　Hadrian's Villa, Tivoli, Italy

哈德良离宫位于罗马城东面 15 英里处的塞宾山（the Sabine mountains）脚下。这座皇家别墅具有复杂的结构和装饰元素，反映出哈德良皇帝（Hadrian, 76—138, 罗马帝国皇帝）对于建筑和古典文化的痴迷。今天，这处遗址占地约 150 英亩，学者们推测这仅为其全盛时期整体规模的一半 [4]。

500 CE

▶ **大约公元 540 年**

凯霍斯鲁之春地毯，伊拉克　Spring of Khosrow Carpet, Iraq

地毯上镶嵌着黄金和宝石，长度超过 450 英尺，铺设在巴格达近郊的凯霍斯鲁国王（King Khosrow，531 年—579 年在位）皇宫的接见大厅内[责编注]。地毯图案展现了草木茂盛的植物园，矩形的植床被小径与河道所分割。这张地毯只见于文献记载，表现出生活在荒芜沙漠环境中的人们对于伊甸园般天堂的向往。

[责编注] 传说地毯是用金银、丝绸和各种珠宝编织而成的，华丽精美异常，宛如光芒明媚的春光，因此而得名。

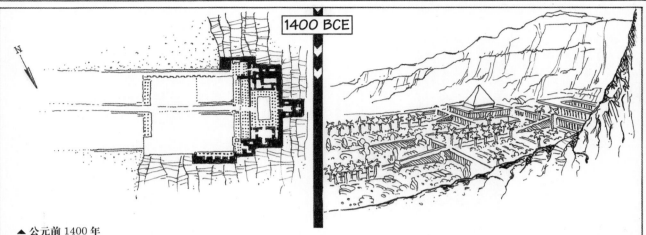

1400 BCE

▲ 公元前 1400 年

哈特谢普苏特神庙，帝王谷，埃及　Mortuary Temple of Hatshepsut，Deir El-bahri，Egypt

这座神庙奇迹般地建造在尼罗河西岸的悬崖边上，女法老哈特谢普苏特（Hatshepsut，公元前 1508 年—公元前 1458 年）的墓地由一系列纪念性的梯形大平台和对称布置的柱廊围绕一条行进轴线构成。墓内壁画中绘有从索马里移植而来的乳香树和没药树，考古发现证明在梯形平台上栽植有这些从国外引进的树木品种[5]。

◀ 公元前 460 年

雅典卫城，希腊　Acropolis，Athens，Greece

雅典卫城最早建于新石器时代的圣山山顶，那里曾经是迈锡尼（Mycenaean）[译注]堡垒的所在地。它保留了希腊古典文明的特征以及具有民主风格的建筑。希波战争之后，雅典政治家伯利克里（Pericles，公元前 495 年—公元前 429 年）发起了一场城邦重建运动，重修了神庙。帕提农神庙（the Parthenon）就建造于这一时期，是多立克柱式的代表作——这种柱式具有严格的长宽比例要求[6]。雅典娜大道（the Panathenaic Way）则从城门入口一直延伸至卫城。

[译注] 迈锡尼位于伯罗奔尼撒半岛，是古希腊青铜时代的最后一个阶段，包括《荷马史诗》在内，大多数的古希腊文学和神话历史设定皆源自此时期。

400 BCE

▶ 公元前 200 年

雅典娜广场　Athenian Agora

雅典娜广场是雅典城的市民中心，人们聚集在这里进行物品交易，参与城邦事务。追踪几个世纪间这座广场的用途变迁及其发展就会勾勒出经历了古风时期（the Archaic，大约公元前 750 年—大约公元前 480 年）、古典时期（the Classical，大约公元前 500 年—公元前 323 年）和希腊化时期（the Hellenistic，公元前 323 年—公元前 146 年）内涵丰富的希腊文明的脉络。这一公共空间的形态更多是自发形成的[7]。

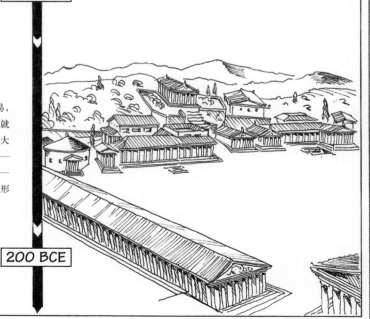

200 BCE

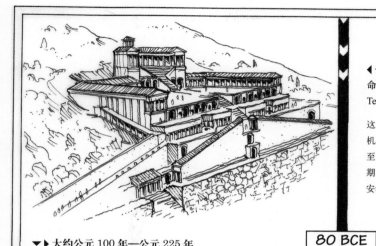

80 BCE

◄公元前 82 年

命运女神庙，帕勒斯特里纳，意大利

Temple of Fortuna Primigenia, Palestrina, Italy

这处具有纪念性的城市设计将希腊风格的轴向对称与罗马拱券技术有机结合起来。壮丽的楼梯、坡道、带拱廊的梯台沿坡地缓缓上升，直至顶端半圆形的议事厅入口，这一设计手法对后世意大利文艺复兴时期的设计产生了深远影响。圣殿高出海平面 1000 多英尺，在第勒尼安海（the Tyrrhenian Sea）上也能够看见。

▼▶大约公元 100 年—公元 225 年

特奥蒂瓦坎，墨西哥　Teotihuacan, Mexico

阿斯特克文明的中心特奥蒂瓦坎城是公元 2 世纪晚期世界上最大的城市，人口超过 10 万。死亡之路（the Avenue of the Dead）是这座长方形城市的主轴线，指向了各个重要方向。月亮神庙（the Temple of the Moon）位于城市的北端，与塞罗戈多山（Cerro Gordo，特奥蒂瓦坎以北地名）形成呼应。阿斯特克人将太阳金字塔（the Pyramid of the Sun）修建在轴线中部附近的一个人工洞穴上。大型的下沉式广场——城堡区域（the Ciudadela）则坐落于轴线南端的圣胡安河边（the San Juan River）。

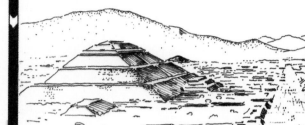

100 BCE

▲▶公元 120 年

万神庙，罗马　Pantheon, Rome

公元前 27 年，罗马政治家马库斯·阿格里帕（Marcus Agrippa，公元前 63 年—公元前 12 年）在罗马城建造了一个小型神庙。现存的结构则建造于哈德良时期。直至公元 15 世纪，万神庙都是世界上最大的水泥穹顶建筑。穹顶的高度与跨度相当。文艺复兴时期的建筑师们，尤其是菲利波·伯鲁内列斯基（Filippo Brunelleschi，1377—1446），认真研究了这一建筑的比例与构造方式，后来他为佛罗伦萨的圣母百花大教堂设计了一个更大的穹顶。万神庙穹顶中间的圆窗创造了神奇的光影效果。

▲ **富士山，日本　Mt.Fuji, Japan**

某些自然特征，比如高山，在许多地方文化中被视为圣地。在日本的神道教中，富士山尤其被顶礼膜拜。

▲ **大约公元前 2000 年—公元前 1470 年**
克里特文明，克里特岛[译注]　**Minoan Civilization, Crete**

在克诺索斯（Knossos）一座没有设防的宫殿中建有一个大型的开放式庭院。宫殿中的"祭祀角"（horns of consecration）代表供奉的祭祀公牛，象征着空间神圣不可侵犯。一对修复过的牛角，通常被看作大地女神（the Earth Goddess）抬起的臂膀，构成了一幅远方山地圣殿的图景。

[译注] 克里特岛位于地中海北部，是希腊第一大岛。

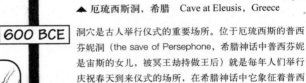

▲ **厄琉西斯洞，希腊　Cave at Eleusis, Greece**

洞穴是古人举行仪式的重要场所。位于厄琉西斯的普西芬妮洞（the save of Persephone，希腊神话中普西芬妮是宙斯的女儿，被冥王劫持做王后）就是每年人们举行庆祝春天到来仪式的场所，在希腊神话中它象征着普西芬妮从冥府的回归。

◀ **大约公元前 600 年**
德尔斐，希腊　Delphi, Greece

德尔斐是迈锡尼村和大地女神盖亚（Gaia, the Earth Goddess）神殿的所在地。直至公元前 7 世纪，这里都被希腊人作为供奉阿波罗神（Apollo）的场所。

A　　　B　　　C　　　D

▲ 在阿波罗圣地的外围建有一座圆形建筑——雅典娜神庙（A）和灵感之泉（the Castalian spring），这也是一处重要的朝圣地（B）。阿波罗神庙（C）周身饰有浮雕，水流从"大地之脐"（navel of the earth）——地面上的一处自然裂缝中涌出。一位女祭司坐在半圆石祭坛的三角凳上，并在祭台中央（D）焚烧月桂叶。周边侍立的祭司负责解释女祭司的预言。

▲ 恒河　The Ganges

在印度人的心目中，长达 1500 多英里的恒河是一条能够拯救灵魂的圣河。公元前 6 世纪，河滨城市瓦拉纳西（Varanasi）成为喀什王国（the Kashi kingdom）的都城，一直是印度北部一处朝拜的圣地。河岸上遍布庙宇、神殿和台阶（又称"加特"（ghat））。

▲ 公元前 563 年—公元前 483 年
菩提树，印度　Bodhi Tree, India

根据佛教传统，佛祖释迦牟尼（Gautama Buddha，公元前 563 年—公元前 483 年）在菩提树下获得顿悟。因此，菩提树被佛教徒视为圣树，那里也成为教徒朝拜的圣地。

▲ 公元前 331 年
锡瓦绿洲　Siwa Oasis

伟大的亚历山大大帝（Alexander the Great，公元前 356 年—公元前 323 年，马其顿国王）在飞鸟的指引下历经艰辛穿过利比亚沙漠，到达西部的绿洲，也就是今天的埃及。几百年来，锡瓦绿洲是伯伯尔（Berber）[译注1] 部落的家园。之后，古希腊人在此修建了阿蒙[译注2] 神示所（the sacred oracle of Amun）。

[译注1]"伯伯尔"在阿拉伯语系中指北非、埃及及西南部的土著居民。

[译注2]"阿蒙"是一位埃及主神的希腊化名字，意为"隐藏者"，阿蒙被称作"王座与两陆之王"，或者更骄傲地称作"众神之王"。法老们把自己的一切胜利都归功于阿蒙。

300 BCE

▲ 公元前 219 年

长生岛，中国　Islands of the Immortals, China

秦始皇[8] 痴迷于寻找长生不老的仙药。他派人探访喜玛拉雅山，传说在山顶的小屋中藏有长生不老的灵丹妙药。帝王们从未找到过长生不老药，但是寻找长生不老之地的想法风靡汉朝。汉武帝（公元前 156 年—公元前 87 年）在皇家宫苑的池湖里人工修造了 3 座山，由此开创了著名的"湖—岛"型东方园林的造园模式，并流行于后世。

罗马皇帝哈德良从帝国各地搜集奇珍异宝和奇思妙想，在罗马附近的皇家园囿中进行复建。一个罗马设计词汇清晰地表达出对外国设计理念的借鉴：卡诺珀斯（the canopus，这个名字源于尼罗河的一条支流），即长条状的矩形水渠，水渠的两侧竖立着女像柱，南端终点处建有一座半圆形的罗马式休息建筑（可能是餐厅），北端则建有一座半圆形的柱廊。长长的走廊（stoa poekile，在雅典称为"画廊"）提供了一年四季都可以漫步的空间。哈德良皇帝出于对希腊文化的兴趣，在离宫中植入了圣殿山谷（the Vale of Tempe，借鉴了传说中奥林匹斯山（Mount Olympus）下的森林）、学苑（the Lyceum）和研究院（the Academy）等建筑元素。

迷人的"海上剧院"（the maritime theater）是一个位于圆形小岛上的圆拱形建筑，四周环绕着柱廊和壕沟，但功能尚不清楚。浴场、剧院、图书馆、客人休息厅和柱廊环绕的景观相互联通，并用艺术品装饰。

离宫坐落在两条河流交汇的洲头，水滨建有大量的水上雕塑、喷泉、水池和池塘。建筑大都依循地势，台地充分利用地形景观。原本无序的几何要素通过离宫的设计，形成有机的统一，每个独立的空间都由轴线组织串连起来。通过不同主题的相互关联，整个离宫构成了完整的设计理念。

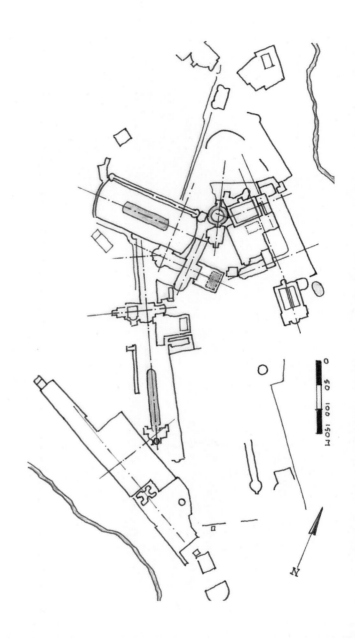

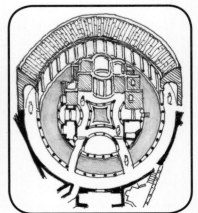

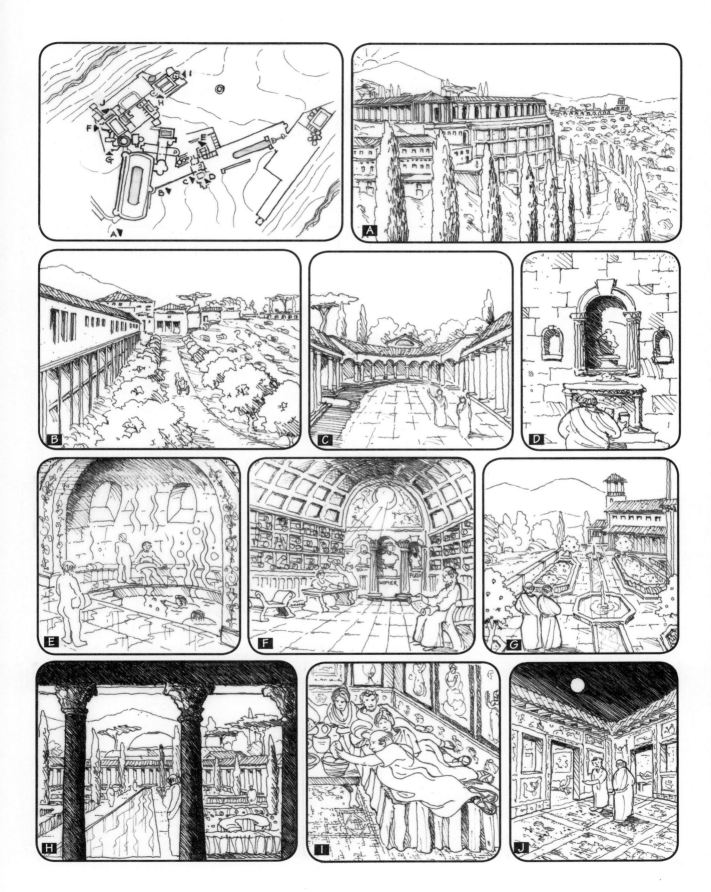

总　结

大约 8000 年前，在南美洲和中美洲、埃及和中东以及印度和亚洲，开始同时出现复杂的社会系统[9]。早期文明在自然崇拜方面具有相似之处。随着文化的发展，人们逐渐掌握了更多控制自然的能力，开始为满足身心愉悦的需求去组织景观园林。花园这一概念的内涵得以拓展，逐渐从欧洲和亚洲单纯的封闭式狩猎园演化为人工操控的舒适场所。在古希腊和古罗马，对人类思维逻辑的信赖代替了反映自然特性的拟人神。神圣的人工结构很快取代了神圣的自然景观。

重要的概念

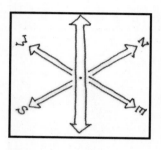

世界之轴　An Axis Mundi

位于地球中央，是一条从天空延伸至地球内部的象征性标记线。树木、群山、金字塔和土丘都可以被视为世界的轴线。

昼夜平分点　An Equinox

太阳越过赤道的那一天，把白天和夜晚分成相等的两半。春分是 3 月 20 日，秋分是 9 月 23 日。

地域特色　Genius Loci

指一个地方固有的独特精神力量。

悠闲　Otium

这个罗马词汇意指自然环境所提供的轻松休闲，乡村别墅的理念便是佐证。

充满生机与活力的城市 A Polis

意指古希腊的城邦。希腊特有的群山与海岛的地理形态孕育了独立城邦。

至日　A Solstice

至日是太阳运行至距离地球最近或最远点的那一天。夏至是 6 月 21 日，是一年当中日照时间最长的一天；冬至是 11 月 21 日，是一年当中日照时间最短的一天。

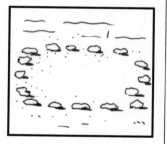

圣地　Temenos

在希腊语中指一个限定了区域的神圣空间。

处所　Topos

源自亚里士多德（Aristotle，公元前 384 年—公元前 322 年，古希腊哲学家）的场所哲学，这种场所具有特定的自然特征。

设计语汇

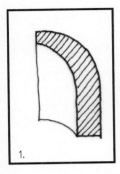  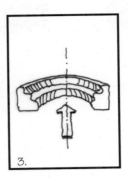

1. **后殿 AN APSE**：是建筑当中一种半圆形、带拱顶的内凹部位。

2. **史前墓石牌坊 A DOLMEN**：是一种平顶的石堆，最顶端的石面呈水平，通常是远古时期的墓葬。

3. **半圆形室 AN EXEDRA**：是一个半圆形或者凹形空间，代表着空间的终止。

4. **地画 GEOGLYPHS**：指直接在大地上描绘的图案。

5. **地穴 A KIVA**：指墨西哥境内普韦布洛文化（Puebloan Cultures）中举行仪式时使用的下沉式空间或者地下室。

6. **巨石 A MENHIR**：或称"Megalith"，指独自耸立的石头。

7. **列柱花园 A PERISTYLE GARDEN**：指柱廊环绕的庭院式花园，在罗马的城镇住宅中是一种非正式的室外活动空间。

8. **圆形建筑 A THOLOS**：指一种圆形神庙。

9. **金字形神塔 A ZIGGURAT**：是一种梯台形的金字塔。

拓展阅读

图 书

300, a graphic novel by Frank Miller and Lynn Varley
DE ARCHITECTURA (TEN BOOKS ON ARCHITECTURE), by Vitruvius (27 BC)
EARTH'S CHILDREN, series by Jean Auel
I, CLAUDIUS, by Robert Graves
THE ILIAD AND THE ODYSSEY, by Homer
MEMOIRS OF HADRIAN, by Marguerite Yourcenar
NATURALIS HISTORIA (NATURAL HISTORY), by Pliny the Elder (23–79 CE)
POMPEII, by Robert Harris
SONGLINES, by Bruce Chatwin

电 影

10,000 BC (2008)
ALEXANDER THE GREAT (1956)
CLAN OF THE CAVE BEAR (1986)
CLEOPATRA (1963)
GLADIATOR (2000)
ROME (HBO TV series, 2005)
SPARTACUS (1960)
TROY (2004)

绘画与雕塑

Cave paintings at Lascaux (c. 30,000 BCE)
Venus de Willendorf (sculpture, c. 20,000 BCE)
Ram and Tree from Ur (Sumerian sculpture, c. 2600 BCE)
Minoan Snake Goddess (reliefs and sculptures, c. 1500 BCE)
Charioteer of Delphi (sculpture, c. 470 BCE)
Victory of Samothrace (sculpture, 190 BCE)
House of Livia (interior frescoes, c. 20 BCE)
Marcus Aurelius (equestrian statue, 176 CE)

公元6世纪至15世纪

"中世纪"一词大体指公元6世纪至公元15世纪这段时期。随着罗马帝国的衰落，西欧的文化发展被打断，旧时的权力结构被文艺复兴时期的人本主义思想所取代。虽然西欧的社会进步暂时停滞了，但其他地区的文化持续繁荣。在这大约900年的时间跨度中，我们不仅检视了中世纪欧洲的景观传统，而且分析了中国、日本的园林以及西班牙的伊斯兰花园。这一时期，封闭式花园将周边环境中的某些不可知危险屏蔽在外。中世纪的花园被视为一种隐喻性的构建物，代表着一种文化上对于自然感悟的转变。

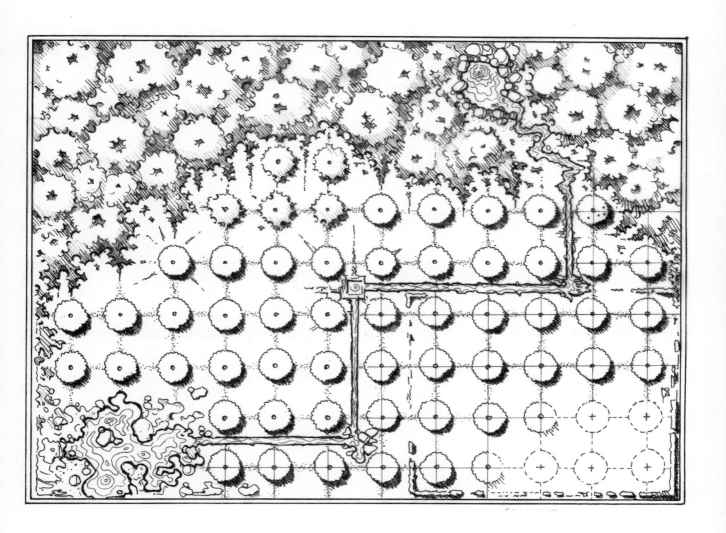

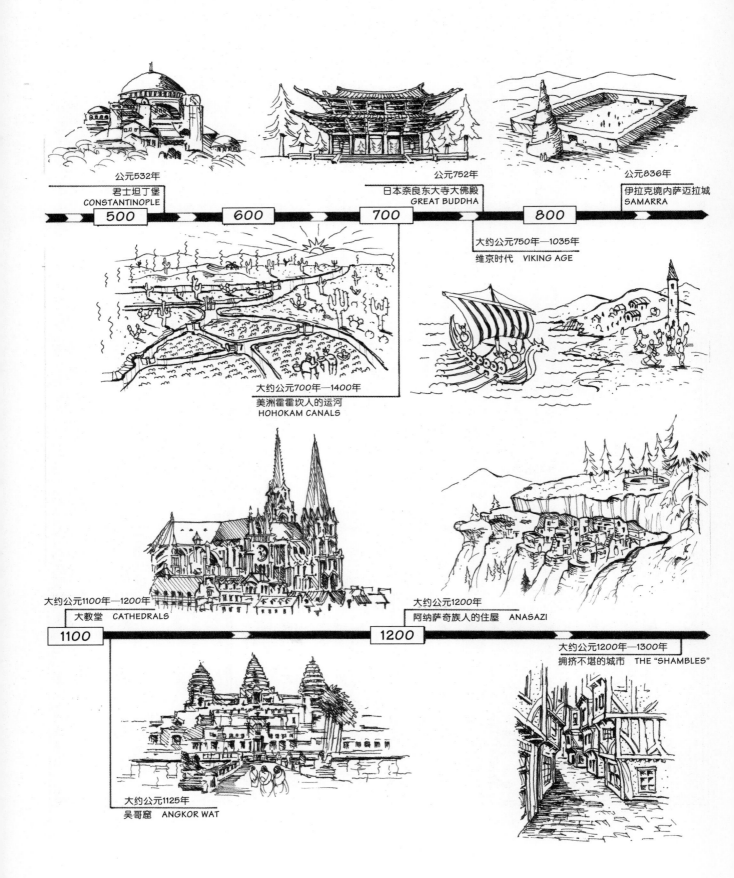

公元532年
君士坦丁堡
CONSTANTINOPLE

公元752年
日本奈良东大寺大佛殿
GREAT BUDDHA

公元836年
伊拉克境内萨迈拉城
SAMARRA

500　　600　　700　　800

大约公元750年—1035年
维京时代　VIKING AGE

大约公元700年—1400年
美洲霍霍坎人的运河
HOHOKAM CANALS

大约公元1100年—1200年
大教堂　CATHEDRALS

大约公元1200年
阿纳萨奇族人的住屋　ANASAZI

1100　　1200

大约公元1200年—1300年
拥挤不堪的城市　THE "SHAMBLES"

大约公元1125年
吴哥窟　ANGKOR WAT

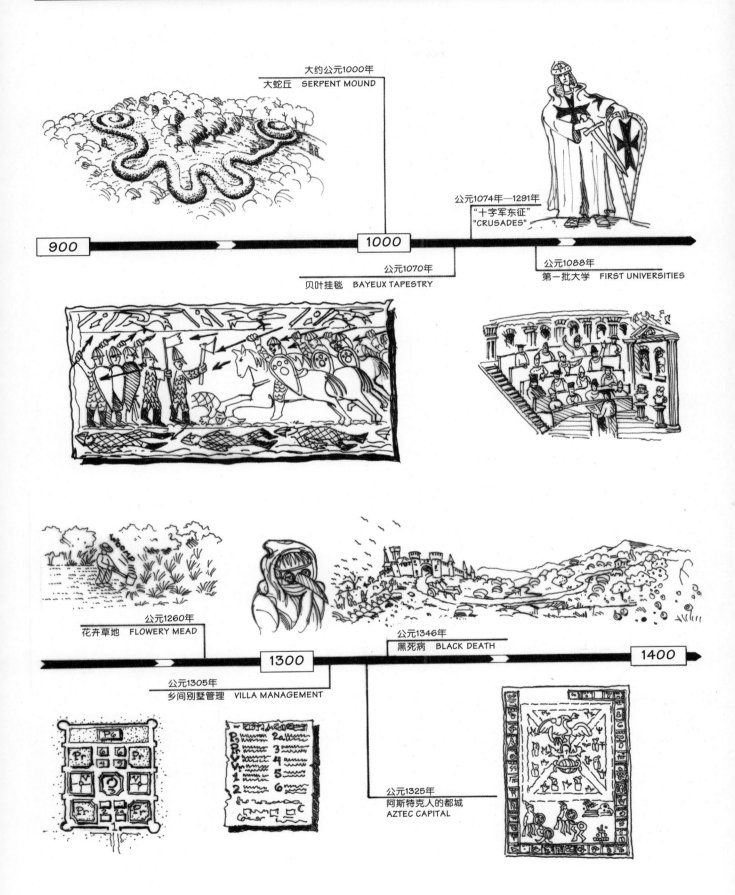

大约公元1000年

大蛇丘　SERPENT MOUND

公元1074年—1291年

"十字军东征"
"CRUSADES"

公元1088年

第一批大学　FIRST UNIVERSITIES

公元1070年

贝叶挂毯　BAYEUX TAPESTRY

900

1000

公元1260年

花卉草地　FLOWERY MEAD

公元1346年

黑死病　BLACK DEATH

1300

1400

公元1305年

乡间别墅管理　VILLA MANAGEMENT

公元1325年
阿斯特克人的都城
AZTEC CAPITAL

公元 532 年
君士坦丁堡　Constantinople

奥斯曼土耳其国王查士丁尼一世（Justinian Ⅰ，482—565）在君士坦丁堡一座几个世纪前的长方形巴西利卡式（the basilica）[责编注]教堂遗址上重新修建了圣索菲亚大教堂（Hagia Sophia）。随着罗马城的衰落，东罗马帝国首都君士坦丁堡成为欧洲的时尚之都。公元 5 世纪君士坦丁堡的居民大约有 100 万，仅次于巴格达。

[责编注]"巴西利卡"是古罗马一种公共建筑形式。

大约公元 700 年—1400 年
美洲霍霍坎人[译注]的运河　Hohokam Canals

美国亚利桑那州南部的霍霍坎人将索尔特河（the Salt）、吉拉河（the Gila）和圣佩德罗河（San Pedro River）打通，修建了一个复杂的水渠灌溉系统，使土地耕种面积从水源地向外延伸出 16 英里。这个长度超过 250 英里的水渠系统都是用简易工具人工挖掘出来的。

[译注]霍霍坎人是公元前300年—公元1400年间生活在北美的印第安人，他们大体分布于吉拉河及索尔特河的半千旱区域，位于今天美国亚利桑那州中部和南部地区。

大约公元 750 年—1035 年
维京时代　Viking Age

维京[译注]海盗长期袭扰欧洲北部，甚至在 9 世纪至 10 世纪间征服了不列颠群岛。这使得中世纪欧洲的人们对开放式景观产生了不安全感，萌生了从自然中寻求安全保护的心态。

[译注]维京人是诺尔斯人（Norseman）的一支，斯堪地纳维亚人，他们是从公元8世纪到11世纪侵扰并殖民欧洲沿海和英国岛屿的探险家、武士、商人和海盗，其足迹遍及从欧洲大陆至北极广阔的疆域，欧洲这一时期被称为"维京时代"。

公元 752 年
日本奈良东大寺大佛殿　Great Buddha

日本圣武天皇（701—749）在奈良修建了大佛像（the Great Buddha，或 Daibutsu）。佛教从印度，途径中国和朝鲜流传至日本，并吸收了沿途的地方神话、传说和宗教等多种元素。

公元 836 年
伊拉克境内萨迈拉城[译注]　Samarra, Iraq

萨迈拉城中的皇宫拥有一座带有螺旋式光塔的大清真寺（the Grand Mosque）。这里是公元 9 世纪时阿巴斯王朝（the Abbasid）哈里发的行政管理中心。考古学家已经在萨迈拉城发现了灌溉水渠的遗迹，这证明了皇宫花园的存在。

[译注]萨迈拉城是伊拉克萨拉赫丁省的一座城市，位于首都巴格达西北125公里，底格里斯河东岸。

大约公元 1000 年
大蛇丘　Serpent Mound

大蛇丘的长度超过了 1/4 英里，它是在发源于美国俄亥俄州的古堡文化（the Fort Ancient Culture）时期修建的，也是现存最大的动物仿生式构筑物。在美洲土著居民的神话传说中，蛇具有重要的象征意义。但是，建造蛇形土丘的原因至今仍困扰着考古学家。

公元 1070 年
贝叶挂毯　Bayeux Tapestry

贝叶挂毯由厄德主教（Bishop Odo，11 世纪 30 年代—1097 年，他是征服者威廉一世（1028—1087）的同胞兄弟）委托制作，描述了法国诺曼人（Norman）公元 1066 年征服英格兰的故事。230 英尺长的布艺刺绣描述了威廉在黑斯廷斯战役（the Battle of Hastings）中取得的胜利，它强迫英国接受了欧洲的封建制度。

公元 1074 年—1291 年
"十字军东征"　"Crusades"

第一次"十字军东征"是由罗马教皇乌尔班二世（Pope Urban Ⅱ，1035—1099）发动的，目标是从伊斯兰信徒手中"解放"基督教圣地，支持拜占庭国王抵御来自伊斯兰帝国的威胁。尽管"十字军东征"促进了东西方的信息与文化交流，但也接踵而来了一场暴力与迫害的浪潮，特别是针对犹太群体的浩劫。

公元 1088 年
第一批大学　First Universities

博洛尼亚大学(the University of Bologna)以修辞学、语法和逻辑等研究性学科著称，之后又将它的研究范围延伸至哲学和数学——这些学科是由阿拉伯人和希腊人最早开创的。公元 12 世纪，神圣罗马帝国皇帝，绰号"红胡子"（Barbarossa，巴巴罗萨）的腓特烈一世（Frederick Ⅰ，1122—1190）宣布欧洲的大学将从教室和政府的控制下获得独立，由此建立了一套持久的学术研究模式，并在文艺复兴时期得以繁荣发展。

大约公元 1100 年—1200 年
大教堂　Cathedrals

在欧洲风行修建大尺度教堂的时期，新的建筑形制出现了，如带有肋状条纹的穹窿、尖券拱门和飞扶壁，这些元素加强了建筑在垂直方向的尺度感，形成哥特式风格。建筑意向是强调神圣的天国，而不是地上的世俗王国。

大约公元 1125 年
吴哥窟　Angkor Wat

从公元 9 世纪到 15 世纪，柬埔寨的高棉帝国（the Khmer empire）在吴哥建立都城。大型寺庙综合群吴哥窟是印度教宇宙观的代表产物，建有向心布局的水渠、梯台、长廊和中央神庙。神庙的屋顶结构代表了神圣的须弥山（Mount Meru），中轴线是天堂和世俗的分界线。

大约公元 1200 年
阿纳萨奇族人的住屋　Anasazi

美国科罗拉多州的梅萨·维德（Mesa Verde）国家公园内有一种悬崖小屋，它是美国西南部阿纳萨奇族人（Anasazi）的文化象征，具有一定代表性，其文化大约在公元 1200 年间达到顶峰。阿纳萨奇族人在台地和悬崖区域生活了长达 700 年，但这种建筑于公元 1276 年完全废弃。

大约公元 1200 年—1300 年
拥挤不堪的城市　The "Shambles"

中世纪城市里密集的建筑反映了其商业功能。城市空间寸土寸金，作坊和住宅不断蚕食着有限的公共空间，由此创造了一种亲切怡人的街景，成为今天中世纪欧洲城市的象征。

公元 1260 年
花卉草地　Flowery Mead

阿尔伯图斯·马格努斯（Albertus Magnus，1206—1280，德意志神学家、科学家）根据古罗马人和同时代英国人的著述，撰写了《植物学》（De Vegetabilibus et Plantis）一书。阿尔伯图斯描绘了一座美丽的花园，并对由花卉构图的草地的营建方法进行了详细叙述。

公元 1305 年
乡间别墅管理　Villa Management

皮耶罗·德·克莱森兹（Piero de'Crescenzi，1230—1320，意大利农学家）在其著作《田野考》（Liber Ruralium Commodorum）中广泛引用阿尔伯图斯·马格努斯的观点。他对于不同规模农庄管理的建议很有实践价值，尤其对意大利文艺复兴时期的别墅设计者极具借鉴意义。

公元 1325 年
阿斯特克人的都城　Aztec Capital

特诺奇蒂特兰（Tenochtitlan，即今天的墨西哥城）是阿斯特克人[译注]的都城，城市的选择源于一个神话：一只雄鹰屹立在泉水边一块岩石缝隙中生长出的仙人掌上。

[译注]阿斯特克文明是14—16世纪时期的墨西哥古文明。

公元 1346 年
黑死病　Black Death

那年一场瘟疫袭击了整个欧洲，大约有 1/3~1/2 的人口死于这种疾病。瘟疫沿着活跃的商路迅速蔓延。人们被迫放弃了城市，到乡村寻找避难之所。

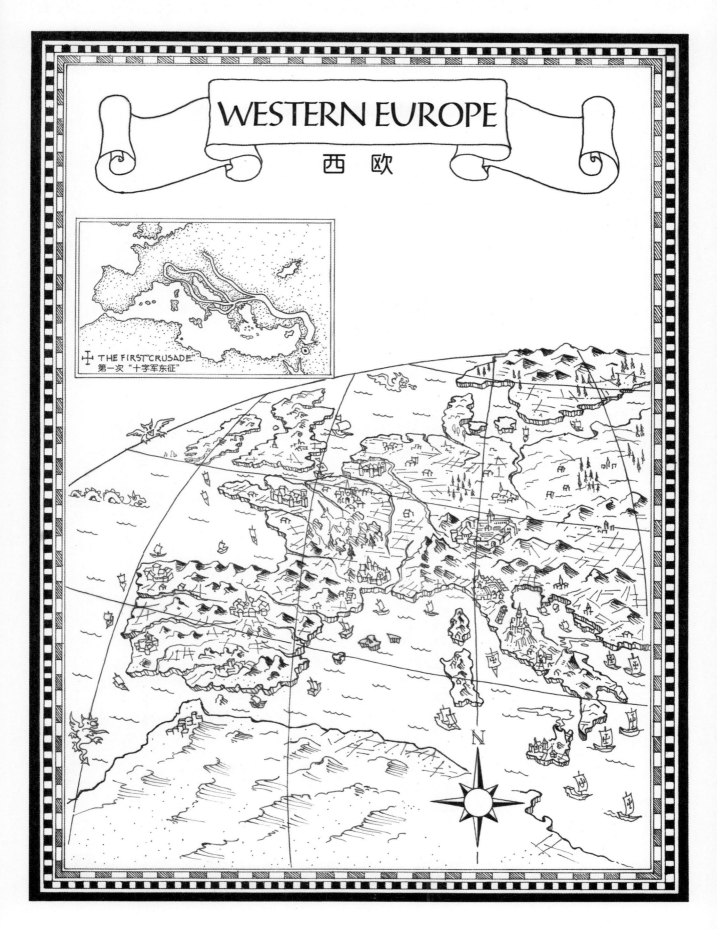

WESTERN EUROPE

西 欧

THE FIRST "CRUSADE"
第一次"十字军东征"

禁锢的思想，封闭的花园
WALLED MINDS, WALLED GARDENS

从罗马帝国衰落到文艺复兴时期人本主义思想的复燃，西欧文化的核心观念日益内向化。由于缺乏中央集权来维持政治、社会和经济等各方面的基础设施建设，自然景观遭到破坏。群雄战乱争抢土地控制权，瘟疫不断蹂躏城市和乡村，人们或者建造带有高大围墙的城堡寻求自身保护，或者从高墙围护的修道院中获取精神安慰。在封建制度的严苛压制下，人们刻意回避当前的艰难时事，沉浸于对理想国度的美好想象。在这种思想内向型的禁锢氛围中，自然代表了一种不安全的空间，令人生畏。

中世纪时期，凭借在以往罗马帝国城镇中建立的宗教地位，天主教获得了空前的社会控制权力。公元 800 年，教皇利奥三世（Pope Leo III，750—816）为查理曼（Charlemagne，742—814）加冕神圣罗马帝国皇帝，这给西欧带来了一段时期的社会稳定，并由此加强了罗马教廷的势力。修道院制度由此从世俗社会中分离出来，逐渐形成了一种影响精神思想的神秘组织。在当时充满暴力、疾病和武力镇压的社会环境下，古典知识体系在修道院中保留并传承了下来。修道士们抄写史实手稿，记录当时东方旅行者带来的文献，后者通常是来西方寻求庇护的。阿拉伯学者也为西方带来了关于植物和园艺实践的新知识。

一些宗教隐修者在自然景观中寻求离群索居的生活，他们选择归隐在山洞中，而不是住在修道院中。那些神圣的的自然景观，在中世纪被视作忏悔之地；封闭式园林则成为被驯服的荒野的代名词。

宗教狂热：从公元 11 世纪至 14 世纪，势力强大的主教们修建了众多宏伟的天主教教堂，早期多为罗曼式风格，后期转为哥特风格。巴黎圣母院（Notre Dame）就始建于公元 1163 年。

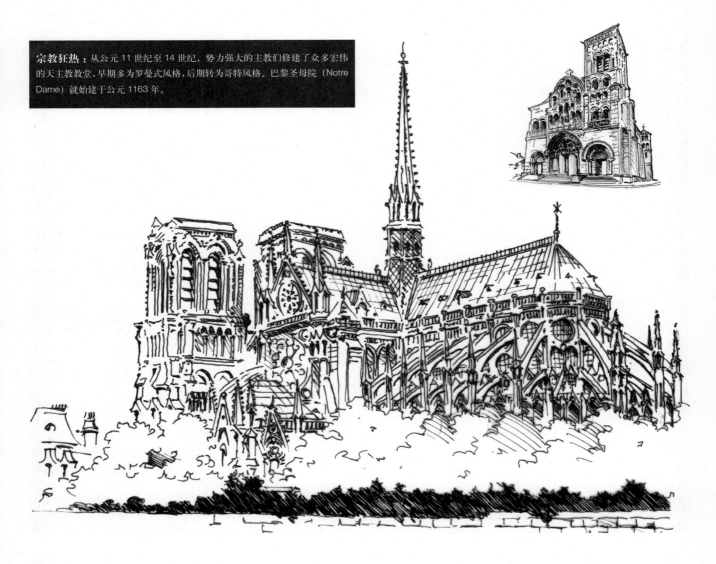

令人惊慌的地方：1338 年，安布罗乔·洛伦泽蒂（Ambrogio Lorenzetti, 1290—1348，意大利锡耶纳派画家）在意大利锡耶纳市政厅（the Palazzo Pubblico）的顶棚上绘制了全景壁画，描绘了分别处于城市与乡村的好政府与坏政府的不同影响。这些壁画证明了中世纪的城市景观与乡村景观之间存在重要联系。

农业是中世纪早期的主要生产活动。中世纪学者所撰写的一些关于园艺实践的诗歌、散文和论文研究证明：一个充满生机、富饶高产的农林景象是多么重要。在封建制度体系中，人们与农林景象在社会上、政治上和经济上都有着紧密的联系，人人享有平等的地权。

在欧洲，中世纪早期的花园以实用功能为主。人们种植蔬菜和草药，作为食物和药品。到中世纪晚期，随着货币经济的发展，城市成为贸易中心。中产阶级从非常有权势的行会和迅速壮大的商人阶层中演化出来。贸易重新繁荣，自然景观不再令人恐惧。人们采用多种方法修建美丽的花园。花园既是神圣，又是世俗的象征，并成为文学故事中展现骑士精神和文雅爱情的场所。

有关中世纪早期西欧花园的文献资料很有限。现存的文献包括公元 9 世纪时查理曼大帝制定的《庄园管理条例》（*Capitulare de Villis*）、城镇管理条例、圣高尔理想规划图（Plan of St.Gall）[责编注1]。还有两名修道士写的诗，其中一位详细列举了查理曼制定的条例中的植物；另一位记录了园艺历法。随后的资料还包括 13—15 世纪一些花园题材的绘画、挂毯、插图手稿和文学作品。

[责编注1] 9世纪时绘制的瑞士圣本笃修道院（Benedictine monastic）图纸，现存于瑞士圣高尔修道院（Abbey of St.Gall）图书馆。

[责编注2] 猎人对独角兽的追逐象征了男女之间的情爱追逐。

[责编注3] 象征了耶稣的受难与复活。

重要来源：纽约的修道院艺术博物馆（The Cloisters）中有多幅制作于 15 世纪的独角兽挂毯（the Unicorn Tapestry）。狩猎独角兽的故事被解读为文雅的爱情[责编注2]，或者隐喻了耶稣基督生平的故事[责编注3]。花园景色中充满了描绘令人炫目的植物和花卉。

封闭式花园的用途和象征意义　USES AND SYMBOLISM OF WALLED GARDENS

共同点：中世纪花园通常包括围墙或篱笆、几何形状的植被划分、草皮坐凳、水井或喷泉、青草或花卉图案的草地。

封闭式花园（Hortus Conclusus）：中世纪带有围墙的花园被赋予宗教的象征意义。《所罗门之歌》中提及的带围墙的花园象征着圣母玛利亚的纯洁[1]。

尽管在概念上与形式上比较单一，中世纪的封闭式花园依旧有别于阴暗的荒野，并被视为一种需要栽培和料理的空间，或者一个舒适与安乐的场所。无论是封闭式花园、围合花园或者休闲花园，还是修道院的庭院，都具有鲜明的中世纪花园的形式特点。

伴随着"十字军东征"出现的宗教热潮，封闭式花园成为圣母玛丽亚的象征。《所罗门之歌》（the Song of Solomon）[责编注]的诗文记录了一座典型封闭式花园应具备的基本要素："花园中的喷泉"、"流动的泉水"、"紧闭的园门"；代表性的花卉包括百合（象征纯洁）、玫瑰（象征殉难）和紫罗兰（象征谦逊）[2]。

[责编注] 圣经《旧约》中含有情诗色彩的经文，又名《雅歌》（Song of Songs）。

休闲：休闲花园的出现与中世纪晚期人们对于骑士精神的崇尚以及骑士风格的出现息息相关。

修道院：修道院的花园回廊在形制上类似于罗马住宅的花园列柱廊——一种环绕着传统方形庭院的列柱回廊，庭院中间有一眼喷泉或水池。

坐落于城堡高墙内的休闲花园是一个安全舒适的空间，既可以作为冥想空间，也可以作为消遣场所，同时也是逃离黑暗幽闭城堡的一种方式。《腊叶集》(*a herbarium*)[译注1]记载了休闲花园的多种实用功能，如药草园和草坪，罗马时期的花园(the viridarium)[译注2]包含更多的装饰性植物和树种。那些精心修饰的休闲花园拥有如迷宫般的曲径、山丘、精心修剪的灌木，甚至小型动物园。

修道院的庭院实现了自给自足，是学习、工作和祈祷的地方。修道士们需要掌握植物学、植物药理学等方面的知识，以满足所在群体的需求。菜园和药草园生产粮食、蔬菜、调味品和药材。修道士们还种植花卉，诸如百合和玫瑰，用来装饰圣坛。他们还用植物调制染料，利用相克的植物作杀虫剂。欧洲第一所医院和大学就是从修道院演化而来的。

[译注1] herbarium在植物学上指收集并保存植物的种子。

[译注2] viridarium指在古罗马文明史上曾高度发展、拥有装饰性园艺的花园。

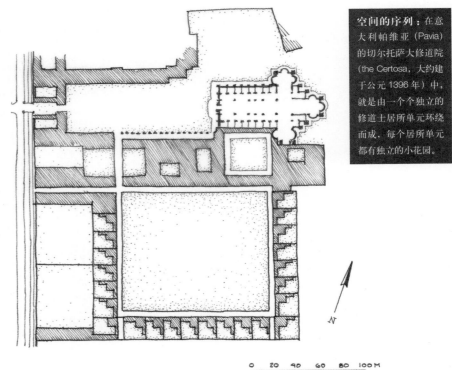

空间的序列：在意大利帕维亚（Pavia）的切尔托萨大修道院(the Certosa，大约建于公元1396年)中，就是由一个个独立的修道士居所单元环绕而成，每个居所单元都有独立的小花园。

0　20　40　60　80　100M

N

插图故事：《玫瑰传奇》 VISUAL NARRATIVE: *The Romance of the Rose*

《玫瑰传奇》

《玫瑰传奇》的爱情故事是一则公元 13 世纪的寓言，最早由法国诗人基洛姆·德·洛利斯 (Guillaume de Lorris，1200—1240) 于大约公元 1230 年创作；40 年后，又由法国作家让·默恩 (Jean de Meun，1240—1305) 撰写完成。这个充满磨难和痛苦的爱情故事脍炙人口，广为流传，并在几个世纪里靠手工抄写流传，直到公元 16 世纪才得以印刷出版。这个故事对于生活场景的文字记述及插图已经成为人们全面了解中世纪生活的重要来源，尤其是中世纪花园的形式与功能。

A. 那年我20岁，一天夜色降临，我呼呼大睡。
B. 我梦见，当时正是5月时节，所有的事物都为爱而激动。
C. 我看见一个巨大的花园，四周都是围墙。

D. 我发现一个小窄门，忽然一位美女打开了门。
E. 我走进花园，恍若置身仙境。
F. 园主的消遣娱乐就是和一群相貌英俊的人们载歌载舞，在我看来，他们仿佛是插上了翅膀的天使。于是，我毫不犹豫地加入了他们的舞蹈。

G. 我漫步在花园中，游览整个花园，爱神一直与我相伴。

24

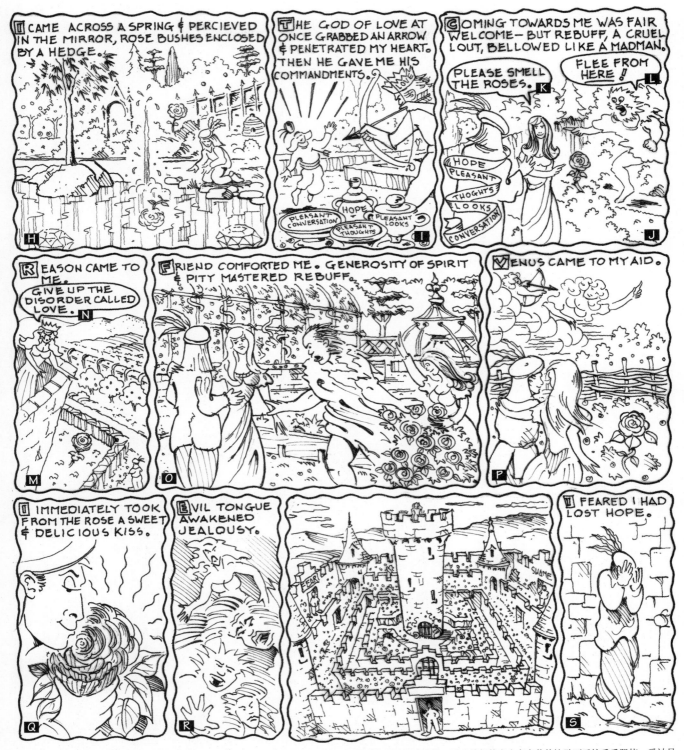

（故事的第二部分）主要是角色之间的大段对话，诸如理性、自然和天资，他们讨论哲学问题及历史事件。遭受挫折的恋人在友善的协助下反抗重重阻挠，爱神号召他的追随者向敌人的堡垒发动进攻。开始时并不成功，爱神于是求助于维纳斯。维纳斯打击了爱神的敌人，最终帮助相爱的人赢得了玫瑰。"我终于得到了鲜红的玫瑰花，那一刻我苏醒了。"[3]

H. 我穿过一汪泉水，水面平静如镜。玫瑰花丛点缀在树篱中。

I. 爱神立刻用箭射中我的心，然后给了我几件礼物。

J. 但是一个粗野的坏蛋突然蹿出来阻挠我，打破了异常温馨友善的氛围，他像一个疯子般朝我咆哮。

K. 请闻闻这些玫瑰花。

L. 从这里滚出去。

M. 我理性地思索这是为什么。

N. 抛开爱情引起的烦恼吧。

O. 友情让我感觉抚慰，慷慨和同情之心战胜了无理的阻挠。

P. 维纳斯向我伸出援手。

Q. 我立刻摘下一朵玫瑰花，甜蜜一吻。

R. 恶毒的言语唤醒了嫉妒之心。

S. 我为失去希望而恐惧。

案例研究：圣高尔规划图 CASE STUDY: *The Plan of St. Gall*

A VISIONARY MODEL
构 想 模 型

瑞士圣高尔修道院图书馆里保存着一份公元 9 世纪时的设计文献，它是了解中世纪花园的重要来源。这张构想图描绘的是圣本笃修道院的布局模式。它的平面规划在接下来的几个世纪里广为流传，最为突出的就是对其功能性空间的描绘——将视觉美感与实用功能完美结合起来。实质上，这是一项所有资源都可自给自足的社区规划，无须任何外部资源维系运转。在修道院的围墙内，有水源、磨坊、窑炉、酿酒厂、花园、手工作坊、谷仓和动物养殖园。

修道院拥有三个园地，包括菜园、药草园和果园，果园也兼做墓地。规划中所列的每个植物品种都曾在查理曼大帝的《庄园管理条例》中提及过。

封闭的菜园紧靠在禽舍栏的旁边，餐厅附近。药草园则位于医疗室旁边，水果树和坚果树则种在墓地的墓穴之间。

A 教堂
B 修道院
C 厨房
D 菜园
E 果园（罗马花园）
F 医疗室
G 药草园

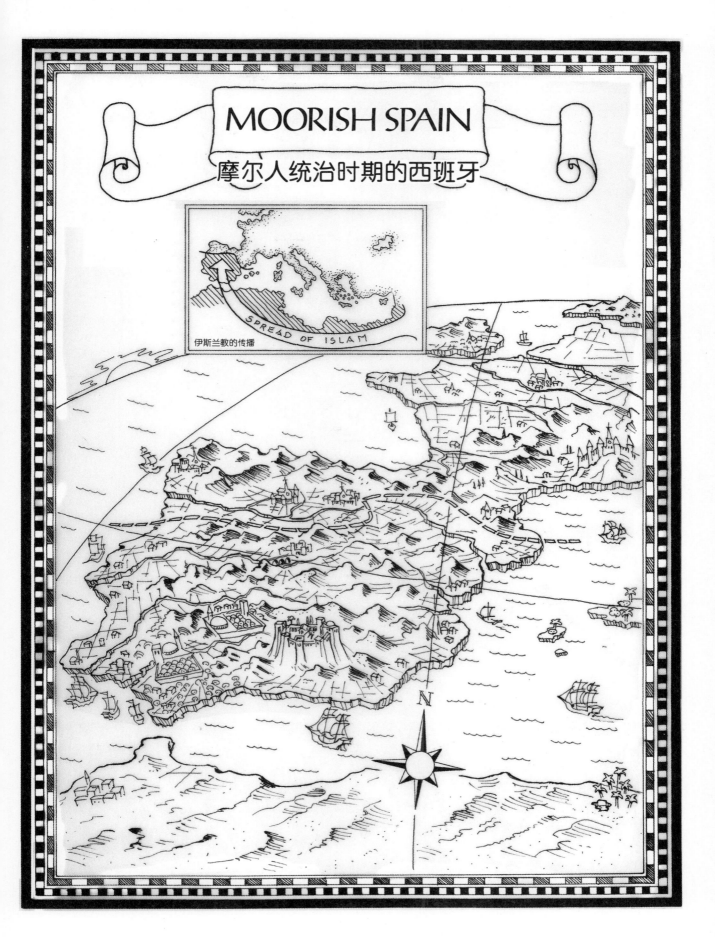

MOORISH SPAIN

摩尔人统治时期的西班牙

SPREAD OF ISLAM

伊斯兰教的传播

N

不可磨灭的影响
AN INDELIBLE INFLUENCE

从公元8世纪到10世纪，中世纪欧洲文明的进程受到抑制；与之形成鲜明对比的是，阿拉伯世界的文化高度发展。伊斯兰教文化的传播跨越地中海，从北非直至西西里岛、西班牙。在西欧的大部分地区，中世纪的花园并没有保存下来。但是，伊斯兰教盛行时期建造的花园在西班牙的诸多城市得以保留，如科尔多瓦（Cordoba）、格拉纳达（Granada）和塞维利亚（Seville）。

虽经几个世纪的历史巨变，西班牙南部的花园仍然保持着摩尔人（Moors）^[译注]的文化特点。伊斯兰花园的形制很好地适应了地中海地区炎热干燥的气候。封闭围合的天井和庭院以及水景元素营造了阴凉、清爽的环境氛围。传统摩尔人花园的特点包括装饰性的地面铺装、几何形的瓷砖贴片图案，这些取代了被《古兰经》禁止使用的人物或动物的装饰造型。矩形和轴向对称的几何图案占据主导地位，但很少使用植物。

[译注] 摩尔人指中世纪伊比利亚半岛（今西班牙和葡萄牙）、马格里布和西非的伊斯兰居民。历史上，摩尔人主要指在伊比利亚半岛的伊斯兰征服者。

传统的摩尔人庭院：笔直的流水、简朴水池中间的单眼喷泉，组成了呈几何图案的空间结构。抬升的人行步道有利于下沉的植栽保持水分。建筑特色包括亭台、拱廊、观景眺台或者高门廊等。通常，在院内小路的交会处建有一座凉亭。我们可以看到用修剪整齐的柏树丛模拟凉亭的外形。

摩尔人风格的装饰图案：精致的花型植物图案和复杂的几何状藤蔓图案是石雕、石膏雕刻和上釉马赛克瓷砖制作中最常采用的装饰题材。

水景管理
WATER MANAGEMENT

公元 8 世纪,西哥特人（the Visigoths）[译注] 成功征服了罗马人,控制了伊比利亚半岛。公元 756 年,阿卜杜勒 - 拉赫曼一世（Abd al-Rahman I,731—788,科尔多瓦倭马亚酋长国的开国者）在科尔多瓦建立了独立的酋长国。他的第一项任务就是效仿大马士革的古老皇宫,修建一套灌溉系统,让宫殿和花园同时得到供水 [4]。

科尔多瓦成为当时重要的商贸和文化中心。阿卜杜勒 - 拉赫曼三世（Abd al-Rahman III,889—961,科尔多瓦倭马亚酋长国埃米尔）是推动艺术和科学发展的重要支持者,他还鼓励植物学和医药学的研究。阿拉伯人向欧洲引入了柑橘属的果树品种、枣椰树、石榴树和杏树。复杂的

水利工程：光明城（Madinat al-Zahra,中世纪阿拉伯人修建的宫殿城市）的遗址位于科尔多瓦的郊区,那里拥有广阔的阿卜杜勒 - 拉赫曼三世于公元 10 世纪修建的宫殿花园遗迹。一条长达 9 英里的输水渠从周边的山脚下通往花园 [5]。

巧妙的灌溉系统：在科尔多瓦的橘园,流水从正中间的水源源源不断地涌出来,沿着直线形的石砌水渠流向各处进行灌溉。通过调整木块的位置,依次按顺序注满每个树坑。

蓄水和引水技术促进了干旱地区的果园、葡萄园以及花园的发展。

科尔多瓦清真寺的橘园是现存最古老的摩尔式庭院遗迹。清真寺始建于公元 8 世纪,果园则是在公元 976 年扩建到现在的形制。规则统一的网格系统——橘树像神庙里的柱廊般排列成行——这验证了所有伊斯兰教花园的特点：统一并且有序。庭院内部又细分为三个矩形空间,每个矩形空间中间都有一汪水池。基于埃及灌溉设计经验,从喷泉中涌出的水灌溉了成排的树木 [6]。

[译注] 西哥特人也译作"西哥德人",是东日耳曼部落的两个主要分支之一,另一个分支是东哥特人。在民族大迁移时期,西哥特人是摧毁罗马帝国的众多蛮族中的一支。

阿尔罕布拉宫殿的风景：从阿尔拜辛山 (the hills of Albaicin) 上眺望，宫殿背靠着著名的内华达山 (the Sierra Nevada)。

著名的摩尔式景观案例
DEFINITIVE MOORISH PRECEDENTS

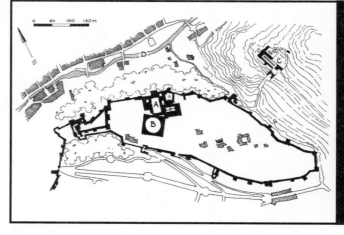

场地平面图：戒备森严的阿尔罕布拉宫展现了 14 世纪时的庭院 (A)、查理五世 (Charles V) 宫殿 (B)、夏宫花园 (C) 以及达罗河 (the Darro River) (D)。

随着倭马亚王朝 (the Umayyad) 分裂为自治城邦，公元 11 世纪科尔多瓦衰落了。但是，阿拉伯人在安达卢西亚 (Andalusia) 地区的影响仍然持续了大约 400 年。1232 年，穆罕默德·伊本·阿‑艾哈迈尔 (Muhammed ibn al-Ahmar, 1191—1273，纳斯里德王朝统治者) 在格兰纳达建立了西班牙最后一个摩尔王朝——纳斯里德酋长国 (Nasrid emirate)。直到公元 15 世纪，它一直是阿拉伯人控制的坚固要塞。两座美丽的摩尔式花园，即阿尔罕布拉宫和夏宫从那时起存留至今。

阿尔罕布拉宫
ALHAMBRA

阿尔罕布拉宫坐落于内华达山山脚下的高原上，周边是风景如画的格拉纳达 (Granada)。宫殿建筑群包括一系列的庭院和天井，它们连接起室内空间。开放空间的尺度及其与建筑的关系为游人创造了极富动感的空间体验。桃金娘园 (the Court of the Myrtles) 和狮园 (the Court of the Lions) 是特别引人注意的伊斯兰庭院形制的案例。

桃金娘园是于公元 14 世纪中叶为尤素福一世 (Yusuf I, 1318—1354，纳斯里德王朝第七位统治者) 而修建。其主要特点是拥有一个长长的镜面般的矩形水池，从视觉上将宫殿的侧面拱廊与科马雷斯塔 (the Tower of Comares) 下的会堂联系了起来。每个水池的尽端都有一个带单眼喷泉的圆形小水池。水池的长边种有修剪整齐的桃

金娘篱笆，这些植栽是现代增加的。

邻近的狮园则是公元 14 世纪末为穆罕默德五世 (Muhammed V, 1338—1391，纳斯里德王朝第八位统治者) 修造的，细长的条纹大理石构建的拱廊围合形成了空间，东西两端各有一个精致的门廊，南北两边则各建有一座装饰精美的凉亭。每个圆形的小水池都有一个喷水式饮水口，通常位于凉亭里面，在柱廊的下方。12 头石刻狮子环绕着中央喷泉，四条细细的溪水由此流向每个水池。

夏宫
GENERALIFE

穿过一条峡谷，爬上一道陡坡，就来到了位于阿尔罕布拉宫东侧的夏宫。它建于公元 14 世纪初期，是格拉纳达的纳斯里德王朝统治者建造的一座隐居所。夏宫由七座花草茂盛的系列台地花园构成，每座台地都有与众不同的水景元素。茂密的植物赋予庭院之间紧密的尺度和良好的私密性，它们也是开放空间的对景，由众多阳台、凉亭和长廊塑造的景象。

在低层处，一条又窄又长的水渠构成了水渠庭院（Patio de la Acequia）美景的中轴。轴线两端各有一个扇贝形的水池。西侧的斜坡上有一座带有拱券长廊的观景楼，在那里非常适合眺望阿尔罕布拉宫和达罗河谷。带拱廊的楼阁围合成南北向的庭院。一个观景塔楼（mirador）矗立在拱廊上面、朝北侧延伸。庭院是在 1958 年火灾后重建的，仍然保持了传统的四方形制。虽然最初设计时，花坛的位置处于较低层面，但沿着步行道构成了植物地毯般的景观效果 [7]。

柏树园（the Court of the Cypresses）与斜坡平行，位于水渠庭院的上方，由一个面向北方的双层拱廊围合。墨绿色的柏树篱笆和没有修剪过的柏树掩映着 U 形的水渠，增加了空间的阴凉效果。一个特殊的跌水台阶坐落在花园的最上层，这也是夏宫的特点之一。跌水形成的小瀑布成为花园灌溉系统的重要组成部分。

虽然现存的花园露台是后来加建的，夏宫的场地规划体现了许多伊本·鲁伊恩（Ibn Luyun，1282—1349，西班牙农艺家）在 14 世纪撰写的农学论文中记录的设计原则。他写道，一个理想的乡村别墅应当选址在高地上，有阴凉的灌溉渠，种满常绿树木和鲜花，葡萄藤架掩映着步行道，尺度适中，不会大到令眼睛疲惫 [8]。

夏宫剖面图：夏宫公园没有占据山顶位置，而是以优美的层台排列，一览周围美景。

格拉纳达的夏宫：A. 水渠庭院，B. 观景塔楼，C. 柏树园。

A 梅苏亚尔宫（Mexuar Hall）

B 从梅苏亚尔宫的祈祷室向外看

C 从凉廊眺望黄金厅

D 黄金厅（Cuarto Dorado）

E 通往桃金娘园的通道

F 桃金娘园

G 通往狮园的通道

H 从凉廊眺望狮园

I 狮园

J 林达拉哈观景楼（the Lindaraja Mirador）

K 从观景楼上看到的林达拉哈庭院的景色

L 林达拉哈庭院（the Patio of Lindaraja）

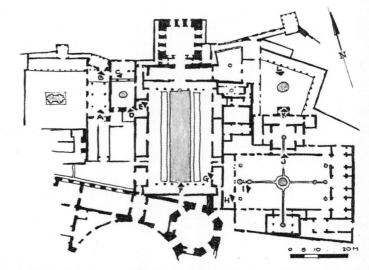

相互交融的塞维利亚文化
OVERLAPPING CULTURES AT SEVILLE

受天主教熏陶的摩尔人工匠将伊斯兰教的设计元素与手法运用在建筑与花园设计中，形成了特有的穆迪哈尔风格（the mudejar style）[责编注]。公元 712 年，阿拉伯人征服了塞维利亚，1248 年塞维利亚又被天主教廷重新收复。位于塞维利亚的阿尔卡萨宫（the Alcazar, Alcazar 意为"城堡"或"宫殿"，是皇宫和花园构成的综合建筑群）就是穆迪哈尔风格的例证。

公元 14 世纪，卡斯蒂利亚国王（King of Castile）——"残忍"的佩德罗（Pedro the Cruel，1334—1369）重建了始建于 12 世纪的老宫殿，在毗邻宫殿的旁边，现留存有传统的摩尔式天井以及 16 英亩的花园。围合的花园被分为三个部分，北边以佩德罗时期辟建的步道为边界。第一层平台建有许多小型的封闭式院落，院子中间建有喷泉，装饰着琉璃釉面。第二层平台用修剪整齐的树篱和步行道划分为八

个矩形的植栽区块。第三层平台被设计成一个栽植着橘树的大庭院，饰有琉璃釉面的长凳环绕着 16 世纪时查理五世（Charles V，1500—1558，神圣罗马帝国皇帝）修建的凉亭。虽然，塞维利亚的阿尔卡萨宫经过了大规模的整修，但是其摩尔式风格的精髓一直保留了下来。

[责编注] 穆迪哈尔风格是在阿拉伯文化影响下，融合了多种文化风格形成的摩尔人独特建筑风格。

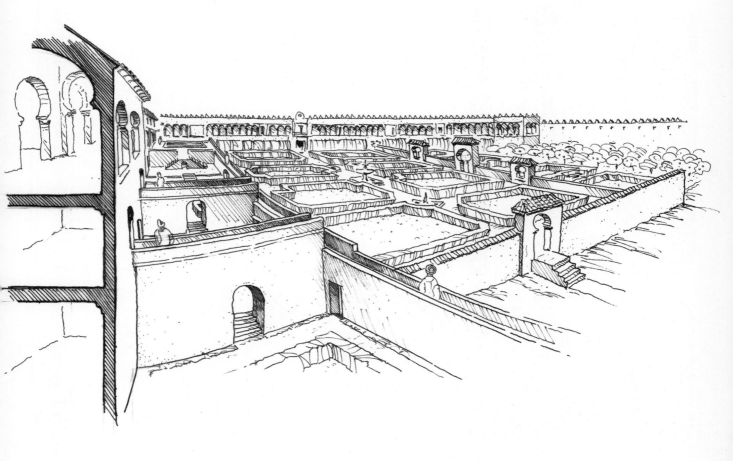

阿尔卡萨宫：花园的复原图展现了室内空间、早期的庭院和后期花坛之间的关系。抬高的步道将花园与建筑有机联系起来。

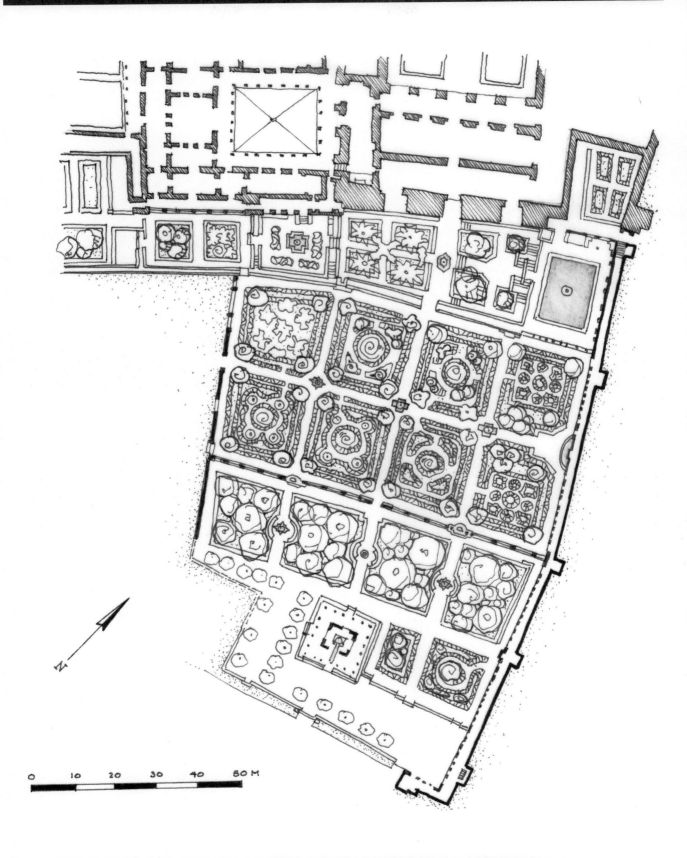

0　10　20　30　40　50 M

阿尔卡萨宫平面：皇宫花园保持着摩尔人的风格特色，利用抬高的步道将空间划分为小规模的花园。

塞维利亚清真寺内的橘园建于公元 1171 年。园中央建有一座大型喷泉，用于宗教洗礼和灌溉树木。砖砌的小水沟将网格状栽植的橘树连接起来，它与科尔多瓦采用的系统是一致的。下面的两幅插图在同一尺度下比较了城市背景环境以及庭院的场地平面图。

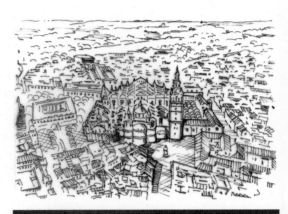

塞维利亚：塞维利亚的大清真寺（the Great Mosque）是由一座建于 1248 年的基督教堂改建而成，15 世纪时又恢复为哥特式基督教堂。

科尔多瓦：科尔多瓦大清真寺（La Mezquita）在 1238 年时被基督教徒改建为基督教堂。

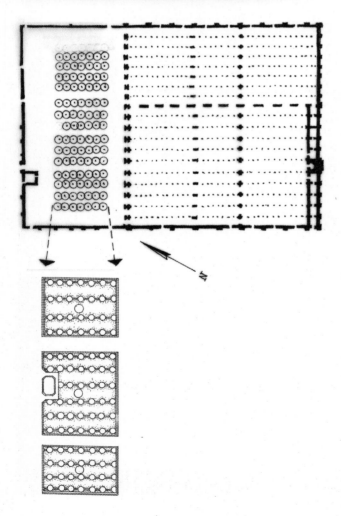

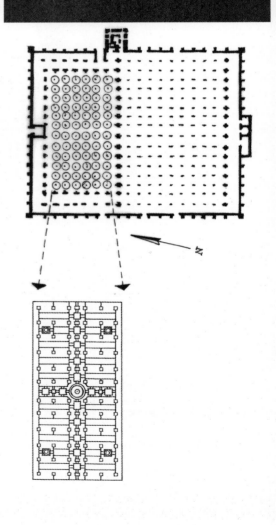

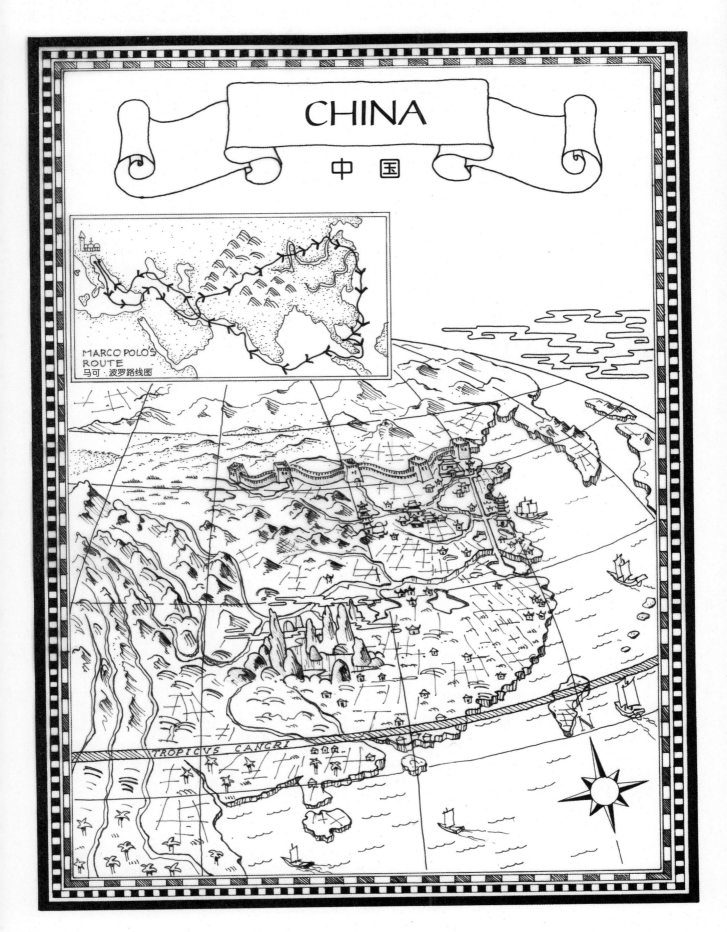

CHINA

中 国

MARCO POLO'S
ROUTE
马可 · 波罗路线图

TROPICVS CANCRI

花园中的自然杰作　NATURE'S SPLENDOR IN A GARDEN

山水：中国人总结的自然山川与湖泊的山水特点均体现在园林设计当中。

如果说摩尔人的花园为人们提供了一个远离荒野的休憩之地，那么中国和日本的园林表现出的则是自然的慷慨恩赐。中国风景的特点是陡峭的山川、肥沃的平原、平静的湖水和壮观的瀑布。中国园林几乎涵盖了其国土范围内所有的自然特色。

中国的园林史可以上溯至古代帝王为了宣示皇权而修建的狩猎园和游乐园，由于花费巨资营建豪华的皇家园林，消耗了大量的国家财力。公元 6 世纪后期，隋炀帝（569—618）登上皇位，主持了 7 项大规模的公共工程，其中就包括极度奢华的洛阳西苑。这座犹如梦境般的皇家花园周长达 75 英里。据传说，园中有机械人、成熟的果树，借此人工模拟出季节性的景观效果。16 座凉亭围绕着一座长达 6 英里的人工湖[9]。

中国古典园林表达的是一种融合了儒家哲学、道家哲学和佛学的宇宙观。虽然，每种思想信仰在获取精神自由方面都有不同的主张，但它们都尊重自然。中国的古典园林模仿自然界的相生相克，道家将之称为“阴”和“阳”。山和水构成了园林：假山代表着山川，象征着一种男性的力量

狮子林：苏州的狮子林建于公元 1342 年，园中的假山是由开采自天目山狮子崖的岩石堆叠而成的。

（即阳）；而水象征着一种女性的力量（即阴）。事实上，"景观"这个词就是由山和水这两个字构成的，即山水。阴阳原则也可以视为城市、结构和装饰性要素等线性几何形状（代表着人类智慧）与花园的不规则状形制（代表着自然）之间的对比。

道家提倡永生，认为隐居在东海多山的小岛上能够长生不老。有山有水的园林就是模拟长生不老的神山。这种湖—岛模式成为园林最初的范式，并对后世的日本园林产生了深远影响。在中国园林中，假山本身具有强烈的隐喻意味。假山、鲜花、铺地和建筑元素等共同构成了一座园林的主题。

儒家社会重视科举并且追求文化艺术。在中国，士大夫们为追求社会地位，将造园作为一种传统艺术形式与绘画、诗歌以及书法等结合起来一并学习。儒家思想还体现在皇城的规划形式中，例如长安（即今天的西安）。在唐朝，长安城的居住人口超过了100万，它所创造的大都市美学被日本人所效仿[10]。

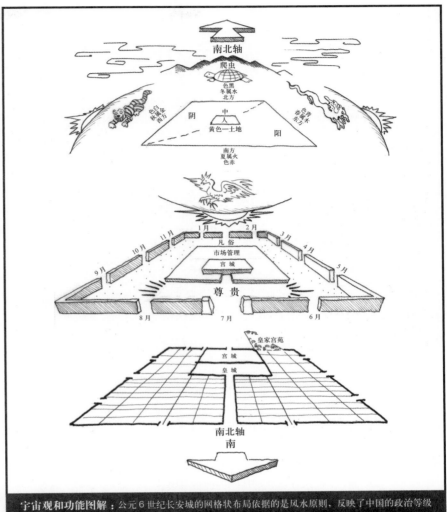

宇宙观和功能图解：公元6世纪长安城的网格状布局依据的是风水原则，反映了中国的政治等级秩序[11]。

诗意的园林：自左向右打开一幅山水长卷，画面上连续展现了一幅幅独立的景象，体验一座中国园林就像是在用眼睛欣赏不同的场景。下面三幅图呈现了王维的别墅居所，画面由诗人的四行诗句联系起来[12]。

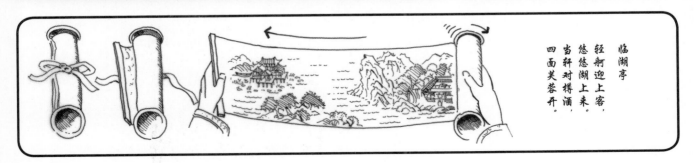

临湖亭
轻舸迎上客，
悠悠湖上来。
当轩对樽酒，
四面芙蓉开。

辋川别业：是诗人王维于公元8世纪修建的有山、有水、有林、充满诗意的宅邸。

苏州文人墨客的园林
SCHOLAR GARDENS OF SUZHOU

在唐朝时期（618—907），中国的国力达到鼎盛，贸易和文化异常繁荣。苏州城因位于京杭大运河边而得以兴旺，京杭大运河向南沟通长江，向北联通黄河。经济上的繁荣带来城市景观上的丰富多彩，苏州因而得名"东方威尼斯"[13]。学者型官僚退休后，通常喜欢在这里建造乡村风格的住所，表现出一种脱离尘世、读书治学、固守清贫的审美取向。"文人园林"属于私人财产，有别于巧夺天工的帝王宫苑，是个人修身养性，同时与知己亲朋促膝交谈、其乐融融的场所。苏州由此成为艺术家的天堂，特别在明代。

唐朝文人园林的典型实例就是王维的辋川别业。王维既是画家、诗人、音乐家，也是一位佛学家。王维为自己的山庄描绘过20余幅画作。山庄距离帝都长安约30英里，在辋川优美的山景之中遍布着亭台楼阁。虽然，现今山庄和原画作都已不存，但在保留的复原图中，山庄由一系列处于大景观背景中的独立景观构成。

鹿柴

空山不见人，
但闻人语响。
返影入深林，
复照青苔上。

绘画与园林
PAINTING AND GARDENING

在经济与文化繁荣的宋朝（960—1279），风景画与园林艺术的发展达到了高峰。经历了唐朝灭亡后50年的战乱，宋朝开国皇帝重新统一了中国，在今天河南开封的北边建立了首都。宋朝皇帝通过加强中央集权，推动了城市和经济的发展，促进了技术突飞猛进，例如发明了活字印刷术。

北宋皇帝赵佶（宋徽宗，1082—1135）是一位画家，他还是一位艺术爱好者，痴迷于收集假山石和珍品草木。他的皇家花园艮岳就是按照风水原则修建的，园中竖有一座高达200英尺的人造假山，用来驱邪避凶，他相信这能帮助他繁衍子孙 [14]。

公元1126年，开封被金攻陷，宋朝被迫南迁，最终在风景秀丽的人工湖——西湖岸边的杭州再定新都。西湖附近没有崎岖陡峭的高山峻岭，山势舒缓绵延，景色更加优雅浪漫，这一特质充分体现在当时的诗歌与书画当中。道教和佛教在中国南方的影响更深。道教认为在园林中布置假山意喻着能量流动。假山构成了园林的骨架，就像山川是大地的骨架。在唐朝时，人们喜欢选择单块的假山石以供欣赏；但到宋朝，假山石则成为讨好皇帝的贡品（花石纲）。佛教则认为假山石代表着大自然的巧手神工，愈经风雨，愈加神奇。

假山亭：最珍贵的假山石来自于太湖，特殊的环境侵蚀力形成了太湖石独具特色的多孔形态，为宋朝的品鉴家们所欣赏。

梅花门坐落于狮子林，是园中一景。

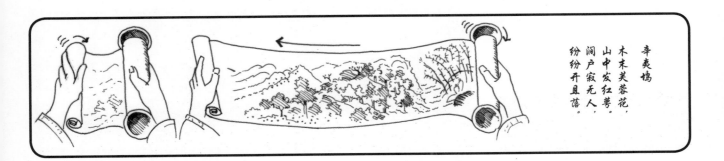

辛夷坞
木末芙蓉花，
山中发红萼。
涧户寂无人，
纷纷开且落。

在宋朝，园林设计和风景画有着相同的视觉语言表达方式。园林的布局受到风景画家构图技巧的启发。北宋和南宋的风景画传达出对待自然的不同态度[15]。北宋的风景画用写实的方法表达了对自然的敬畏。南宋的风景画则更多地表现出个人对自然的感受，唤起热情。画家从更加贴近观赏者的角度表现主题。次要的元素被简化，画面大块留白意喻着辽阔的空间。中世纪的日本文学作品曾对宋朝风景画进行过介绍，并对日本的园林设计产生了深远影响。

宋朝的黄金时代于公元 13 世纪早期终结。成吉思汗征服了波斯、俄罗斯和中国的大片疆域。在此后的 75 年间蒙古人占领了中国的其他地区。1279 年，忽必烈攻占杭州，建立元朝。他迁都北京，修建了富丽堂皇的皇家园林和狩猎园，足以媲美历代任何一位帝王的花园。包括《马可·波罗游记》在内的众多文学作品都曾记载过，在忽必烈的皇家园林中有一座种满了奇花异草的人工假山，遍布绿色的石头。

此后明清两代，定都北京的帝王多次施建规模庞大的皇家花园。随着与西方国家贸易的恢复，新兴的商人阶层为自己建造了精美的私家花园。接下来的章节将具体介绍。

北宋：北宋绘画中的山水长卷，通常用表达自然主题的巨幅山水作为背景，人物都很小。从中营造出一种垂直延伸的空间效果——轮廓分明的树木、薄雾蒙蒙的留白。操控前景、中景和背景元素表达出空间的距离和深度。

南宋：工笔细致的花鸟是南宋绘画中最常见的主题。坐落在杭州的皇家画院将目光集中在对自然细致入微的观察上。

梅花：坚韧不拔

兰花：优雅

菊花：高尚

竹子：百折不挠

植物的象征意义：园主通常在选择植物时取其象形表意，而不是其情感特质，来传达中国古典园林的主题。例如莲花，它的根部生长在池塘底部的淤泥中，花儿则盛开在水面，象征着心灵上的自由。"岁寒三友"——松、梅和竹，象征着长寿、坚忍和百折不挠。植物是一年四季的代表——兰花、竹子、菊花和梅花——也象征着一位理想君子所具备的品质：优雅、不屈、高尚和坚强[16]。

诗歌的象征意义：诗人、画家和哲学家在自然中寻找灵感，在作品中表达艺术、自然和人类之间的情感联系。如果不了解中国园林产生的文化背景，就很难理解它的内涵。

孤寂的庭院，一轮明月照在台阶上——栏杆的倒影映射在地面上[17]。

《马可·波罗游记》
THE TRAVELS of MARCO POLO

马可·波罗　　　忽必烈

大汗在中国的都城"汗八里"（Cambaluc，北京的别称），矗立着宏伟的皇宫。四周用高墙围合成一个矩形空间，每边长约 1 英里，南面开有 5 个宫门，里面还建有内城。内城的长边略大于宽边。

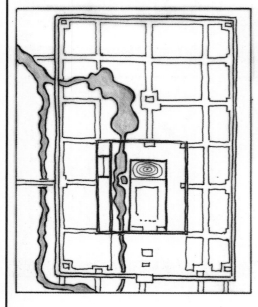

在两道城墙之间，有瑰丽的公园和果实累累的树林，还饲养了各种动物，如白鹿、产自欧洲的小鹿、小羚羊、獐子和松鼠。公园内覆盖着茂密的草坪，道路全部铺装。雨水流进草地，迅速渗入地下，滋润植物，茁壮生长。

从都城西北角引入一池湖水，鱼虾肥美。河水流入湖内，而后又流往城外的河道，河道中间设有一道铁栅门防止鱼儿逃跑。

距离皇宫北墙大约一箭之地有一座人工小山，挖湖垒土而成。高约 100 步，方圆 1 英里。山上遍植绿树，四季常青。随处可见俊秀苍劲的树木都是整株移植而来的。借此方式，皇帝从此拥有了全世界最美的花草树木。他还要求在山上铺满天蓝色的矿石。由此，不仅植物葱郁，连山也是四季常青，由此得名绿山（the Green Mount）[18]。

JAPAN

日 本

自然的精神　IN THE SPIRIT OF NATURE

长满茂密森林的陡峭山脉中脊线从大洋中拱起，形成日本诸岛以及怪石嶙峋的海岸线。温暖的洋流造就了温和的气候，夏季炎热、冬季温暖。溪流、瀑布和充足的湿气滋养了繁茂的植被。日本文化中对于自然形态和气候交替有着完整的认知[19]。

自然景观
VIEWS OF NATURE

在日本人的观念中，自然不是严酷恶劣的现实，而是神圣的象征。日本人为了突出某一特定景观的圣洁，通常将稻草编织的标绳（又叫"注连绳"）与自然物系扎在一起，或者用鸟居界定空间。寺庙前的场地通常用白沙或者砾石铺设，以强调空间的神圣。这种形制得以延续下来，在后世的日本园林中，这类空间通常作为仪式性和装饰性的前院[20]。

自然稍纵即逝的特质常常作为主题出现在文学作品和诗歌中。理想的景观特点描述，例如砾石水岸、层峦叠嶂的山脉等深深铭记在人们的脑海中[21]。园林设计受到一

神社：坐落于日本伊势的夫妻岩就是由一根标绳连接起来的。

些诗歌的启发，首先是影射了自然，后来又进一步成为诗画的背景。园林也是一处可以写诗作画的空间，影响是循环往复的，风景画就取材自园林，而园林景观又给诗人以灵感。

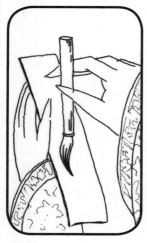
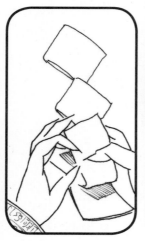

树木的精神：神道教的传统是遵奉自然界中的物体，诸如岩石、树木和山脉，作为一种祖先精神或神的象征。祈祷者把心愿写在纸上，折成纸条祈求神祇保佑。

亚洲大陆的影响
MAINLAND INFLUENCES

许多文化方面的影响通过朝鲜半岛流传到日本，朝鲜半岛距离本州岛的最近处只有 300 英里。中国人的信仰和艺术风格对于日本设计者产生了巨大影响。后者吸纳来自亚洲大陆的文化理想，并与地方传统相结合，将国外的艺术形式与本国的传统相融合。

在公元 6 世纪中期，第一批佛教法师到达日本。佛教的宇宙观奉山川为神灵，这一点与神道教的信仰很相似。早期的佛教信徒隐居在山林，这些地方都是神道教传统中的圣地。推古天皇（554—628）和摄政的圣德太子（574—622）将佛教确立为国教，借此统一国民，并且加强了政府的影响力。

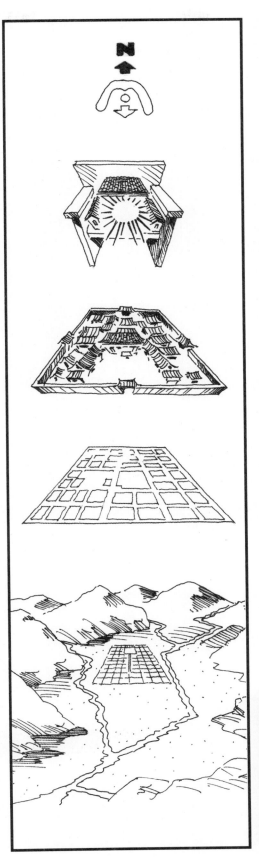

效仿中国的先例
CHINESE PRECEDENTS

为了建立了一个强有力的、中央集权制的政府，公元 7 世纪中期，藤原氏家族在主政期间实施政治改革，废除了土地私有权。过去每任天皇都会重新选择都城，藤原氏决定将都城迁至奈良，于是奈良作为都城延续了约 75 年。奈良套用唐朝长安城的规划模式，进行了严格的空间几何划分，同时沿袭了中国人的城市生活方式和复杂的官僚体制。这与日本自给自足、以家庭为中心的农耕生活方式形成了鲜明对比 [22]。

从公元 6 世纪到 7 世纪，唐朝文化深深影响着奈良的宫廷生活。日本编年史《日本书纪》（大约成书于公元 720 年）记录了早期遣唐使的活动，也描述了中国皇家花园的巨大规模和师法自然的形制，其中就包括隋炀帝的皇家宫苑。日本贵族阶层非常渴望像中国皇帝一样，通过建造巨大的湖池和壮观的楼阁来彰显自己的权威。奈良花园没能留下多少遗迹，但是在长卷绘画和公元 8 世纪时的诗歌集《万叶集》中保存了相关记录。文献记载了那一时期池岛相连的造园模式，以及花园中发生的各种娱乐活动。随着唐朝的没落，至公元 10 世纪早期，中国的影响力逐渐消退。公元 894 年，最后一批日本遣唐使出访中国；此后，日本走上了与世隔绝的状态，一直延续到公元 12 世纪。

新都城规划：京都城和天皇皇宫的基址与唐长安城相似，采用了风水理念。神圣的皇宫位于城市北面，京都城北部的山脉拥抱着城市，就像为皇帝准备的扶手椅——取意中国传统文化中所讲的"前有罩，背有靠" [23]。

园林的黄金时代
THE GOLDEN AGE OF GARDENS

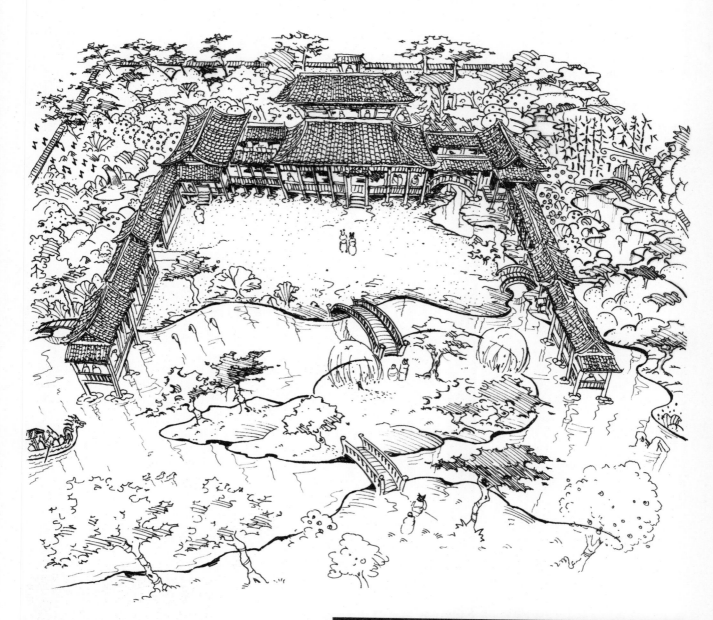

寝殿造 [责编注]：平安城的花园通常用于进行诗歌比赛、赏花节、游船节和音乐会。

[责编注] 寝殿造庭院是在平安时代产生于皇族和贵族中间的园林形式，因以寝殿为主体建筑而得名。园林属池泉园系列，寝殿前设广庭，庭中铺白砂，用于举行各种仪式，砂庭南为水池，水池中有中岛，砂庭与中岛间架以本拱桥，称"反桥"。水池中漂浮龙头鹢首舟。寝殿左右出廊轩接以楼阁，折而向南延伸终于钓殿，形成左右对称格局。寝殿用于休息、办公，钓殿用于钓鱼、泊舟和纳凉。中岛上建屋舍，以利于演奏音乐，中岛与南岸间架以平桥，

除寝殿造外，还有主殿造和书院造两种样式。所谓"主殿造"，就是简化了的寝殿造，采取非对称的格式，即一边有配屋，一边没有配屋，或直接用席子来代替配屋。主殿造上承寝殿造，下启书院造，是一种过渡形制。书院造就是在主殿造基础上形成的，始于14世纪，定型于16世纪。它的基本特点是，一幢房子的若干个房间里，有一间是最主要的（上段，一之间）。这间房间的正面墙壁划分为两个龛，左侧的宽一点，叫"床"（押板）；右侧的是一个

博古架，叫"棚"（违棚）。左侧称为"床"的龛，正面挂着中国式的卷轴画或书法，地上陈设着香炉、一对烛台和一对花瓶。左侧墙上，紧靠着床，还有一个龛，叫"副书院"。副书院一般是向外突出的，开着窗子，本来是读书的地方，后来缩小，陈设着精美的文房用具，也变成装饰性的了。而右侧墙上是卧室的门（帐台构），分四大扇，中间两扇可以推拉，两侧是固定扇。凡具备这样一间上段或一之间的建筑，即为书院造。

游行诗：光源氏王子府邸的女人们为了获得亲王的宠爱而明争暗斗。她们交流诗作，歌颂了四季不同的花园主题。这里举的例子是秋天与春天。

秋天："花园静静地期待春天的降临。让凉风带来一丝秋天的讯息。"　　春天："时光如梭，你转身离去的身影消散在风中。悬崖边的松树永远像春天时那样葱绿。"[24]

奈良时代，佛教法师的权力日益强大，受此威胁，宫廷一再搬迁。794 年，宫廷迁移至政治上保持中立的京都。新都城名叫"平安京"，或称"和平与宁静之城"，像长安和奈良一样，也采用了方格网状的规则布局。

平安时代以艺术繁荣和文化高雅而著称。

直到公元 10 世纪，藤原氏摄政并完全掌控朝政。贵族阶层在朝堂上失去了权力，寄情于诗歌、文学、音乐、时尚与景观设计。

现今对平安花园的挖掘和重建工作仍在继续。《作庭记》是一本写于公元 11 世纪早期的园林手抄本，作者橘俊纲（1028—1094）是摄政关白藤原赖通（992—

1074）的次子，书中记录了很多日本中世纪花园的相关信息。作者介绍了假山的布置方法、借景的手法和空间布局的几何规则，还将瀑布划分为 10 种不同的类型。这是一种在造园中运用的精神与哲学设计方法，园林作品将一般性的设计常识与当地的自然环境条件融合起来。

《源氏物语》：公元 11 世纪早期，日本女作家紫式部（973—1025）撰写了小说《源氏物语》，讲述中世纪时期日本人的精神状态和对待自然的态度。小说描写了一座王宫贵族的花园，并对宫廷生活进行了详细介绍。

寝殿造庭院　SHINDEN-STYLE COURTYARDS

平等院 是这一时期寝殿造庭院的代表作，由藤原赖通于 1052 年始建的，藤原君是一名虔诚的佛教徒。其主体建筑（凤凰堂）内建有一座巨大的佛像，面朝东方，以便朝拜者能够面朝西方极乐世界进行祈祷。

这座建筑具有典型的平安时代花园结构。中央庭院尺度巨大，面向南方开敞，成为寝殿造建筑形制的主要特征。寝殿大厅是主要的居住和待客空间，两侧配楼与寝殿之间用长廊连接，主体结构由未上漆的木头制成。大厅朝向一座岛屿式的花园，这种形制影射着中国神话中长生不老的仙岛。在日本花园中，池塘喻示着现实中的海岸风光，小岛则喻示着神秘的海龟和仙鹤。龟岛作为须弥山，代表着佛教教义中的世界中心；鹤岛则代表着长生不老，二

者构成寓意吉祥的自然平衡。

平安时代的佛教寺院也采用寝殿造的样式。在公元 11 世纪到 12 世纪之间，佛教发展至顶峰，向所有积德行善之人倡导虔诚献身和来生回报——能够进入西方极乐世界。寺院花园成为凡间的天堂。11—12 世纪时，贵族常将自己拥有的花园转交给寺庙，作为行善之举。由此进入佛教盛行时期，园林设计被视为一种艺术表达形式。

寝殿造殿堂和寺院建有面朝南方的楼阁，在中央池塘傍边修有带扶手栏杆的连廊。水流顺着园中构建的渠道流淌，以此模仿自然的排水方式。水道环绕基地，从东到南、再到西，构成吉利的图案。沿着回旋的水岸精心铺设着砾石，借此掩饰池塘的整体尺度，创造出辽阔空间的意境。在寝殿造花园中，还有土丘、朱红色的桥、微型假山和树木等景观设计元素。

第二波中国影响
SECOND WAVE OF CHINESE INFLUENCE

至平安时代末期，农业生产不断进步以及农产品贸易增长，市场得以发展，开始出现商人阶层。各地方的大土地所有者形成了独立于中央政府之外的社会阶层，进一步削弱了政府的权力。国内战争随之爆发。藤原氏被平氏驱逐，平氏又被源氏罢黜。源氏将新的军政府迁移至西北方的镰仓，邻近江户，但文化中心仍然在京都。他们重新恢复了与中国的联系，并掀起了第二波中国影响浪潮。日本僧侣拜访中国的寺院，中国的艺术家和知识分子由于蒙古的侵扰而迁移到日本。尤其是，禅宗和宋朝的文化艺术流传至日本，对其园林设计产生了深刻影响。

宋朝绘画的巅峰时期正是平安时代晚期／镰仓时代早期。绘画既是一门技艺，又是一项高品位的艺术爱好。宋朝的这些文化形式深深吸引着日本的僧侣以及军事阶层，他们积极寻找新的方式来表达他们不同于传统京都文化的雄心壮志。创造空间幻象，传递自然精髓是宋代绘画的共同特征。

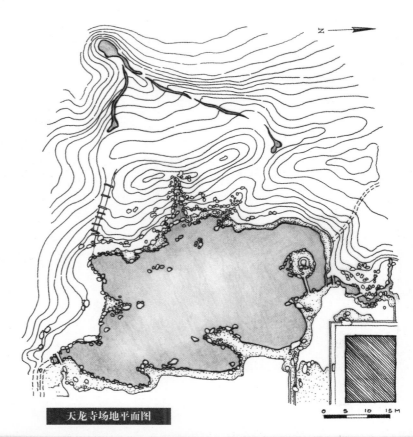

天龙寺场地平面图

0　5　10　15M

禅和忍者精神
ZEN AND THE SAMURAI SPIRIT

镰仓时代推崇自律和自控，宗教（特指佛教禅宗）盛行，还出现了效忠于地方大名军阀或幕府将军的新兴武士阶层。公元 13 世纪至 14 世纪之间，政治不稳，社会动荡，人们转而寻求内心的自省，一方面拜佛参禅，打坐冥想；另一方面回归庭院生活，关注园林设计，重塑自然。园中设有大量"虚"空间，就像宋代风景绘画中的"留白"。

框景：在大方丈中看到的天龙寺花园——从这个位置观察可以看出景观本身成为主题。

在镰仓时代，幕府将军政府捐助禅宗寺院——作为修行和学习的中心，这与平安时代修建奢侈宫殿形成鲜明对比。寺院花园则由本院僧人和曾经云游中国的石立僧负责修筑，后者掌握布置假山的技术[25]。

禅宗梦窗疏石（1275—1351，著名僧人，被封为"国师"）将园林建设提升为宗教活动。他负责布局规划了多座寺院花园，包括 1339 年重建的天龙寺和西芳寺以及京都郊外的贵族庄园。

空间的秩序：西芳寺的上半段花园内置有一堆平顶石，代表着龟岛、冥想坐椅和枯水瀑布。

▲ 龙门：瀑布从高高矗立的鲤鱼石上流下来，预示着成功和领悟。如果鲤鱼跳过了瀑布，它就会跃升为龙——象征着科举考试取得成功或是立地成佛。

▶长生岛：在天龙寺，七块石头的垂直布局源自早期受中国的影响，象征着长生不老之岛。日式园林中的假山布局在此基础上进一步发展，形成水平方向的组合。

天龙寺
TENRYU-JI

天龙寺代表着一种重要的转变：从平安时代的池岛式花园到镰仓时代末期、室町时代早期的冥想式花园。花园的面积一般不超过 1 英亩，包括一个水池，池畔矗立着假山石。在这组假山石的不远处，就是龙门瀑布。瀑布的前景是一块水平的岩石架在狭小的出水口上方，并与后面高高堆叠起的假山形成对景，由此创造出一种深远的空间感，类似于宋代山水画中的意境[26]。

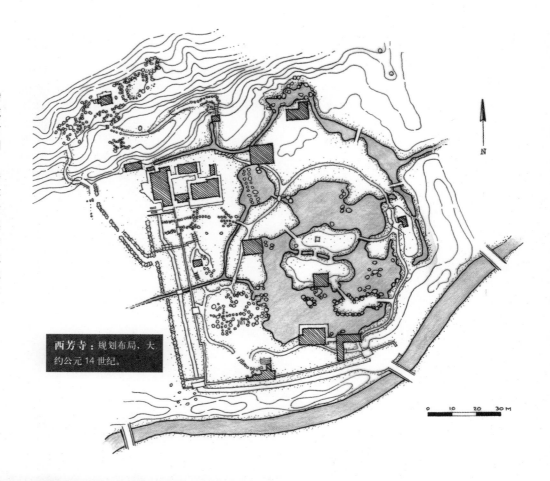

西芳寺：规划布局，大约公元 14 世纪。

0　10　20　30 M

西芳寺
SAIHO-JI

该寺的基地是一座建于公元 8 世纪的寺院遗址，后由国师梦窗疏石加以改建。西芳寺是镰仓时代寺院花园的又一代表。枯水瀑布的出现反映了枯山水概念的演进，这一概念最早出现于《作庭记》，意指通过假山和砾石的布局摆放模拟溪流、瀑布等景观幻象。

苔寺：西芳寺内拥有一座天堂般的花园，池水清浅，上半段花园地势平坦，遍地铺满平顶石，上面覆盖着苔藓。

冥想式景观的新方法   NEW WAYS TO CONTEMPLATE THE LANDSCAPE

在公元 14 世纪中叶，建筑很少采取对称的样式，形制比较随意，名曰"书院造"或者"书房式"。书院是由外墙延伸突出来的凹室，有时会设有一张书桌和面向花园的景窗。通常，室内空间的对角线式布局可使人们以斜角进入花园，创造了多种构图可能性。从某一固定视角看来，现在的花园显得更加亲切。借景的概念也出现在了《作庭记》当中，与枯山水一样都是景观设计中的重要艺术手法。书院造风格的特点还包括设置展示艺术品的壁龛，能够增强室内空间灵活性的推拉纸门、踏踏米地席。

14 世纪末，足利家族势力逐渐壮大，将幕府迁往京都室町区。足利家族通过对农民征收高额的赋税，聚敛了财富和权力。他们吸收宋朝细腻的审美理念，慷慨地资助艺术活动。在这一时期，许多中国艺术家迁居日本，为武士教授书法和诗歌。

金阁寺
KINKAKU-JI

公元 1397 年，足利幕府第三代将军足利义满（1358—1408）将在京都西北角的寝殿造庄园改建为风景如画的隐居之所。

金阁寺融合了平安时代天堂般花园和宋代山水画的特点，景观设计注重透视和远景效果，尤其从游船上看过去的景观效果。湖面被一座小岛和一小座半岛划分，远处堤岸上的树木和灌木丛看起来很渺小，这从视觉上延伸了空间感。花园占地 4.5 英亩，园中布置有许多象征性的景观元素，如龟岛和鹤岛、系舟石和龙门瀑布。三层楼阁的功能是按照禅宗教义来设计的，最底层用于接待，中间层用于交谈和学习，最上层用于冥想。在室町时代后期，花园设计充分满足了从外在肤浅思考到内心深层冥想的空间转换需求。

金阁寺：坐落于京都的西北部，是一座重要的花园，它融合了室町时代早期社会伦理需求与艺术审美需求。

总　结

本章所考察的花园都依托于广泛的自然环境和文化环境，虽然它们的背景脉络不同，但都表达了一个共同的愿望——在功能上和审美上改造自然，创造有意义的空间。

中世纪，自然在很大程度上是无法控制的，政治秩序也不稳定。无论是为了保护自身，还是防卫入侵；无论是为了削弱自然力，还是创造一个更完美的自然代替物，中世纪的人们将花园封闭起来。封闭的空间构成了一个独立于其所处社会环境的小王国。在中世纪，一个舒适愉悦的安乐之所常常象征着天堂。

设计原则

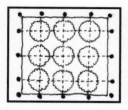

实用　UTILITY

中世纪修道院的走廊是应用几何原理的产物。一个由拱廊围合的方形空间场地，回廊便于人们祈祷。抬高的植床对场地加以划分，这里广种草木和花卉，俨然是一部活生生的植物百科全书。

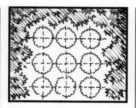

对比　CONTRAST

这一小块乐园是人工改造景观的成果，这类精心设计的乐园有别于周边自然形成的空间环境。

尺度　SCALE

摩尔人的庭院是一种室外生活空间——由建筑围合而成的符合人性尺度的开放空间。室内外的空间转换由建筑元素来调节，门厅和凉廊属于第二层级。

平衡　BALANCE

中国园林是自然的缩影，各种内在力量构成视觉上、象征意义上和体验上的平衡。在山和水、实与虚、文字与影像之间实现一种直觉上的均衡。

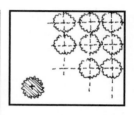

挪用　APPROPRIATION

借景原则。日式花园范围之外的景观会被借用来成为景观的组成部分之一。

设计语汇

拓展阅读

西欧　WESTERN EUROPE
篱笆、围墙和喷泉

西班牙摩尔人　MOORISH SPAIN
水渠和甬道

中国　CHINA
假山和水

日本　JAPAN
庭院、湖池和小岛

图 书
ADVENTURES OF MARCO POLO
CANTERBURY TALES, by Geoffrey Chaucer
THE DECAMERON, by Giovanni Boccaccio
THE DIVINE COMEDY, by Dante Alighieri
INVISIBLE CITIES, by Italo Calvino
THE NAME OF THE ROSE, by Umberto Eco
ONE THOUSAND AND ONE NIGHTS
　(various English translations)
THE ROMANCE OF THE ROSE, by Guillaume de Lorris
TALES OF THE ALHAMBRA, by Washington Irving
THE TALE OF GENJI, by Murasaki Shikibu
THE TALE OF HEIKE,
　translated by Helen Craig McCullough

电 影
THE ADVENTURES OF ROBIN HOOD (1938)
BRAVEHEART (1995)
EL CID (1961)
GENGHIS KHAN (1954)
KINGDOM OF HEAVEN (2005)
THE LION IN WINTER (1968)
THE SEVENTH SEAL (1957)

绘 画
EMPEROR MING HUANG'S JOURNEY TO SHU,
　artist unknown (8th century)
EARLY SPRING, by Kuo Hsi (1072)
SIX PERSIMMONS, by Mu Chi (13th century)
SCROVEGNI CHAPEL frescoes, by Giotto (1305)
THE EFFECTS OF GOOD AND BAD GOVERNMENT
　ON THE CITY AND COUNTRYSIDE,
　by Ambrogio Lorenzetti (1338)

公元15世纪

15世纪是地理大发现的时代，这一时期文化发展以一种不同的节奏拓展到全世界。新发现和新大陆重塑了中世纪人们的世界观。欧洲强势登场，意大利成为文艺复兴早期的思想发源地。新兴的商人阶层向贵族统治者和宗教势力发起挑战。对于经济霸权的渴望也导致了对其他地域文化的探索，尤其是美洲的和非洲的文化。

随着视野的开阔，园林成为探索自然的场所，而非逃避自然的空间。中世纪发展起来的园林模式在15世纪时日臻成熟。在日本，禅宗花园最终表现为枯山水的形式；伊朗伊斯法罕的四方式花园（the chahar bagh）是伊斯兰教花园的代表；意大利的花园别墅发展为传达哲学理想的实体空间。

建筑师谨慎小心避免落入陷阱。

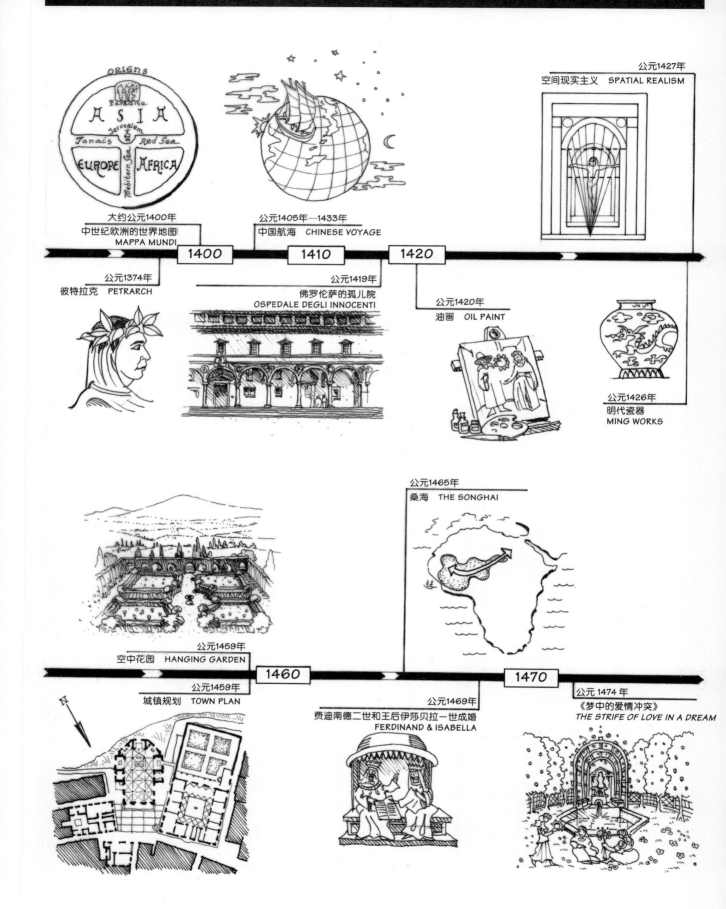

公元1427年
空间现实主义　SPATIAL REALISM

大约公元1400年
中世纪欧洲的世界地图
MAPPA MUNDI

公元1405年—1433年
中国航海　CHINESE VOYAGE

1400　　**1410**　　**1420**

公元1374年
彼特拉克　PETRARCH

公元1419年
佛罗伦萨的孤儿院
OSPEDALE DEGLI INNOCENTI

公元1420年
油画　OIL PAINT

公元1426年
明代瓷器
MING WORKS

公元1465年
桑海　THE SONGHAI

公元1459年
空中花园　HANGING GARDEN

1460　　**1470**

公元1459年
城镇规划　TOWN PLAN

公元1469年
费迪南德二世和王后伊莎贝拉一世成婚
FERDINAND & ISABELLA

公元1474 年
《梦中的爱情冲突》
THE STRIFE OF LOVE IN A DREAM

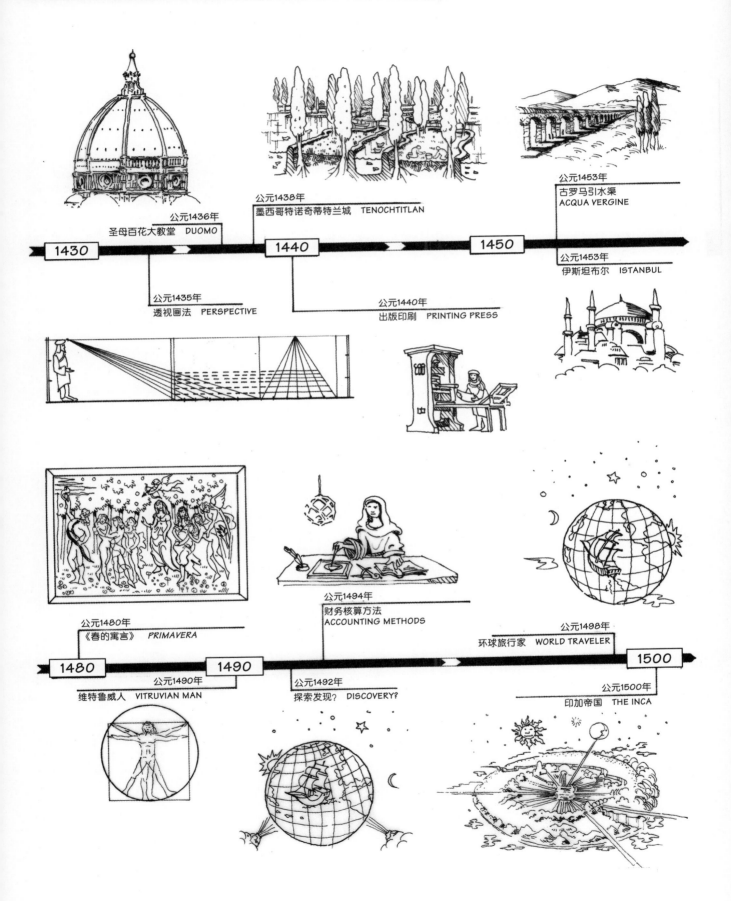

公元1436年
圣母百花大教堂　DUOMO

公元1438年
墨西哥特诺奇蒂特兰城　TENOCHTITLAN

公元1453年
古罗马引水渠
ACQUA VERGINE

1430　　　　1440　　　　1450

公元1435年
透视画法　PERSPECTIVE

公元1440年
出版印刷　PRINTING PRESS

公元1453年
伊斯坦布尔　ISTANBUL

公元1480年
《春的寓言》　PRIMAVERA

公元1494年
财务核算方法
ACCOUNTING METHODS

公元1498年
环球旅行家　WORLD TRAVELER

1480　　　　1490　　　　1500

公元1490年
维特鲁威人　VITRUVIAN MAN

公元1492年
探索发现？　DISCOVERY?

公元1500年
印加帝国　THE INCA

公元 1374 年
彼特拉克　PETRARCH

弗朗西斯科 · 彼特拉克（Francesco Petrarch，1304—1374）是意大利诗人和早期的人类学家，从事艺术和古代文学研究。他促进了基于古典理想主义的学术研究。

大约公元 1400 年
中世纪欧洲的世界地图　MAPPA MUNDI

早期的中世纪地图是由基督教徒绘制的，以耶路撒冷为中心，将世界分为三块大陆，即亚洲、欧洲和非洲。东方，位于地图的最上方，指向天堂的方向。

公元 1405 年—1433 年
中国航海　CHINESE VOYAGE

明朝的永乐大帝派遣郑和下西洋，进行环球外交与贸易考察。

公元 1419 年
佛罗伦萨的孤儿院
OSPEDALE DEGL INNOCENTI

菲利波 · 伯鲁内列斯基（Filippo Brunelleschi，1377—1446，意大利文艺复兴建筑师）在他设计的佛罗伦萨育婴堂中，广泛运用古典建筑语汇。精致的科林斯柱式与圆形拱券形成清晰、理性的尺度比例关系。

公元 1420 年
油画　OIL PAINT

油画是由早期的尼德兰画家发明的。扬 · 范 · 艾克（Jan Van Eyck，1395—1441，佛兰德画家）等艺术家运用慢干颜料，通过丰富的色彩，捕捉并刻画现实生活中的细节。

公元 1426 年
明代瓷器　MING WORKS

明朝的统治者重修长城和大运河，发展与欧洲的贸易联系。明朝的丝织品、漆器和陶瓷，尤其是青花瓷，极受欧洲人的青睐。

公元 1427 年
空间现实主义　SPATIAL REALISM

马萨乔（Masaccio，1401—1428，文艺复兴时期意大利画家）首创了一点透视画法，并应用于佛罗伦萨新圣母玛利亚教堂（the church of Santa Maria Novella）的壁画《圣三一》（the Holy Trinity）之中。画作模拟现实中人眼的视觉消失点，创造出一种戏剧性的空间纵深感。

公元 1435 年
透视画法　PERSPECTIVE

莱昂 · 巴蒂斯塔 · 阿尔伯蒂（Leon Battista Alberti，1404—1472，意大利文艺复兴时期建筑家）在他有关绘画的论文《论绘画》（Della Pittura）中陈述了构建透视网格的方法。

公元 1436 年
圣母百花大教堂　DUOMO

伯鲁内列斯基完成了佛罗伦萨圣母百花大教堂（the Cathedral of Santa Maria del Fiore）穹顶的设计。双层、八角形的穹顶是当时世界上最大的穹顶建筑。建筑师对古罗马遗址的第一手研究极大地帮助他完成了这一建筑奇迹。

公元 1438 年
墨西哥特诺奇蒂特兰城　TENOCHTITLAN

沿着由运河、水渠和堤防构成的广阔网络体系，广布人工小岛，从而有助于墨西哥首都的拓展。

公元 1440 年
出版印刷　PRINTING PRESS

约翰尼斯 · 古腾堡（Johannes Gutenberg，1398—1468，第一位发明活字印刷术的欧洲人）在德国完善了第一台印刷机的活字印刷术。这项印刷术极大地提高了效率，加速了文艺复兴时期知识的传播。

公元 1453 年
伊斯坦布尔　ISTANBUL

奥斯曼土耳其人占领君士坦丁堡，并将它重新命名为"伊斯坦布尔"，将所有教堂都改造成清真寺。

公元 1453 年
古罗马引水渠　ACQUA VERGINE

罗马教皇尼古拉五世（Pope Nicholas V，1397—1455）重新修建了古罗马的输水渠，并建立了梵蒂冈图书馆（the Vatican Library），用来容纳教皇日益增多的古代文献收藏。

公元 1459 年
城镇规划　TOWN PLAN

罗马教皇庇护二世（Pope Pius II，1405—1464）重建了家乡托斯卡纳（Tuscan）的一座小村庄——皮恩扎（Pienza），使其成为文艺复兴时期最早的城镇规划模板。他将宫殿、教堂和市政厅组织为一个城市整体，体现了古典主义的共和精神——即人民、自然与政府的和谐。

公元 1459 年
空中花园　HANGING GARDEN

皮克罗米尼宫（Palazzo Piccolomini）由阿尔伯蒂的弟子伯纳多 · 罗塞利诺（Bernardo Rossellino，1409—1464，意大利建筑家）设计，它也是庇护二世的皮恩扎城市规划的一部分。宫殿南侧建有一个由凉廊环绕的平台式花园，景色美得令人叹为观止。

公元 1465 年
桑海　THE SONGHAI

索尼 · 阿里国王（King Sonni Ali，1464—1492 年在位，桑海帝国第一任国王）统一了桑海王国，使桑海成为苏丹西部和北非地区的强大国家。

公元 1469 年
费迪南德二世和王后伊莎贝拉一世成婚
FERDINAND & ISABELLA

费迪南德二世（Ferdinand II，1452—1516，阿拉贡国王）和皇后伊莎贝拉一世（Isabella I，1451—1508，卡斯蒂利亚女王）的婚姻象征着阿拉贡王国（Aragon）和卡斯蒂利亚王国（Castile）的联盟，并于公元 1492 年重新征服了西班牙，格拉纳达被置于天主教廷的控制之下。费迪南德和伊莎贝拉将异教徒视为对天主教的威胁，并发动了对异教徒和异说的长期迫害，设立了臭名昭著的"宗教裁判所"（the Inquisition）。

公元 1474 年
《梦中的爱情冲突》
THE STRIFE OF LOVE IN A DREAM

小说《寻爱绮梦》（Hypnerotomachia Poliphili，英文名为"The Strife of Love in a Dream"，即《梦中的爱情冲突》）中的木版画成为后世园林设计师的灵感来源。修道士弗朗西斯科 · 哥伦尼（Friar Francesco Colonna，1433—1527）对植物种类进行了详细描述，由此开创了文艺复兴早期花园中的园艺设计。

公元 1480 年
《春的寓言》　PRIMAVERA

桑德罗 · 波提切利（Sandro Botticelli，1445—1510，意大利文艺复兴时期画家）在画作《春的寓言》中，对神话主题依照人本主义的寓言故事加以解读，成为文艺复兴时期世俗肖像画的代表作。

公元 1490 年
维特鲁威人　VITRUVIAN MAN

莱昂纳多 · 达 · 芬奇（Leonardo da Vinci，1452—1519，意大利文艺复兴时期艺术家）根据古典主义的理想形象，图解分析了人体的比例关系，以绘图形式指出人是世界的范式。

公元 1492 年
探索发现？　DISCOVERY?

意大利航海家克里斯弗 · 哥伦布（Christopher Columbus，1451—1506）说服费迪南德二世和王后伊莎贝拉一世资助他向西航行，探索寻找印度大陆。他在巴哈马（Bahamas）登陆，并将那里命名为"西印度群岛"（the "West Indies"）。

公元 1494 年
财务核算方法　ACCOUNTING METHODS

修士卢卡 · 帕奇欧里（Fra Luca Pacioli，1445—1517，意大利数学家）撰写了《数学、几何、比与比例概要》（Summa de arithmetica, geometria, proportioni et proportionalità）。

公元 1498 年
环球旅行家　WORLD TRAVELER

瓦斯科 · 达 · 伽马（Vasco da Gama，1460—1524，葡萄牙探险家）从葡萄牙出发，绕过好望角，到达印度，开启了地理大发现时代（the Age of Discovery）。

公元 1500 年
印加帝国　THE INCA

印加帝国鼎盛时期拥有 600 万人口。传说，帝国首都库斯科（Cuzco）是按照太阳神庙的 42 条放射线——神圣的光芒（ceques）进行规划的。

室町时代
MUROMACHI ERA

室町时代（1333—1573）的园林以微缩的尺度、精致的空间效果、独特的建筑环境而著称，反映了足利幕府这一军人政权的审美观，此时都城重新迁回京都。武士道尊崇勇敢、忠诚和献身等信念。田庄和寺院的花园不再是平安时代单纯的娱乐休闲空间或者对天堂的效仿。室町时代的园林设计重点集中在空间形式和艺术构成。

镰仓时代，禅宗得到执政幕府的支持而广泛传播。禅宗是一种个人修行，强调冥想和内心自省，因此并不追求规模庞大的仪式性空间。许多禅师在大庙之内建立个人的小型禅堂。小型的寺院花园成为冥想空间，没有僵化的仪式，也就意味着从固定的视角观察周围景象。带有滑动隔断的书院造为人们提供了特定的框景效果[1]。花园作为纯粹的视觉欣赏对象，有助于冥想修行，但没有太多的实用功能。

曾潜心研究中国水墨画技艺，开创出一套笔锋窄短而锐利的绘画技法。他效仿宋代画家，在画幅卷轴的有限空间内表现出广阔与深远的风景意境。

[责编注]"应仁"是天皇1467年到1468年这段时期的年号，内战是由中央幕府将军的大位之争导致地方大名军阀参加的混战。

浓缩的自然：镰仓时代微缩盆景成为一种广为接受的艺术形式，并对禅宗花园的发展产生一定影响。盆石是指在类似于枯山水的盆景中单独布置的石头和沙砾；盆栽则是长在盆中的矮小植物。

微缩美学
A MINIMALIST
AESTHETIC

大型景观也可以在小空间中加以表现。花园的基本要素特征被抽象与浓缩，并以枯山水进行展现，在概念上类似于盆景。

京都城在1467—1477年的应仁之乱[责编注]期间遭到相当大的破坏。到15世纪，随着足利幕府势力的削弱，封建领主大名逐渐把控了各藩的权力，在大名与幕府之间有关帝国继承人的斗争日渐升级，进而引发了十年内战。尽管整个15世纪充斥着政治斗争，但日本的艺术种类却在不断繁荣，包括能乐（一种戏剧表演形式）、园林、绘画和早期的茶道。

室町时代流行一种独特的日本绘画形式，画师与园林设计师一样成为特定的社会阶层。二者共同影响着园林的设计。雪舟（1420—1506）是一位禅宗派僧人，

雪舟的山水画：雪舟的山水画体现了日本景观的精髓，即运用简约的线条和形式表现景观。

雪舟的山水画：在大仙院的枯山水花园中多使用平顶石和陡峭的垂直岩石，类似于画家笔下渲染的大地景象。

一批既非贵族、也非僧侣的园林设计师，赢得了足利幕府将军的支持，成为园林建筑设计的专家。"河原者"是指那类并不受雇于领主、不需要交田租的河边贫民。他们从事着如拉纤和挖坟等"不洁净"的工作。善阿弥（1386—1483，画家、建筑师）具有堆山布石的技能，其景观效果有如水墨画一般，因此赢得了人们的尊敬与社会地位[2]。传说，他就是银阁寺假山的设计者[3]。

室町时代的花园代表作品有银阁寺，禅宗花园的代表作品有龙安寺和大仙院。

银阁寺
GINKAKU-JI

银阁寺于1480年由第八代足利幕府将军足利义政（1436—1490）创建，他是足利义满（1358—1408，室町幕府第三任将军）的孙子。银阁寺属于池塘型园林，其空间尺度相较于金阁寺更加适中。足利义政经常游赏西芳寺，受其凝练之美的启发，于是在自己的行宫别墅中进行复制[4]。园中拥有一间茶室、一间佛堂和连接着平顶石岛的小桥。银阁（其名称源自一个没有实现的设想：即在屋顶上铺满银瓦）共两层，拥有一间冥想室和一座佛堂，花园景致美妙绝伦。大沙堤——银沙滩和圆锥形的向月台是在后期重建时添加的。

禅宗花园
ZEN GARDENS

龙安寺
RYOAN-JI

龙安寺是著名的寺院园林，在应仁之乱期间被毁，后于1488年重建。在方丈堂南侧设有一座封闭庭院，园中遍布迷宫一般的假山石。15块并不引人注目的假山石，分为5组排布，创造了充满动感的空间构成。每组布局虽然不对称，但在整体关系组织上构成了视觉平衡关系。抽象的涵义虽然并不明确，但仍保持着探寻禅宗思想的精髓，具体解释留待观赏者自己的体悟。

大仙院
DAISEN-IN

虽然大仙院建于公元16世纪早期，但它也属于禅宗花园的类型。大仙院建于1509年，是大型禅宗寺庙——大德寺的附属寺院。枯山水式的花园围绕着书院式的寺院。最著名的花园位于东北角，利用假山和沙砾讲述了一则有关生活挑战与坚强决心的寓言，起始于模仿圣山——富士山，终于无尽的虚空[5]。

大德寺继承了宋代艺术特点。日本画家相阿弥（1472—1523）开创了在内墙上绘制风景画之先河，并对园林设计产生了很大影响，但并没有相关文献支持这一观点。

银阁寺：与平安时代的园林不同，这种池岛式园林强调步行体验，而不是乘船。沿着坏湖的小径，可以从一些特定的观察点看到美丽的景观。

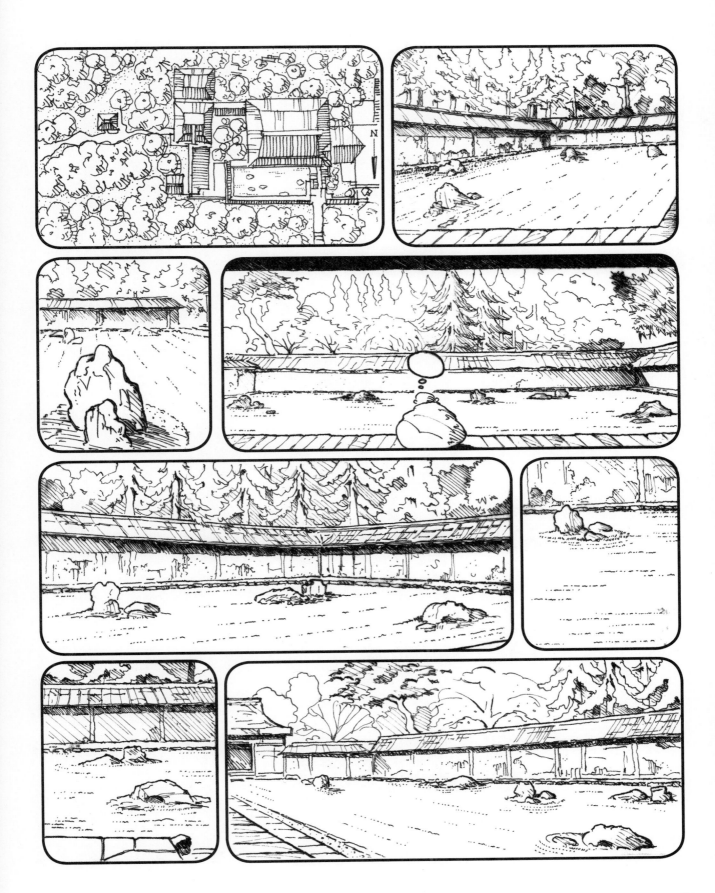

游客从寺庙室内向花园看过去，视线从左向右移动。沙砾模拟的水流从高山峡谷中涌出，汇聚成河流，流经岩石与石桥，最终汇入大海。

一块与阳台边缘平行布置的巨石，将游客的视线引入景观之中。在这片 12 英尺 ×47 英尺的狭小空间中，分层布置的景物创造了一种空间纵深感，类似于宋代山水画中的意境。

寺院南侧花园的入口处有两座沙堆，它们的形制可能源于早期的实用功能[6]。一道墙体把花园一分为二，这堵墙是 20 世纪时加建的，有证据表明在花园始建之初曾经存在过这样的一处构筑物。

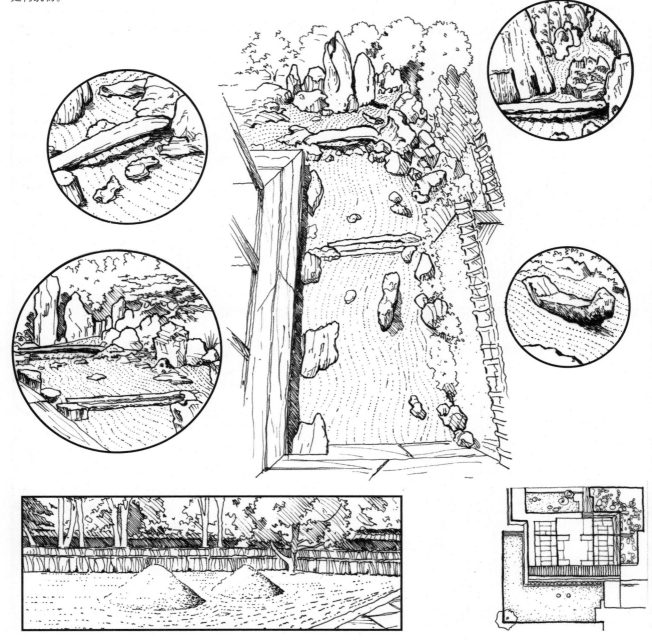

明朝
MING DYNASTY

1368 年元朝灭亡，起义者推翻了蒙古人的统治。汉族人建立了明政权（1368—1644），重新恢复了本民族的统治。公元 1403 年，明朝第三位皇帝永乐大帝将都城迁往北京，并在元世祖的宫殿遗址上营建了紫禁城[7]。从此时开始，直到1912 年，北京一直是帝国的都城。

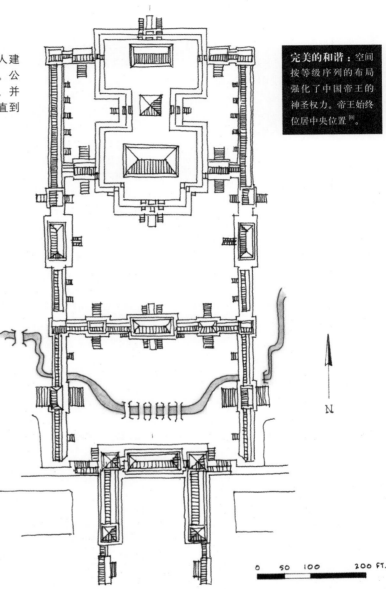

完美的和谐：空间按等级序列的布局强化了中国帝王的神圣权力。帝王始终位居中央位置[8]。

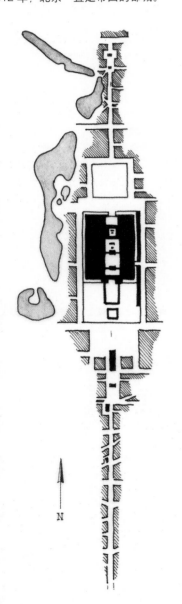

帝国首都：紫禁城当前的形制是明朝时建立的。

紫禁城
FORBIDDEN CITY

紫禁城由数百间房屋与庭院构成，沿南北向轴线呈对称布置，所有的建筑都面南背北。护城河和城墙包围着紫禁城，紫禁城处于皇城之内。皇帝和他的家眷居住在内廷，外廷则用于举行仪式和官员办公。永乐帝进一步扩大了紫禁城西部、最早由蒙古人开挖的湖泊；同时又开挖了另外两座湖泊作为城市灌溉系统的组成部分，由此形成了皇家宫苑的三座"海上宫殿"（南海、中海和北海）。此外，用挖掘护城河取出的土方在皇城北端堆建起了一座人工山，名曰"煤山"（即今天的景山公园）[责编注]。

[责编注] 明初，为防备元朝残部袭扰围困北京引起宫室燃料短缺，朝廷在这里堆放燃煤，所以该山又名"煤山"。

帖木儿的花园城市
TIMURID GARDEN CITIES

在公元 15 世纪的中亚，园林设计与城市形态之间存在着密切的联系，撒马尔罕（Samarkand，乌兹别克中部城市）的城市规划便是明证。在那儿，管理完备的景观成为城市的有机组成部分之一。撒马尔罕城坐落在联系中国与地中海的丝绸之路上，深受不同文化的影响。这座城市由波斯人在公元前 8 世纪始建，于公元前 4 世纪被亚历山大大帝征服。公元 6 世纪突厥人占领了这座城市，后又于公元 8 世纪被阿拉伯人统治，并由此成为一个伊斯兰文化的中心。公元 1220 年，城市遭到蒙古人的洗劫。公元 1370 年，帖木儿（Timur，1336—1405，帖木儿帝国的开国皇帝，又叫"跛腿帖木儿"。他在一次战斗中负伤留下了残疾。）在撒马尔罕建国立都，将城市重建为文化圣地。

作为一个来自中亚的游牧民族首领，帖木儿试图通过无情的军事征战，占领从印度到土耳其乃至俄罗斯的部分土地，控制贸易富庶的商路。他削弱了蒙古在中亚的势力，沉重打击了威慑欧洲大陆安全的奥斯曼土耳其人。卡斯蒂利亚王国（西班牙北部）国王派遣使节罗·冈萨雷斯·德·克拉维约（Ruy Gonzalez de Clavijo，15 世纪卡斯蒂利亚旅行家），与帖木儿建立了外交联系。克拉维约的记述中描绘了撒马尔罕的繁茂花园和富饶土地，是现今重要的研究文献 [9]。

帖木儿死后，皇室又将都城迁往赫拉特（Herat，今阿富汗西部城市）。帖木儿的嫡孙巴布尔（Babur，1483—1530，印度莫卧儿王朝开国皇帝）评价，整个帖木儿时期，即从 14 世纪后期到 15 世纪早期是

艺术与科学发展的黄金时代 [10]。人们修建天文台，绘制星空图。在帖木儿子孙的管辖下，赫拉特城和撒马尔罕城一片繁荣。

四方形的园林平面
FOUR-FOLD GARDEN GEOMETRY

曾经被森林、果园和绿地所围绕的撒马尔罕园林如今都已消失。但是，在克拉维约和巴布尔的记述中，赏心悦目的花园和皇家露营地成为后世园林设计的典范。四方形的花园以水体为轴线，中央设有楼阁。尽管矩形的空间划分源自古代波斯人的花园，但对于这种形制的最初记载就来

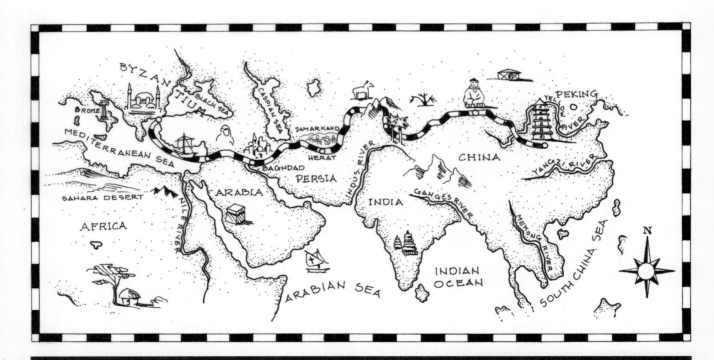

丝绸之路（Silk Route）：货物商品、科学观念、哲学思想在各大洲之间交流传递，丰富了世界文化。

自帖木儿时期的四等分花园布局方式
（Chahar-bagh，将四边形的花园用步
道和水流分成面积相等的四小块）[11]。

和许多其他宗教一样，在伊斯兰教
中，花园象征着天堂。四等分花园又
常常被称做"天堂花园"（它的沟渠
象征着《古兰经》中提到的流淌着牛
奶、蜂蜜、水和葡萄酒的河流）。但
是这种具有象征性的布局设计出现在
伊斯兰教创立之前。在伊斯兰教出现
之前，波斯人的绘画中十字轴代表着
世界的四个角落，中心是一汪泉水。
四等分花园演进为天堂的化身，这
一过程与英语词源学中单词"天堂"
（paradise）的进化历程相当：它源于
希腊词根"paradeisos"（意为"花园"），
"paradeisos"这个词又是源于波斯文
"pairidaeza"（意为"带围墙的封闭空
间"）。地跨印度和克什米尔（Kashmir）
的莫卧儿王朝，其创建者巴布尔修建
了一座精致的天堂花园，本书将在第
5章具体介绍。

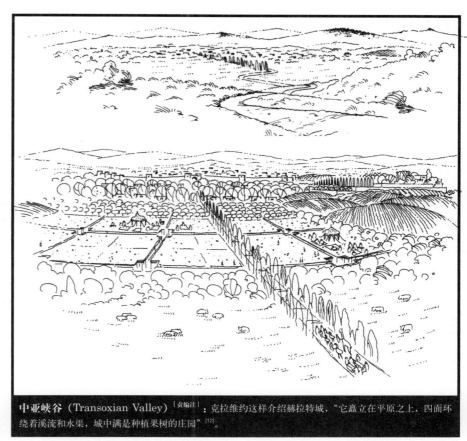

中亚峡谷（Transoxian Valley）[责编注]：克拉维约这样介绍赫拉特城，"它矗立在平原之上，四面环
绕着溪流和水渠，城中满是种植果树的庄园"[12]。

[责编注] 中亚地区古地名，地理范围包括今天乌兹别克斯坦、塔吉克斯坦、吉尔吉斯斯坦南部与哈萨克斯坦西南部，阿姆河
（Amu Darya River）至锡尔河（Syr Darya River）之间的地区。

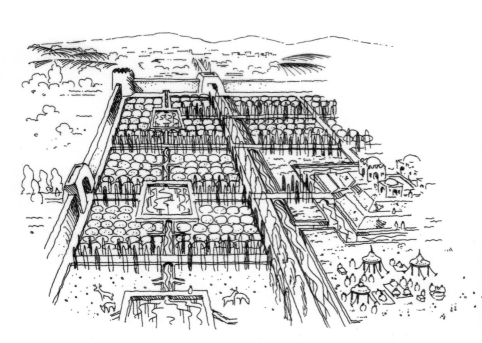

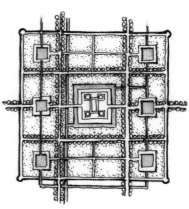

四方形制：克拉维约这样描述撒
马尔罕城中的一处皇家宴会举办场地，"花园非
常大，……种有许多硕果累累的树木，有
些树木专门用来遮阴蔽日。园中遍布道路
和小径。……花园呈十字形，中央建有一
座精美的宫殿。"[13]

求知的精神，开阔的视野
CURIOUS MINDS, BROADENED VISTAS

意大利是改革的中心，实现了从中世纪封闭禁锢到15世纪豁达开放的思想转变，许多外部因素有助于这种文化的转变。从地理角度而言，意大利半岛得益于连接了东方与西方。作为"十字军东征"的结果之一，新观念和新商品流入了意大利。随着经济发展，封建庄园制度瓦解，新兴的中产阶级获得了土地所有权。

佛罗伦萨成为人本主义思想的中心、文艺复兴早期的摇篮。人本主义思想笃信人类的智慧、创造力和理性。思考的重点不在

于来生、上帝或者天堂，而在于人类当前世俗生活的背景和现实生活中社会活动与政治活动之间的联系。因此，人类对于自然的认识也相应改变。人本主义者认为神性蕴含于自然的秩序之中。园林设计应当体现自然的秩序，景观设计应当赏心悦目。园林设计的重点在于室外空间。

文艺复兴的特点之一是古典主义教育方式的重生和探索，这一现象的部分原因在于1453年奥斯曼土耳其占领君士坦丁堡后，希腊学者流亡，纷纷涌入意大利。此外，

一位具有人本主义思想的罗马教皇尼古拉五世（Pope Nicholas Ⅴ，1397—1455）1447—1455年在位期间试图恢复罗马昔日的辉煌。新近挖掘的古罗马城废墟成为极具价值的灵感来源。

具有人本主义理想的雕塑家和画家，创造出逼真生动的形体模型。线性透视的发展加深了人们对于空间体量的认知，空间秩序和几何布局成为设计的基础。莱昂·巴蒂斯塔·阿尔伯蒂撰写的关于古典教育的论文极具影响力，他将美丽定义为诸组成部分的和谐。在他的建筑十书《论建筑》（*De re aedificatoria*）中，阿尔伯蒂重申了小普林尼乡间别墅的设计理论：山坡上的建筑应当有利于观赏美景、呼吸新鲜空气和沐浴阳光 [14]。

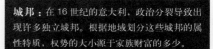

城邦：在16世纪的意大利，政治分裂导致出现许多独立城邦。根据地域划分这些城邦的属性特质，权势的大小源于家族财富的多少。

DUCHY OF SAVOY	萨伏依公国
DUCHY OF MILAN	米兰公国
REPUBLIC OF VENICE	威尼斯共和国
REPUBLIC OF GENOA	热那亚共和国
REPUBLIC OF FLORENCE	佛罗伦萨共和国
SAN MARINO	圣马力诺
REPUBLIC OF SIENA	锡耶纳共和国
PAPAL STATES	教皇国
KINGDOM OF NAPLES	那不勒斯王国
ADRIATIC SEA	亚得里亚海
TYTRHENIAN SEA	第勒尼安海
KINGDOM OF SICILY (ARAGON)	西西里王国（阿拉贡）
SARDINIA (ARAGON)	撒丁（阿拉贡）
CORSICA (GENOA)	科西嘉（热那亚）
MARQUSATE OF SALUZZO	萨卢佐侯国
MARQUSATE OF MONTFERRAT	蒙特费拉特侯国
BISHOPRIC OF TRENT	特兰托主教区
DUCHIES OF FRERRARA	费拉拉公国
DUCHIES OF MODENA	摩迪纳公国
MARQUSATE OF TRENT	特兰托侯国
REPUBLIC OF LUCCA	卢卡共和国

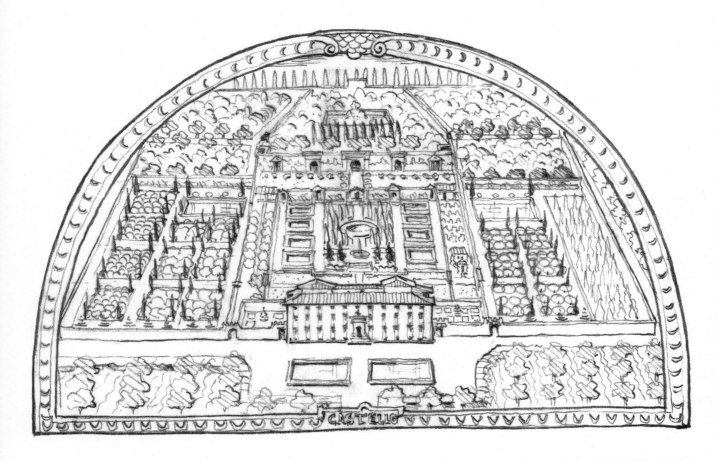

代表人本主义理想的别墅
THE VILLA AS AN EXPRESSION OF HUMANIST IDEALS

15世纪的花园具有开放的景观，减少了作为食物来源、狩猎场地和避难所的功能。通过几何构图、空间尺度和使用功能的相互关联，房屋与花园构成了一个独立的单元。门廊和柱廊提供了建筑室内外空间的过渡。文艺复兴后期的花园包括雕塑和精致的建筑小品，《寻爱绮梦》中对此曾有详细的描述，这是一本由天主教多明我教派（Dominican）修道士弗朗西斯科·哥伦尼写于15世纪的小说。

乡间别墅由住宅、花园和农田组成，体现着阿尔伯蒂所倡导的乡间理想生活。从花园到周边景观、从别墅到城市的视觉联系是从人本主义思想观点出发的重要参考线索[15]。根据土地的组织管理水平对自然加以解读，无论是尚未开发的蛮荒自然，还是管理完善的人工环境等，都强调的是以人为中心。在别墅的概念性框架中，设计者已经认识到原始森林（视为"第一类自然"）、果园和葡萄园（视为"第二类自然"）与装饰性的花园（视为"第三类自然"）之间具有密切的联系[16]。

佛罗伦萨：文化的中心
FLORENCE: EPICENTER OF CULTURE

佛罗伦萨是羊毛和衣料贸易中心、15世纪时欧洲的文化中心。商人们积累了大量的财富，银行业成为主要产业。美第奇家族（the Medici family，13世纪至17世纪在佛罗伦萨拥有庞大势力的名门望族）是佛罗伦萨处理各类事务的决定力量，首任当权者是老科西莫（Cosimo the Elder）——科西莫·迪·乔凡尼·德·美第奇（Cosimo di Giovanni De Medici，1389—1464，佛罗伦萨僭主、富商）。科西莫是一位艺术和人本主义思想研究的爱好者和支持者。他习惯于在乡间别墅举行艺术家、知识分子等参加的聚会，他的别墅由此成为极富文化艺术气息的社交场所。人们从城市逃离到乡间（即乡村田园生活（villeggiatura）的概念），既体现了古人退隐于市（otium）的理想，也体现着古人积极入市（negotium）的观念。美第奇家族在卡雷治（Careggi，意大利中部城市）和菲耶索莱（Fiesole，意大利中部城市）的乡间别墅就是早期文艺复兴花园的极佳案例，其功能是作为哲学意义上的退隐之所。

案例研究：卡雷治的美第奇家族别墅 CASE STUDY: *The Villa Medici at Careggi*

对位于卡雷治的美第奇家族别墅改造反映了一座典型的中世纪城堡和农场如何逐渐演化为理想型的乡间别墅规划形制。它是科西莫委托米开罗佐·迪·巴尔托洛梅奥（Michelozzo di Bartolommeo，1396—1472，意大利建筑师），将一座现存的中世纪城堡按照新人本主义思想进行改建而成的。在大约1457年，米开罗佐拆掉了防御性的塔楼，增加了双层的门廊，从而确定了一个小型的私人花园空间。建筑和花园融为一体，理想的别墅模式从而得以充分展现。

卡雷治的花园是科西莫创办帕拉图学院（Platonic Academy）的校址，在那儿"他耕耘的不是农田，而是心灵"[17]。帕拉图学院的第一位校长是数学家兼学者马斯里奥·菲奇诺（Marsilio Ficino，1433—1499），他在促使佛罗伦萨发展成为古典学术中心的过程中发挥了巨大作用。

米开罗佐再度被科西莫委托为菲耶索莱的美第奇家族设计新别墅。别墅于 1461 年竣工，成为意大利文艺复兴早期别墅的代表案例。他的设计将景观与陡峭的坡地完美结合起来，赋予花园开敞的特质，从各个角度都能看到美丽的景观[18]。

建筑师创造了两座朝南的平台，在 40 英尺高的墙体基础上修建了藤架，这堵墙体既构筑了上层平台的挡土墙，同时藤架形成了一个中间层。居住生活空间面向每层台地开放，各层之间通过室内楼梯相连。建筑没有庭院，别墅西侧有一座围合的神秘花园，可以远眺佛罗伦萨和周边的农田。科西莫的孙子洛伦佐·德·美第奇（Lorenzo de Medici，1449—1492，佛罗伦萨共和国统治者，被誉为"伟大的洛伦佐"（Lorenzo the Magnificent））在科西莫身后将柏拉图学院从中世纪的封闭式花园（the Hortus Conclusus）转变为文艺复兴时期的神秘花园（the Giardino Segreto）。

在 16 世纪，意大利文艺复兴时期风格的别墅获得全面发展，平面布局、建筑细部和水景要素构成一个统一的场地规划，下一章节将详细介绍。

总 结

公元 15 世纪，人类文明伴随着政治疆域的扩张而拓展。随着园艺实践水平的不断上升，景观更加易于管理，设计者对场地规划的设计原则有了更加充分地理解。景观空间组织有序，以服务于人们的需求：如作为冥想空间、休憩空间或一种理想的农业模式。

设计原则

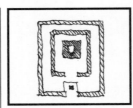

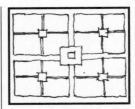

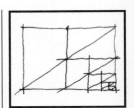

微缩 REDUCTION

盆景去掉了不必要的元素，创造出一种富有感染力的微缩艺术。

抽象 ABSTRACTION

枯山水花园利用岩石和沙砾表达河流和溪水的空间形象特点。

等级 HIERARCHY

紫禁城的规划中采用了环环相套的平面布局，将权力置于空间的中心。

对称 SYMMETRY

在四等分花园布局方式（或称"四方形花园"）中，垂直相交的轴线将空间进行了细分。

比例 PROPORTION

根据阿尔伯蒂的理论，部分之和必须等于整体——任意增加或者减少都会有损于设计的完整性。

设计语汇

禅宗花园　ZEN GARDENS
耙犁规整的沙砾和假山石

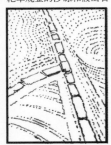  

皇城　IMPERIAL CITIES
城门、宫廷和祭坛

意大利别墅　ITALIAN VILLAS
平台、凉廊和柱廊

拓展阅读

图 书
THE BIRTH OF VENUS, by Sarah Dunant
THE LADY AND THE UNICORN, by Tracy Chevalier
THE PRINCE, by Niccolo Machiavelli
TRES RICHES HEURES DU DUC DE BERRY, by the Limbourg Brothers

电 影
1492: CONQUEST OF PARADISE (1992)
HENRY V (1989)
HUNCHBACK OF NOTRE DAME (1939)
JOAN OF ARC (1948)
TOWER OF LONDON (1939)

绘画与雕塑
BRANCACCI CHAPEL, frescoes by Masaccio (1424)
DAVID, by Donatello (1425)
GATES OF PARADISE (DOORS TO THE FLORENCE BAPTISTERY), by Lorenzo Ghiberti (1425–1452)
PORTRAIT OF GIOVANNI ARNOLFINI AND HIS WIFE, by Jan van Eyck (1434)
SAN MARCO CONVENT, frescoes by Fra Angelico (1436)
BATTLE OF SAN ROMANO, by Paolo Uccello (1445)
MAGI CHAPEL (PALAZZO MEDICI-RICCARDI), frescoes by Benozzo Gozzoli (1460)
THE BIRTH OF VENUS, by Sandro Botticelli (1482)
ST. FRANCIS IN ECSTASY, by Giovanni Bellini (1485)
MANTIQ AL-TAIR (THE LANGUAGE OF BIRDS), Timurid miniature (1486)

公元16世纪

16世纪，那些不断积累的变化标志着向现代社会的转变。世界上的许多地区作为独立国家，政治权力得到巩固，逐渐形成了各自独有的国家特征。欧洲和英格兰建立了君主制；经历三代幕府统治之后，日本也实现统一；蒙古帝国横跨中亚和印度。在西欧，改革派和保守派势力均承诺建立理想的社会形态。社会崇尚个人的创造力，艺术家获得了崇高的声望。所有这些因素都对已有的景观设计产生着影响，本章将对此进行详细阐述。

对欧洲人而言，15世纪是人们欢欣鼓舞地探索与重新发现自然的时代。进入16世纪，人们开始建构自然。清晰鲜明的设计风格暗示了将花园作为第三类自然（a "third nature"）的设计思路。罗马成为文艺复兴时期园林、艺术和建筑的创新权威。意大利范式传遍整个欧洲大陆，甚至更远的地区。

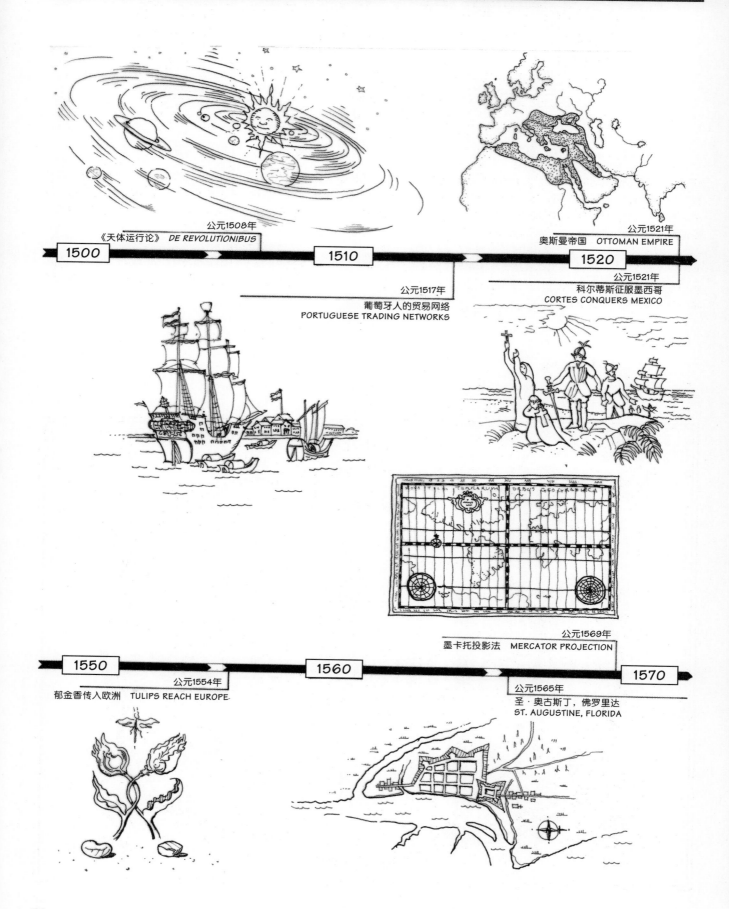

公元1508年
《天体运行论》　*DE REVOLUTIONIBUS*

公元1521年
奥斯曼帝国　OTTOMAN EMPIRE

1500　　　　　　　　　　　　**1510**　　　　　　　　　　　　**1520**

公元1517年
葡萄牙人的贸易网络
PORTUGUESE TRADING NETWORKS

公元1521年
科尔蒂斯征服墨西哥
CORTES CONQUERS MEXICO

公元1569年
墨卡托投影法　MERCATOR PROJECTION

1550　　　　　　　　　　　　**1560**　　　　　　　　　　　　**1570**

公元1554年
郁金香传入欧洲　TULIPS REACH EUROPE

公元1565年
圣·奥古斯丁，佛罗里达
ST. AUGUSTINE, FLORIDA

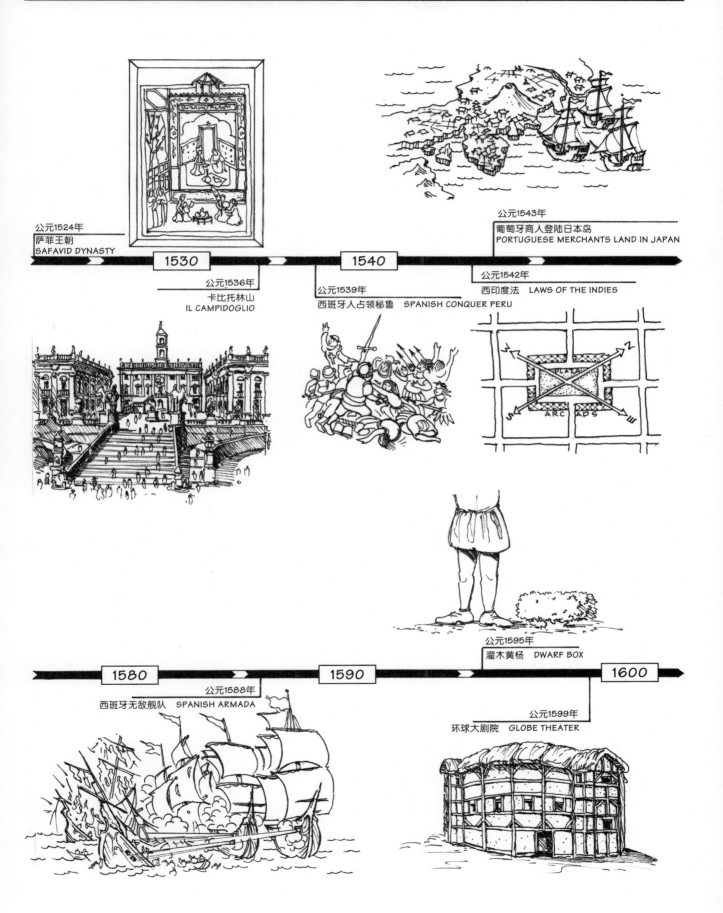

公元1524年
萨菲王朝
SAFAVID DYNASTY

公元1543年
葡萄牙商人登陆日本岛
PORTUGUESE MERCHANTS LAND IN JAPAN

1530

1540

公元1536年
卡比托林山
IL CAMPIDOGLIO

公元1539年
西班牙人占领秘鲁　SPANISH CONQUER PERU

公元1542年
西印度法　LAWS OF THE INDIES

公元1595年
灌木黄杨　DWARF BOX

1580

1590

1600

公元1588年
西班牙无敌舰队　SPANISH ARMADA

公元1599年
环球大剧院　GLOBE THEATER

公元 1508 年
《天体运行论》
DE REVOLUTIONIBUS

尼古拉斯·哥白尼（Nicolas Copernicus，1473—1543，波兰天文学家）提出宇宙日心说的模型。

公元 1517 年
葡萄牙人的贸易网络
PORTUGUESE TRADING NETWORKS

尽管初期遭遇了挫折，葡萄牙最终在中国广东省建立了贸易殖民地。准确的航海地图和精湛的造船技术帮助葡萄牙人建立起了一只强大的海军。

公元 1521 年
科尔蒂斯征服墨西哥
CORTES CONQUERS MEXICO

蒙特祖马二世（Moctezuma II，1466—1520，阿斯特克国王）在一开始误信神话，对西班牙人的到来表示欢迎。荷尔南·科尔蒂斯（Hernan Cortes，1485—1547，西班牙冒险家）俘获了蒙特祖马二世，占领了阿斯特克人的土地，最终统治了整个阿斯特克帝国。

公元 1521 年
奥斯曼帝国
OTTOMAN EMPIRE

伟大的苏莱曼一世（Suleiman I，1494—1566，奥斯曼帝国第十任苏丹，称为"伟大的苏莱曼"（Suleiman the Magnificent））占领了贝尔格莱德。在他的统治下，奥特曼帝国的疆域最为广阔，文化发展达到顶峰。帝国统治的副产品是强制推行特定的书写方式、纺织品设计以及建筑设计。

公元 1524 年
萨菲王朝
SAFAVID DYNASTY

国王伊斯梅尔一世（Shah Ismail I，1487—1523，萨菲王朝的创建者）重新恢复了本民族人对波斯的统治，并将什叶派教义作为国教。许多精美的绘画和书法作品就出自这一时期。

公元 1536 年
卡比托林山　IL CAMPIDOGLIO

米开朗琪罗（Michelangelo，1475—1564，意大利文艺复兴时期艺术家）重新设计了位于罗马的中世纪市民广场，修建了一段纪念性的踏步坡道、新增了一座建筑，并且为现有建筑重新设计立面。这个组合式的梯形空间通过相同的立面、椭圆形的铺地和作为视觉焦点的罗马马可·奥勒留皇帝（Marcus Aurelius，121—180）的雕像取得空间上的统一。

公元 1539 年
西班牙人占领秘鲁
SPANISH CONQUER PERU

弗朗西斯科·皮萨罗（Francisco Pizarro，1471—1541，西班牙冒险家）利用印加帝国的内部冲突，控制了都城库斯科（Cuzco）周边的区域，并在利马（Lima）建立了一座新城市。

公元 1542 年
西印度法　LAWS OF THE INDIES

西班牙国王菲利普二世（Philip II，1527—1598）立法规定了西班牙在美洲殖民地的建设形态。作为最早的城市规划文献之一，西印度法涉及了政治、社会和经济等方面的事务，提供建设军事要塞（presidios）、公众社区（pueblos）以及布道传教等的指导性纲领。

公元 1543 年
葡萄牙商人登陆日本岛
PORTUGUESE MERCHANTS LAND IN JAPAN

葡萄牙人在日本九州成功地建立了一个贸易据点。伴随着航海探险者征服与传教的旅程，基督教也流入日本。可以说，基督教和武器是葡萄牙人向日本出口的两样重要商品。

公元 1554 年
郁金香传入欧洲
TULIPS REACH EUROPE

荷兰莱顿植物学院（the Leiden Botanic Garden）院长卡罗鲁斯·克鲁斯（Carolus Clusius，1526—1609）收到一份从伊斯坦布尔航运来的郁金香种子。他是第一个研究出花瓣色彩变异的科学家。

公元 1565 年
圣·奥古斯丁，佛罗里达
ST. AUGUSTINE, FLORIDA

在美国，最古老的欧洲殖民者定居点是由西班牙人建立的，比英国人在詹姆斯敦（Jamestown）建立殖民点早了 42 年，比来自英国的清教徒在普利茅斯海岸巨砾（Plymouth Rock）登陆早了 55 年。

公元 1569 年
墨卡托投影法
MERCATOR PROJECTION

杰拉杜斯·墨卡托（Gerardus Mercator，1512—1594，佛兰德地图学家）发明了一种计算公式，用于在平面上描绘球型空间。垂直的经度线对空间进行等距离划分，水平的纬度线逐渐趋近于赤道。

公元 1588 年
西班牙无敌舰队
SPANISH ARMADA

英国凭借其占绝对优势的海军击败了西班牙。

公元 1595 年
灌木黄杨
DWARF BOX

常绿型灌木黄杨（Buxus sempervirens "Suffruticosa"）的紧密种植有利于园林设计师设计螺旋状的花坛和花园空间。

公元 1599 年
环球大剧院
GLOBE THEATER

上演威廉·莎士比亚（William Shakespeare，1564—1616，英国剧作家）剧目的圆形大剧院标志着伊丽莎白一世（Elizabeth I，1533—1603，英国女王）统治时期英国文化上所取得的巨大成就。

罗马的重生 THE REBIRTH OF ROME

小神殿（Tempietto），罗马：多纳托·伯拉孟特采用古典设计语汇和比例，在蒙托里奥（Montorio）设计了圣·彼得教堂（the church of San Pietro），它被视为第一座文艺复兴建筑。

在公元 16 世纪，文艺复兴的中心从佛罗伦萨转移到了罗马。当朝的达官贵族向罗马教廷进献财宝，使之有能力雇请这一时期最富才华的艺术家进行艺术创作，从而展现出自身的权势与地位。艺术家们采用古典设计语汇进行创作，这使得罗马教皇能够将自己的权势与古罗马帝王相提并论。

文艺复兴时期的设计师，如多纳托·伯拉孟特（Donato Bramante，1444—1514，意大利建筑师）、雅各布·巴罗奇·达·维尼奥拉（Jacopo Barozzi da Vignola，1507—1573，意大利建筑师）以及皮耶罗·利戈里奥（Pirro Ligorio，1510—1583，意大利建筑师），致力于研究罗马建筑和雕塑，及这些形式背后所包含的逻辑性和基本原理，并采用了秩序和对称等古典设计原则组织空间。意大利文艺复兴时期花园的特点包括轴向对称布局、景观空间的建筑框景、丰富的水景元素、使用装饰性雕塑、改进人物肖像画等。

建筑师使用复杂的几何平面设计来统一场地规划，联系内外空间。花园平面细化为多个组成部分（后来称之为"花坛"），在

住宅附近组织图案造型。塞巴斯蒂亚诺·塞利奥（Sebastiano Serlio，1475—1554，意大利建筑师）在其著名的《建筑与透视作品全集》（*Tutte l'opere d'architettura et prospetiva*，1537，1540）中，介绍了错综复杂的对称式花坛的图案，并附图解。

风格主义的回应 MANNERIST RESPONSES

1527 年，罗马城被神圣罗马帝国皇帝查理五世（Charles Ⅴ）统领的雇佣军洗劫一空，以此作为对罗马教皇与法国联盟反对哈布斯堡家族（the Habsburgs）[责编注]的报复行动。不久之后罗马城得以重建，但这一系列事件带给人们的是极大的恐慌和不安，并通过风格主义（the Mannerist Style）的艺术形式表现出来[1]。自然通过人工修饰被巧妙地秩序化，代表着个人的想象力与创造力，而不是神圣的律令。景

观设计师的意图表达得非常鲜明：自由地运用平面几何构图和寓言肖像画来博取园主和投资人的欢心。空间联系并不是直截了当的，景观透视的逻辑关系也不是静止不变的，随着空间位置的变化，空间体验也随之改变。

16 世纪中叶，罗马教皇试图通过艺术创作来实现阻止改革的目标。1517 年，马丁·路德（Martin Luther，1483—1546，16 世纪欧洲宗教改革倡导者）掀起改革运动，这是针对天主教堂日益增长的世俗气息、将救助品当作商品出售的政策而提出的抗议。新教教徒的社区遍布整个欧洲，形成了独立于神圣罗马帝国的宗教自治区。罗马对教堂从精神领域到道德领域都进行了革新，树立了大批的雕塑、绘画以及建筑项目，使其更亲近于大众，罗马城再一次成为文化之都。

[责编注] 哈布斯堡家族最早11世纪从瑞士起源，15—20世纪欧洲历史上最古老、统治地域最广的王室家族之一，其成员之一的查理五世曾经称霸欧洲。

艺术诱发的宗教信仰：天主教堂催生了众多惊世的伟大艺术作品，例如米开朗基罗·梅里西·达·卡拉瓦乔（Michelangelo Merisi da Caravaggio，1571—1610，意大利艺术家）的名作《圣·保罗的皈依》（*The Conversion of St. Paul*）就吸引了大批热情的教徒。

文艺复兴时期的别墅和花园
RENAISSANCE VILLAS AND GARDENS

意大利文艺复兴时期的著名花园有很多。我们将关注重点放在罗马城周边的花园杰作，这些作品能够最大程度地表现当时的重要设计原则。作品包括：美景宫庭院、埃斯特别墅、兰特别墅、法尔尼斯别墅、朱利亚别墅以及位于博马尔佐的圣林别墅。

美景宫庭院 （梵蒂冈博物馆），梵蒂冈 （罗马）
CORTILE DEL BELVEDERE, VATICAN CITY (ROME)

美景宫庭院经常在后世的设计中被引用，它已经成为文艺复兴时期一种新的设计语汇[2]。罗马教皇尤利乌斯二世（Pope Julius II，1443—1513）委托多纳托·伯拉孟特，将山腰上的楼阁（称为"观景楼"）与教皇的主体宫殿串联起来，形成一个可

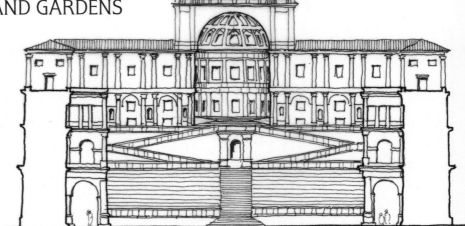

和谐的空间：美景宫庭院的形制通过一条隐含的中轴线对称，轴线终点是一个半圆形的凹室，由此将许多不规则形状的结构性空间串联为一体。

用于庆典活动以及展示雕塑的场地，斜坡被设计成平台，通过坡道和楼梯连通起来，这让人不由得联想到大约建于公元前82年的命运女神庙（the Temple of Fortuna Primigenia）。从1504年至1513年的9年间，伯拉孟特一直致力于这个庭院工程。随后的几十年间，其他建筑师对这个庭院也进行了设计调整。

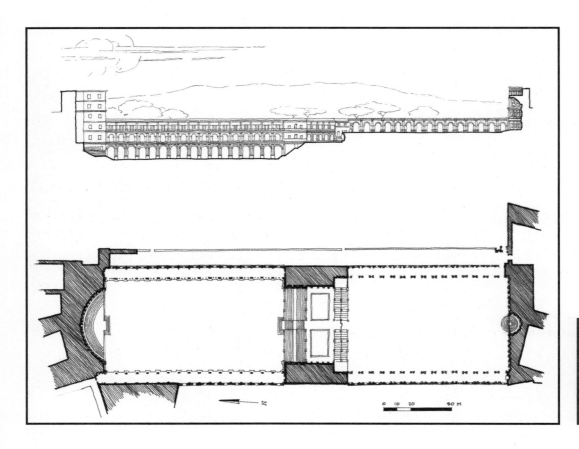

美景宫庭院，罗马：伯拉孟特设计了一个大规模的由三层凉廊围合的长方形庭院，他用建筑手法定义了一个全新的空间概念。

埃斯特别墅，提沃利
VILLA D'ESTE, TIVOLI

大力神（Hercules）是提沃利的守护神。复杂的大力神形象暗示着埃斯特的红衣主教伊伯利托（Cardinal Ippolito d'Este，1509—1572）是提沃利及其人民的监护者、保护者和管理者。别墅的修建工作由皮耶罗·利戈里奥负责，他设计了花园的景观主题，并利用陡峭的斜坡来营造一系列的台地和水景，至今为人们称道。从1560—1575年，利戈里奥用16年的时间设计完成了这座花园，17世纪时人们又对之进行了进一步的调整。

花园里的许多喷泉和雕塑都暗示着大力神的寓言。水源是从附近供应城镇用水的阿涅内河（Aniene River）引调来的，增压后形成喷泉。花园中还对称地模拟了台伯河（the Tiber）支流自然的水道形式——象征着提沃利和红衣主教为罗马提供的水源。

一条中轴线组织起整个花园空间。第一条主要十字轴线从花园东北部（临近城镇的一边）的水池开始，十字轴的起点是一座水利风琴，水力驱动的转轮打击琴键，控制泵入风琴琴管的空气量，发出像吹喇叭样的声音。鱼池是十字轴线的延续，并终止于海神尼普顿之海（the Sea of Neptune），但这一景观从未建成。当音乐停止，一股水流从水利风琴中涌出，注满水池，流向"大海"。今天，跌水喷泉（the Foundation of the Cascade，建于20世纪）仍能创造出富于动感的湍流景象。

第二个主要十字轴线位于通向别墅宫殿的坡地上，坡地平台上建有百眼喷泉（the Cento fontane），将椭圆形喷泉（the Oval Fountain，又称"提沃利喷泉"（the Fountain of Tivoli），以纪念这座古老的城镇）和小罗马（the Rometta）雕塑群串联起来。椭圆形喷泉的上方是飞马喷泉（the Pegasus Fountain），马踏岩石，寓意着春天的来临，它是椭圆形喷泉的源头。百眼喷泉分为三层，象征着台伯河的三条支流；小罗马则是古罗马神庙和建筑群的微缩组合，在这里可以远眺哈德良离宫遗址。

花园的组成：十字轴线将埃斯特别墅的花园细分为许多小空间。上层平台通过斜坡和台阶联系起来，在形制上与美景宫庭院、命运女神庙十分相似。

埃斯特别墅中的很多雕塑都来自于哈德良离宫，对于皮耶罗·利戈里奥来说，这是当地一处重要的古董宝藏。对游客而言，有关花园的寓言是隐晦的。格网状的空间布局为游客提供了多条行进路线和丰富的空间体验。雕塑的布置具有微妙的寓意。一条便捷的小径通往庭院中的维纳斯喷泉（Fountain of Venus），代表着世俗之爱；一条稍微曲折的小路通往戴安娜喷泉（Fountain of Diana），代表着纯洁。雕塑的双重寓意也有其他多种表达方式。站在十字轴线上，向西可以眺望罗马城外广阔的平原，城乡之间以及民众的世俗生活与红衣主教的神圣生活之间的对比一目了然[3]。

兰特别墅，巴尼亚亚
VILLA LANTE, BAGNAIA

兰特别墅由红衣主教詹弗朗西斯科·甘巴拉（Cardinal Gianfrancesco Gambara，1533—1587）1568 年开始修建，花园的名称是用后来主人的姓名来命名的。这座花园是文艺复兴时期园林设计手法的杰出代表。轴向对称的空间组织和原始的林地有机结合在一起，在平面构图上与法尔尼斯别墅（下文会介绍）十分相似，但空间体验并不相同。这一时期，雅各布·巴罗奇·达·维尼奥拉致力于建造位于卡普拉罗拉的法尔尼斯别墅，他和贾科莫·德·杜卡（Giacomo del Duca，1520—1601，意大利建筑师）一同被视为兰特别墅的主要设计师。

自古以来，巴尼亚亚镇的人们都会为春天的到来举行庆祝并沐浴。红衣主教重修了引水管道，把新鲜的水源运送至城镇，希望借此恢复输水系统的古老功能。托马索·吉纽希（Tommaso Ghinucci，16 世纪锡耶纳建筑师）被视为兰特别墅水景的设计者。他修订了巴尼亚亚镇的市镇规划。在规划中，他设计了三条全新的林荫大道，在地势较低的别墅门口交汇 [4]。他还为教区主教的别墅设计一个凉廊，也位于这个小型的交通汇合点附近。

兰特别墅的花园空间紧凑，以水体构成的中轴线进行空间组织，呈现出局部与整体

埃斯特别墅，提沃利：最初通向花园的入口是位于中轴线上、地势较低的一端。通过宫殿立面上垂直排列的凉廊，增强了视觉上的空间感受。

自动控制装置：在埃斯特别墅中，12 只机械小鸟在水压的控制下欢歌，当一只水力驱动的猫头鹰出现在喷泉上的时候，小鸟惊恐地立刻停止了鸣唱。如今，这组自动装置已经修复并投入使用。

兰特别墅，巴尼亚亚：花园、公园以及城市街道的设计互相补充。

时文献记载相同，一架石制水桌（water table，桌体中间盛装水，用来保持食物和酒水饮料凉爽）坐落在中轴线的第二层[5]。蜿蜒的烛光之泉（the Foundation of the Lights）是通往低处平台的过渡空间。保存至今的墙体上还有伫立着维纳斯女神和海神尼普顿雕像的石窟。沿着台阶和斜坡，来到一个四方形的水池边，它位于轴线的最底层。在轴线末端的场地中间有一座雕塑，它是蒙塔尔托家族（the Montalto family）的象征。直到今天，这座花园依然是文艺复兴时期一个令人惊叹的园林设计典范。

[责编注1] 希腊南部的一座神山，传说为太阳神阿波罗（Apollo）及缪斯女神居住的地方。

[责编注2] 红衣主教甘巴拉的家族盾形徽章是小龙虾（意大利语为"Gambero"）。

相协调的空间统一构图。建筑群遵循严格的中轴对称，两座住宅位于轴线两侧，创造出一种连续的景观空间效果。游客沿着小路和台阶组成的轴线前进，体验着一种微妙的、或明或暗的舞台艺术效果，从开敞空间到封闭空间，从室内焦点转移至室外景象。

关于如何主宰自然的寓言也运用于水景设计当中，水流从花园的高处流向低处。人类采用艺术的手法把握自然。首先从花园说起，设计者并没有事前设定游行路线。飞马喷泉标志着原始林地的入口，它象征着帕纳萨斯山（Mount Parnassus）[责编注1] 中缪斯女神（the Muses，希腊神话中缪斯女神象征了灵感与艺术）家庭居所的艺术创造力。坐落在林中小块空地上的雕塑具有神秘的创作主题。

一条小路通向地势更高处的花园。在两座缪斯女神居所之间，水从洪水喷泉（the Foundation of the Deluge）的洞穴中流出。海豚喷泉（the Foundation of the Dolphins）位于轴线的最高处。水流被塑造成小龙虾的触角状[责编注2]，沿着斜坡顺流而下，一直流到河神之泉（the Foundation of the River Gods，象征着台伯河和阿尔诺河（the Arno））。与古

场地规划：花园与附近公园之间的组合搭配对于理解兰特别墅在自然与艺术上的创作至关重要。

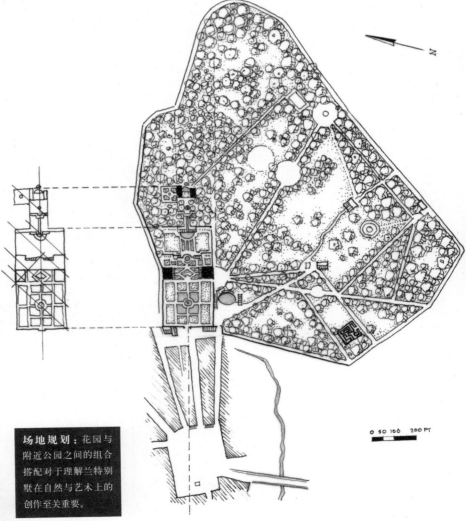

0 50 100　200 FT

法尔尼斯别墅，卡普拉罗拉
VILLA FARNESE, CAPRAROLA

1556 年，红衣主教亚历山德罗·法尔尼斯（Cardinal Alessandro Farnese，1520—1589）委托维尼奥拉为他建造位于卡普拉罗拉的豪宅。他将原有的中世纪城堡重新设计为五角星形的别墅建筑，以建筑为中心的环形花园，同时加建了由蜿蜒的坡道和台阶构成的新入口平台。维尼奥拉还在北侧和西侧分别设计了季节性的花园平台。居住者可以借助小桥穿越护城河到达这些四方型的小型空间：冬季到西边的花园过冬，夏季到北边的花园避暑。

1584 年左右，在同僚甘巴拉红衣主教的强烈建议下，法尔尼斯计划建造一座独立的夏宅，并在别墅傍边、树木繁茂的斜坡上建造一座宴会厅。主教将它称之为"船厅"（the barchetto[译注]），建造者可能是贾科莫·德·杜卡。

距离别墅大约 1/4 英里远处，沿着林间小径，穿过方形林间空地中的圆形盆地，便来到船厅。跌水台阶将台阶坡道一分为二，并与上层平台上的河流喷泉（the Fountain of the Rivers）相连。位于斜坡底部的一对凉亭和围墙是格罗拉莫·瑞依纳尔迪（Girolamo Rainaldi，1570—1655，意大利建筑师）在 17 世纪时加建的。两层的建筑对称布置在隐秘花园（giardini segreti）两侧（女像柱伫立在花园的边缘，其建造时间也可以上溯至 17 世纪）。雕塑式的台阶通往位于高处的后院。一池泉水占据着这个平静的平台，房屋的二层也位于同一水平面上。后面的草坪坡势和缓，视野开阔，并用低矮的边墙围合，墙上装饰着海豚雕塑。轴线的终端是一个开敞的半圆形凹室。

船厅与兰特别墅花园的不同地方在于：它的空间布局由一条主轴线引导，并不受两侧景观的影响；人在其中的空间体验是一个独立的整体，而不是一系列单个的小空间。别墅的位置正处于主轴线上，从而创造了上下层之间鲜明的分界。

[译注]"barchetto"是意大利佛罗伦萨当地一种传统的小型水上游船。

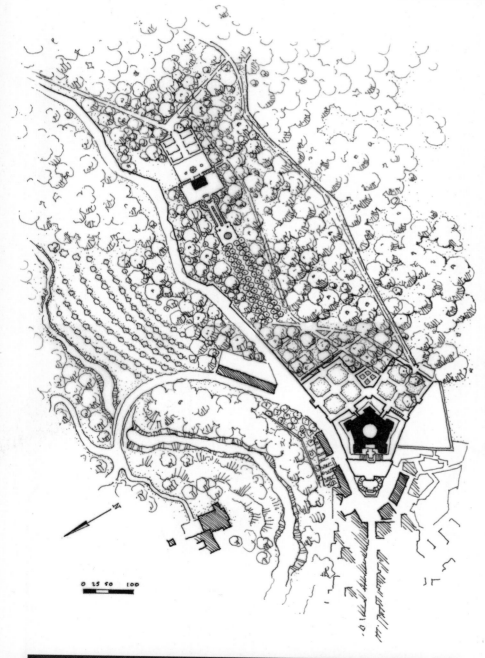

0 25 50 100

法尔尼斯别墅，卡普拉罗拉：这是文艺复兴时期对中世纪城堡的一次重新设计，包括为前院新建一个入口、两座花园露台以及新增加的林地花园住宅。

巴洛克式的曼舞： 17 世纪的建造重点是对位于卡普拉罗拉的法尔尼斯别墅的景观进行扩建，增加了富于巴洛克式风格的设计语汇，巴洛克风格的基础是运动和戏剧。

水体轴线： 与兰特花园在平面布局上非常相似，法尔尼斯别墅的景观空间围绕轴线对称布局，并通过一系列水景要素加以强调。

朱利亚别墅，罗马
VILLA GIULIA, ROME

红衣主教乔瓦尼·马利亚·乔基·德·孟特（Cardinal Giovanni Maria Ciocchi del Monte, 1487—1555）于 1550 年被选举为罗马教皇、也就是尤利乌斯三世（Julius III）之后，对位于城外的乡间别墅进行了扩建。据说，许多伟大的艺术家都参与了这项设计，如乔治·瓦萨里（Giorgio Vasari, 1511—1574，意大利画家）、米开朗琪罗、巴尔托洛梅奥·阿曼纳蒂（Bartolomeo Ammannati, 1511—1592，意大利建筑师）以及维尼奥拉。朱利亚别墅的线性平面布局与一条狭长的山谷平行契合，那是一片位于树林、果园和葡萄园之间、面积开阔的自然低地。一条长长的通道连接着别墅与台伯河上的驳岸。

一系列嵌入式庭园组成整个花园空间。一座大型的半圆形柱廊界定了第一层平台。从中央凉廊到后面的凉廊、乃至花园平台都是连续的景观。从中央凉廊开始，人们吃惊地发现后面的庭院是下沉式的，水神殿（the Nymphaeum）则在更低处。弧形台阶环绕着半圆形柱廊，一直通往低处的庭院。一段隐藏的台阶通往水神殿。环绕水神殿的水渠被叫做"处女渠"（the Acqua Vergine），其地下是古代输水沟渠。四个优雅的女像柱支撑着上层的庭院。

朱利亚别墅：园林中的花园体现了文艺复兴时期一个重要的设计概念"结合自然"。[同]

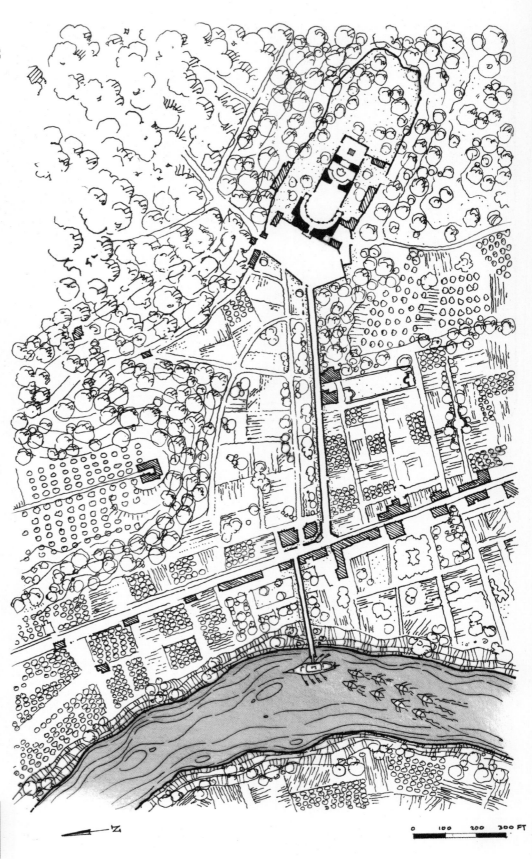

0 100 200 300 FT

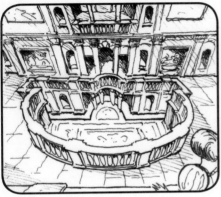

惊喜：沿着轴向排列的空间，人们从图景中筛选出景观元素，创造了戏剧感。

剖立面：塑造水平视线与垂直流线之间的空间联系是风格主义设计的特点。

形制重复：动态的
三段式空间划分同时
出现在平面设计和立
面设计中。

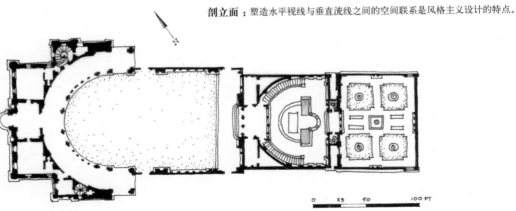

0　　25　　50　　　100 FT

圣林别墅，博马尔佐
SACRO BOSCO, BOMARZO

风格主义变形最极端的例子是文森诺·奥西尼伯爵（Count Vicino Orsini, 1523—1585）的圣林别墅。它坐落在博马尔佐，

建造于 1552 至 1583 年间。巨大的石刻散布在伯爵山顶宫殿下的山谷中。并没有相关文献记载这些光怪陆离的石头雕塑，雕塑上的铭文内含文学主题，但是这种梦幻般空间的内涵并不明确。人们对于花园的理解不尽相同，有的认为是对文艺复兴时期秩序与等级的批判；有的认为是对文

学作品，如《寻爱绮梦》和《疯狂的奥兰多》（Orlando Furioso）的诠释。《疯狂的奥兰多》讲述了一个男子在失去恋人之后变成疯子的故事（奥西尼伯爵的妻子年轻时去世了）[7]。这个公园现在被称为"怪物花园"（the Graden of the Monsters）。

圣林别墅，博马尔佐：奥西尼伯爵的圣林别墅在场地设计上没有很大的改变。

怪物花园：A）倾斜的房子—是房子倾斜了，还是这个世界倾斜了？B）骑在乌龟上的女孩：女孩看起来很着急，动作却很慢。C）地狱之口—在置有长凳和餐桌的洞穴入口处刻着这样一句提示语："进入时，请小心"（Ogni Pensiero Vola），引自但丁（Dante Alighieri, 1265—1231，意大利诗人）《神曲》中的地狱之门（Gates of Hell）。

帕拉迪奥的别墅
PALLADIAN VILLAS

各种力量影响着威尼斯共和国文艺复兴时期花园的发展。日益强大的欧洲君主政权建立了新的贸易路线，击败了威尼斯的经济。威尼托地区（the Veneto region，意大利东北部的一个政区，首府是威尼斯）的人们把注意力转向了农业土地的复垦。

威尼托地区的别墅常年用于居住和农业生产。安德烈·帕拉迪奥（Andrea Palladio，1508—1580）是一位杰出的建筑师，以设计理想型农庄别墅而著称。他从空间与建筑体块的功能角度解读了古典罗马设计语汇，并通过理性的几何平面秩序加以实现。帕拉迪奥参考塞巴斯蒂亚诺·塞利奥的实践论文，在1570年出版了《建筑四书》（*I Quattro Libri dell'Architettura*），书中也配有类似的平面图和立面图 [8]。

帕拉迪奥建筑是部分与整体和谐统一的代名词。帕拉迪奥提出了房间高度与宽度的精确比例，并将这种比例关系运用到建筑

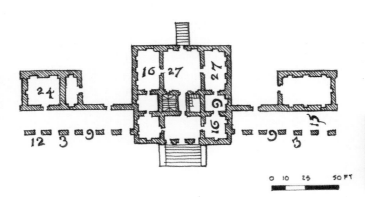

帕拉迪奥式的和谐：平面和立面借助同样的比例关系取得统一。

立面设计中。他通常围绕核心单元，按照层级次序安排功能空间，平面布局左右对称，产生了 A-B-A 的空间韵律。

他的别墅融入了传统农庄建筑的要素——如鸽舍、长长的拱廊、灰泥涂饰的砖块，别墅位于农田中央，在辽阔的威尼托平原上独树一帜。硕果累累的农业景观很

受人们的喜爱。典型的帕拉迪奥设计元素包括方型大厅、凉廊、带有三角形山花的庙宇式立面以及通往主楼层的台阶。柱基和平台抬高了建筑的地坪；建筑外部的装饰很沉稳，但建筑室内的装潢十分奢华。林荫道和远景将前后庭院连接为一体。帕拉迪奥的代表性设计是场地规划，而不是花园设计。

埃默别墅，梵佐罗：别墅向四周延展，如同一个拉长了的十字轴。

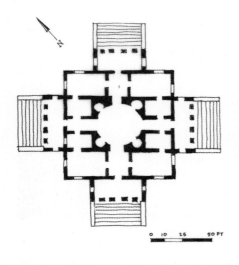

埃默别墅，梵佐罗
VILLA EMO, FANZOLO

建于 1564 年的埃默别墅是一栋单层结构建筑，采用庙宇式立面，入口坡道进行了铺装。主体结构的两侧都向外延伸出一个柱廊。长长的林间小道构成了一条垂直轴，将场地组织起来。后花园则呈巨大的长方形。

在所有帕拉迪奥设计的别墅之中，埃默别墅凭借其低矮的建筑轮廓和延展的侧翼建筑，与周围的农业环境融为一体。建筑和周围的景观构成完美的平衡。

圆厅别墅，维琴察：方形的庙宇式立面连接着球体状的室内空间，设计灵感源于罗马的万神庙。

圆厅别墅，维琴察
VILLA ROTONDA, VICENZA

圆厅别墅建于 1566—1570 年，它坐落在维琴察城外的山顶上。圆厅别墅不具有农业生产的功能，主要用于休闲和娱乐。别墅建在抬高的平台上，统御着整个基地。建筑平面严格按照南北朝向进行排列布局，使得阳光可以照进每一个房间。帕拉迪奥去世后，文森佐·斯卡莫齐（Vincenzo Scamozzi，1548—1616，威尼斯建筑师）对别墅的中央穹顶进行了改造。

方形的别墅建有四个一模一样的门廊，围绕圆形的中央大厅四面对称。建筑的四个立面均采用古希腊神庙的立面形制，并没有等级分明的入口标志，以此强调平等的空间体验，这是不同寻常的做法。随着游客视线向上移动，穿过中厅穹顶，主轴线也变成垂直方向。圆厅别墅的形制已成为后世建筑师和设计师的学习典范。

建筑控制景观：帕拉迪奥为圆厅别墅精心选址，在每个方向都可获得独特的景观。

法国和英国的文艺复兴式花园
RENAISSANCE GARDENS IN FRANCE AND ENGLAND

随着外国势力入侵意大利，意大利艺术家在浩劫之后纷纷逃离罗马城。到16世纪后半叶，罗马古典设计手法已传遍整个欧洲。新设计语汇表达了各个国家特有的地域与文化特征。

卢瓦尔河谷的城堡
CHATEAUX OF THE LOIRE VALLEY

16世纪的法国并没有像意大利那样国内政治分裂。封建制度瓦解后，政权高度集中于君主一人手中。花园成为皇家权威的象征。

与罗马和托斯卡纳地区相比较，卢瓦尔河谷（the Loire Valley）更加平坦开阔，草木繁茂。法国式花园的平面布局复杂蜿蜒，护城河环绕着卢瓦尔河谷的城堡。随着火药的引入，那些深沟高垒的中世纪城堡已无险可守，只能被淘汰。护城河的基本功能是排水，引入花园成为造景水渠。

法国文艺复兴时期的花园大部分是对中世纪城堡的扩建，长年用于居住，而不仅仅是夏季度假休闲。受护城河和城堡防御结构的限制，花园的空间有限。意大利花园的轴向布局并不适用于这些不规则的空间。庄园主在其领地附近修建独立的花园，但并不直接与住宅相连。

今天，我们能够通过雅克·安德鲁埃·杜·塞尔索（Jacques Androuet du Cerceau，1510—1584，法国建筑师）的版画了解16世纪的法国园林。他在其著作《法国最优秀的城堡建筑》（Les plus excellents bastiments de la France）（1576年和1579年）中绘制了多座重要城堡及其花园的插图。

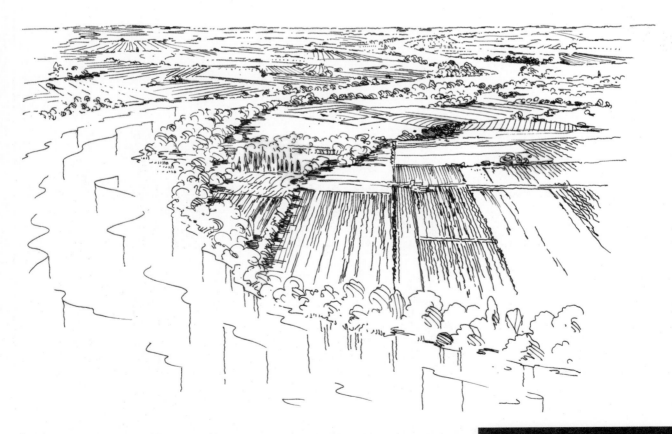

卢瓦尔河谷：位于卢瓦尔河谷的皇家庄园。

昂布瓦斯
AMBOISE

法国国王查理八世（Charles VIII, 1470—1498）1494 年入侵意大利南部，他声称自己的祖先对那不勒斯王国（the Kingdom of Naples）拥有控制权，而自己是合法继承人。他的胜利对政治影响微弱，但是将意大利文艺复兴的思想带入法国，这一举措意义重大。他带着意大利的艺术品、艺术家和工匠回到法国，并按照新的设计样式，扩建了位于昂布瓦斯（Amboise，法国中央大区安德尔 - 卢瓦尔省（Indre-et-Loire）的一个镇，位于卢瓦尔河畔）的花园，沿着城堡墙边的高台增设了 10 个花坛和 1 个中央水池。凉廊设在建筑矩形平面的长边，构成了围合花园的边界，在这里可以远眺卢瓦尔河谷。

法国文艺复兴：昂布瓦斯城堡是由意大利艺术家和工匠重新设计的。

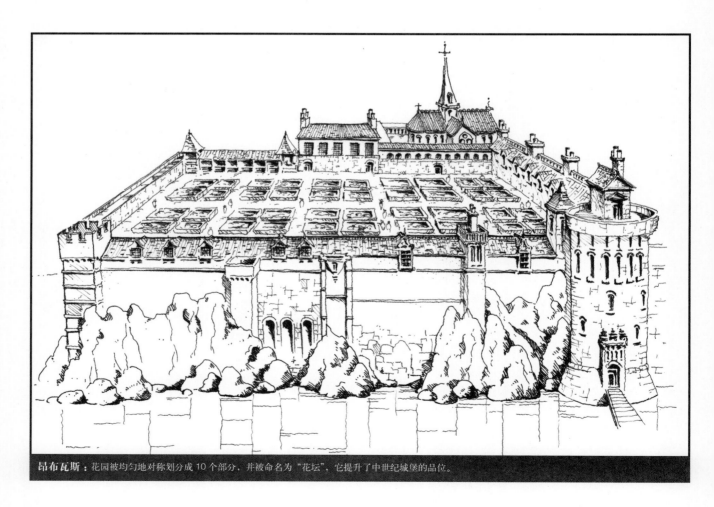

昂布瓦斯：花园被均匀地对称划分成 10 个部分，并被命名为"花坛"，它提升了中世纪城堡的品位。

布卢瓦　BLOIS

法国国王路易十二（Louis Ⅻ，1462—1515）继承了表兄查理八世的皇位。他不仅接管了昂布瓦斯城堡，还娶了查理八世的妻子。路易十二完成了昂布瓦斯的花园建设，并把宫廷迁至布卢瓦。

花园由三层平台组成。最主要的矩形平台设有排成两排的 10 个花坛。中间的通道通往护城河上的桥，过了河就是城堡。两条道路的十字交叉处设有一座木质的喷泉凉亭。据说，较低的那层平台栽种着法国最早的柑橘树[9]。（这些花园以盛产各种水果和蔬菜而闻名。）1505 年，路易十二又在上方加了一层平台，可能是作为蔬菜园的扩建部分。

枫丹白露　FONTAINEBLEAU

路易十二死后，侄子弗朗西斯一世（Francis Ⅰ，1494—1547）1515 年继承王位，他把宫廷迁往巴黎附近的枫丹白露，放弃了卢瓦尔河谷的乡村地产。他重建的城堡在后世又进行了很多改动，但建筑的基础结构仍然保持着这一时期的面貌。多样的景观空间与不同的空间尺度，特别是由水体定义的空间，开创了法国园林设计的新时代。

利用旧城堡围合而成的喷泉庭院（the Fountain Court）在前部向外延伸，形成一个新的横向侧翼。径直穿过喷泉庭院，可以看见一个巨大的梯形湖。湖边一侧的榆树林小路界定了果园和娱乐场地的空间边界。湖的另一侧是花园，种植着很多装饰性和经济性植物。

弗朗西斯一世当政时期正值第二波意大利浪潮影响法国。法国宫廷成为文化中心，吸引了很多意大利文艺复兴时期的杰出艺术家，如塞里奥、维尼奥拉、弗朗西斯科·普里马蒂乔（Francesco Primaticcio，1504—1570，意大利画家）和列奥纳多·达·芬奇（Leonardo da Vinci，1452—1519，意大利艺术家），达·芬奇于 1519 年在法国去世。枫丹白露最著名的改建工程发生在 17 世纪，体现出帝王在审美品味和设计风格上的变化。

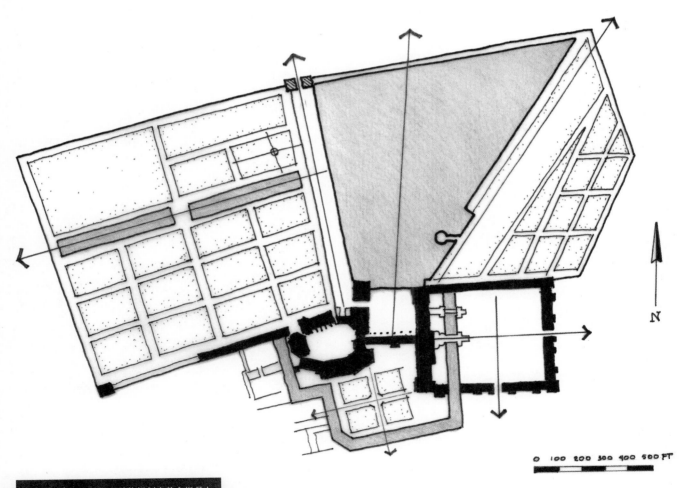

0 100 200 300 400 500 FT

枫丹白露：虽然没有总体规划来整合枫丹白露的各个扩建部分，但水景形成的无障碍视线和开阔的平面将花园融入了景观之中。

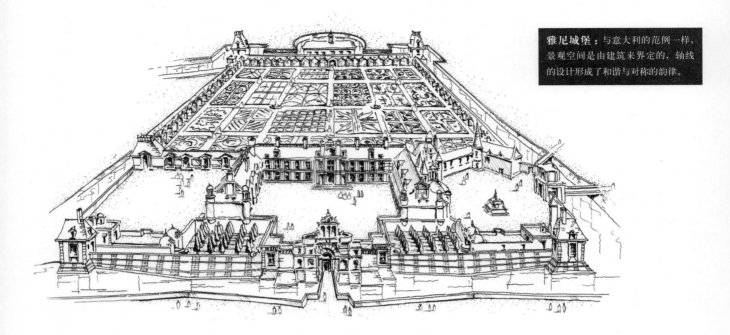

> **雅尼城堡**：与意大利的范例一样，景观空间是由建筑来界定的，轴线的设计形成了和谐与对称的韵律。

雅尼城堡
ANET

1547 年，亨利二世（Henry II，1519—1559）继承了弗朗西斯一世的王位。亨利二世聘请菲利贝·德·奥姆（Philibert de l'Orme，1514—1570，法国文艺复兴时期建筑师）为他的情妇戴安娜·德·普瓦捷（Diane de Poitiers，1499—1566）重新设计位于雅尼的城堡。德·奥姆曾经在罗马学习，他为城堡和花园制定了一个对称的布局方案。

大型的入口庭院被城堡的三翼所围合，称为"荣誉之庭"（the Court of Honor）。两侧毗邻一些小型的种植园、庭院和凉亭。建筑后部有一个半圆形的台阶可以下到一个巨大的花园。花园也是城堡的一部分，三边是走廊，一侧是护城河。两座塔楼位于花园的最远角。一个带有半圆形水池的凉亭位于中轴线的末端，与平台阶梯形成呼应。德·奥姆以戴安娜狩猎为主题设计了这一平面布局。

舍农索城堡
CHENONCEAUX

戴安娜·德·普瓦捷也居住在舍农索。舍农索城堡坐落在舍尔河（the River Cher）上。在亨利二世当政期间，菲利贝·德·奥

姆修建了一座桥，将城堡与河的南岸连接起来。一条通往城堡的榆树林小道就是这一时期规划的，河对岸是一座花园。

戴安娜在河北岸修建了一座巨大的花园平台，并在前院的东侧种植鲜花、蔬菜和果树。1559 年亨利二世去世，他的妻子凯瑟琳·德·美第奇（Catherine de'Medici，1519—1589）从戴安娜·德·普瓦捷的手中夺回了城堡。凯瑟琳继续扩建舍农索

城堡，在桥上加建了两层的走廊，成就了直至今天仍为人们公认的美景。她还在前院的西侧开辟花园。

凯瑟琳的成就还包括把整个花园翻新为供观赏和戏剧娱乐的场地。她还出于政治目的，举办奢华的聚会，这些都被详细地记录下来[10]。将花园作为剧院的做法很快在 17 世纪的宫廷贵族中流传开来。

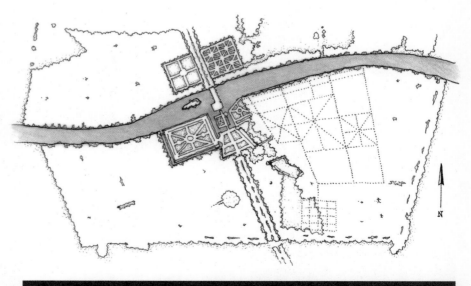

> **舍农索城堡**：场地规划反映了规整的花园台地以及林间小路的走向。

英国都铎王朝和伊丽莎白时代的花园
TUDOR AND ELIZABETHAN GARDENS IN ENGLAND

"红白玫瑰战争"（War of the Roses）源于英国约克家族（the House of York，家族族徽是白玫瑰）和兰开斯特家族（the House of Lancaster，家族族徽是红玫瑰）之间的内部纷争。直到亨利·都铎（Henry Tudor）打败了理查德三世（Richard III，1453—1485）结束战争，并继承王位成为国王亨利七世（Henry VII，1457—1509）。最壮观的园林建造出现在亨利八世（Henry VIII，1491—1547）统治时期（1509—1547），与法国国王弗朗西斯一世的竞争，促使他对艺术和园艺产生了浓厚兴趣[11]。

受天主教教规的制约，亨利八世无法获得离婚自由，他与罗马教廷的关系紧张，开始抢占天主教修道院的田产。他的举措产生了两个重要影响：第一，出现了乡绅阶层，在英国乡村持久地建立了土地终身所有制；第二，北欧取代意大利成为设计潮流的发源地。在16世纪下半叶，荷兰风格对于英国花园设计产生了特殊的影响。人们对于园艺的兴趣不断增加，装饰性花园风靡于贵族的乡村别墅。

都铎时代和伊丽莎白时代（伊丽莎白一世（Elizabeth I，1553—1603）在位时间是1558年—1603年）的花园建有小型室外空间，与房屋的布局相联系。基地地势略高，以方便排水。从建筑的二层或者带客厅的主楼层看出去，花园平面布局十分复杂。迷宫、山丘和绳结园（Knot Gardens）是常见的设计元素。绳结园内鲜花满地，创造了一个闭合的空间；开敞处则铺满了彩色的砾石。

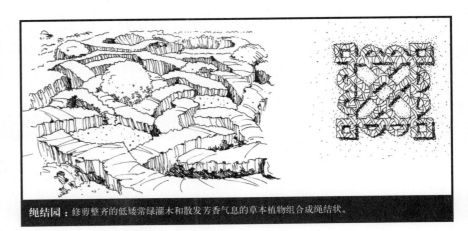

绳结园：修剪整齐的低矮常绿灌木和散发芳香气息的草本植物组合成绳结状。

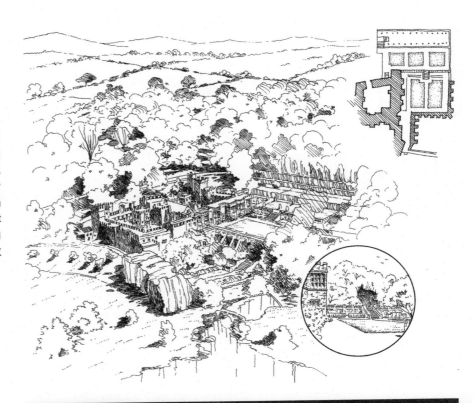

哈顿大厅（Haddon Hall），德比郡（Derbyshire）：房屋南边的平台可以追溯至都铎王朝时代，位于第二层平台上的石质护栏具有意大利风格。"直径"——一条笔直、宽阔的步行道成为最常见的花园元素[12]。

蒙塔丘特，萨默塞特
MONTACUTE, SOMERSET

这是一座建于 1580 年的伊丽莎白时代花园。入口道路和林荫小道构成贯穿花园的视线轴线。前院的台阶和女儿墙采用当地石材建造，形成统一的建筑体。18 世纪时添加的西北立面改变了建筑的主入口，原来的前院现在成了建筑的后院。

建筑东北侧的下沉式花园是意大利设计手法与英国潮流双重影响的结果。从中央喷泉延伸出去的道路将花园划分为四个部分。

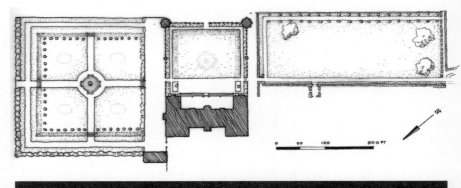

蒙塔丘特，萨默塞特：花园平台与主体建筑平行。

到达厅（Arrival Court）：石制凉亭装饰着砌有围墙的台地，宴会厅位于蒙塔丘特宫前院的最远角处。

汉普顿宫，米德尔塞克斯
HAMPTON COURT, MIDDLESEX

亨利八世于 1531 年接手汉普顿宫。他随即扩大了宫殿，并在北面增加了上千英亩的园林绿地和狩猎园。水景园（the Pond Garden）和私密园（Privy Garden）就是在他统治时期建造的。整洁的长方形水景园内建有绳结园、草坪河堤、乔木、步道、中央喷泉和一个宴会厅。

下沉式的私密园拥有色彩鲜艳的砾石花坛、修剪整齐的灌木、植物迷宫和一个带有草堤的圆形水池。最壮观的景致是环绕山丘的螺旋式树篱坡道，一座三层的夏宫坐落在山顶[13]。绘有皇家兽纹的徽章遍布花园，张贴在旗杆顶部或绣在三角锦旗上。每位继任帝王都对汉普顿宫的设计进行调整，花园形制的演变将在下一章进行介绍。

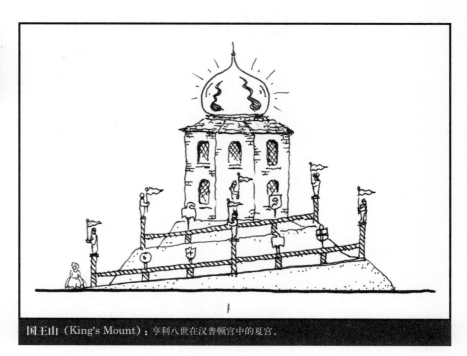

国王山（King's Mount）：亨利八世在汉普顿宫中的夏宫。

一部植物百科全书　AN ENCYCLOPEDIA OF PLANTS

16世纪，已知植物的数量增长了20多倍[14]。向日葵、万寿菊、美国黄樟、烟草和马铃薯全都从美洲传入欧洲。第一批植物园大约于1543年在比萨（Pisa）和帕多瓦（Padua）建立，仍然是按照药材园进行设计，目的是提供有关药用植物的知识，而非观赏性功能。早期的植物园也具有宗教内涵：据说将上帝创造出的所有植物收集在一起，就能重建伊甸园（the Garden of Eden）[15]。

这一时期出版了很多介绍药用植物的书籍，可以根据病情特征寻找到用于诊疗的药用植物。佩德罗·安德烈·马蒂奥利(Pietro Andrea Mattioli, 1501—1577, 锡耶纳医生) 1544年撰写了《皮达纽斯·迪奥斯科里斯的植物种性概述》(Commentarii in Sex Libros Pedacii Dioscorides)，书中总结了皮达纽斯·迪奥斯科里斯（Pedanius Dioscorides, 公元40年—90年, 希腊植物学家）在公元1世纪的所有研究成果，

填补了植物药用研究方面的空白。这本书的出版恰逢16世纪印刷技术的大发展，该书与书中的木刻画流传较广。

在接下来的几个世纪中，随着科学启蒙运动的发展，草药园（the "garden of the simples"）逐渐发展成现代的植物园，但少了那份神圣的宗教内涵。

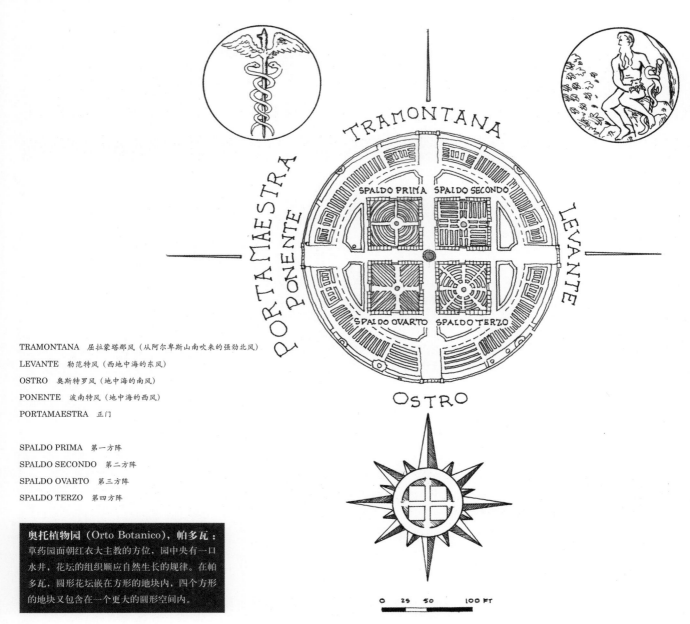

TRAMONTANA 屈拉蒙塔那风（从阿尔卑斯山南吹来的强劲北风）

LEVANTE 勒范特风（西地中海的东风）

OSTRO 奥斯特罗风（地中海的南风）

PONENTE 波南特风（地中海的西风）

PORTAMAESTRA 正门

SPALDO PRIMA 第一方阵

SPALDO SECONDO 第二方阵

SPALDO OVARTO 第三方阵

SPALDO TERZO 第四方阵

奥托植物园（Orto Botanico），帕多瓦： 草药园面朝红衣大主教的方位，园中央有一口水井，花坛的组织顺应自然生长的规律。在帕多瓦，圆形花坛嵌在方形的地块内，四个方形的地块又包含在一个更大的圆形空间内。

0　25　50　　100 FT

99

波斯艺术形式流传东方
PERSIAN ART FORMS TRAVEL EAST

忠诚之园，阿富汗：收录于巴布尔回忆录中的精美微雕画展现了巴布尔对于园林艺术的热爱以及他对园林布局设计的贡献。

莫卧儿王朝开国皇帝巴布尔（Babur，1483—1530）年轻时游览了祖先在帖木儿帝国时期所建的城市，他被传统的波斯艺术和园林设计表现出来的艺术魅力深深打动。他参照撒马尔罕和赫拉特两地园林的样式，在他最喜爱的城市喀布尔（Kabul）和印度北部修建了新的花园。1526年巴布尔征服德里（Delhi），建立了莫卧儿帝国（the Mughal empire）。这位出身游牧民族的统治者巡游整个帝国，广为结盟，从而稳固了他的政权。巴布尔的宫廷营地就驻扎在种植园、葡萄园和花卉种植园之间，引来泉水浇灌园林。巴布尔热爱自然和户外活动，他的花园设计成开放式的宫殿，建有清真寺、浴室、凉亭和搭建帐篷的高台[16]。

皇家的忠诚之园（the Bagh-e Vafa）建立在朝南的高地上，采用传统的四方形波斯花园形制。巴布尔在那里大量种植各种果树，并引入水源。这座花园的确切位置今天已经不可考，但贾拉拉巴德（Jalalabad）附近的花园遗址与它有很多相似之处[17]。

戎尔巴花园（the Ram Bagh）坐落在阿格拉（Agra）的亚穆纳河畔（the River Yamuna），据信是巴布尔在印度所建的第一座花园。据巴布尔记载，为了适应当地严酷干燥的环境，波斯花园（the Char Bagh，Chahar意为"四"，在北印度简写为"Char"）通常包括挖井、建蓄水池以及建造对称布局的林荫道、树木和凉亭。

莫卧儿花园的设计形式适应气候与地形的变化，其花园形制中融合了中亚、波斯和印度地区的风格特点。巴布尔的孙子阿克巴尔（Akbar，1542—1605，莫卧儿帝国第三任皇帝）16世纪晚期扩大了莫卧儿帝国的版图。克什米尔苍翠的开放式跌水花园可以追溯至17世纪，将在下一章详细讨论。

A. 喀布尔以南坐落着巴布尔的忠诚之园。
B. 花园入口。
C. 花园中的潺潺流水。
D. 巴布尔预见了波斯四方式花园。
E. 花园的西南角是一座水池。
F. 水体四周的地面上植覆着苜蓿。这处景观是花园的亮点。此时橙色花一片盛开，美景令人心旷神怡。

桃山时代（1573 - 1603）
THE MOMOYAMA ERA (1573 - 1603)

室町时代，幕府将军将政治中心迁回京都，弥合了镰仓时代幕府与王室宫廷之间的紧张关系。持续一个世纪的内战最终以三位将军的连续统治而告终，并在全国建立统治地位。织田信长（1534—1582）于1568年占领京都。为了在文化中心京都建立合法政权，他必须证明自己的博学多才，于是向美学家和茶艺大师千利休（1522—1591）征询建议 [18]。

1582年织田信长被谋杀，丰臣秀吉（1536—1598）就任幕府将军。也许是为了掩盖他的农民出身，他逐渐蜕变成奢侈铺张的独裁者。丰臣秀吉在京都南边的伏见建造城堡，取名"桃山"。因此，16世纪下半叶被称作"桃山时代"。

内战期间，富有的大名建造坚固的城堡，用宏伟的建筑来彰显他们的权力。等级分明的城堡型城市逐渐发展成为贸易中心，获得了经济独立。一种全新的城市社会诞生了，宗教在人们文化生活中的主导地位逐渐消退。

16世纪早期，出现了一种色彩丰富又华丽耀眼的绘画风格，但又与金箔画有所区别。现在只有专业的艺术家，而非僧侣或学者能从事这种艺术创作，如狩野正信（1434—1530），他是狩野派的创始人。另外，还出现了一种新的诗体，专门描述遥远的景观意象 [19]。

松本城堡，京都：这座城堡是由桃山时代富有的大名所建。

桃山时代的文化追求与16世纪早期的文化特征相反。不同于堕落、炫富的生活方式，像宗教礼仪一般的茶道艺术日益完善。归隐山林、茶屋一间所代表的怀旧风范十分流行，这可能是受到新式风景诗创作的影响，也有为社会交往提供新地点、维护社会稳定的因素 [20]。

茶道
THE CONCEPT OF THE TEA CEREMONY

禅宗僧人喜欢在冥想的时候用饮茶的方式保持清醒，这种修行方式也受到日本武士阶层的尊崇。第一间茶室是足利义政在银阁寺修造的。在随后的16世纪，丰臣秀吉在全民中普及茶道，发扬它招待客人等社会功能，而不是它的宗教功能。

茶道，包含着在特定环境——茶园中的特定行为和动作。"露地"的概念引自佛教教义中的重生之路[责编注]，暗示着茶艺是一种心灵之旅，而非某个目的地。茶园的空间设计中，最重要的是审美感受，实体造型其次。室内外空间划分明确，有利于人们从室外纷乱的环境中转换到室内凝神聚思的环境中。

有关茶艺的每个细节都精心设计——如园中常绿植物与落叶植物的比例、园门门钉的数量、茶具类型。茶园成为美好的联想之园，在那里每一片叶子、每一朵花都被悉心地摆置，暗示着人们无法企及的自然之美。

千利休为茶艺编定了严格的行为规则，倡导自我克制的礼节和简单质朴的美德。这种民间艺术讲求从日常生活中探求高尚之美。茶艺广泛流行于社会各个阶层。商人、僧侣、贵族和市民在茶艺之国中都是平等的。

[责编注]"露地"指通向茶室、沾满露水的庭园小径。

典型茶园的形制和要素
FORMS AND ELEMENTS OF THE TYPICAL TEA GARDEN

一般的茶园空间体量不大，适合于私家田园。汀步[责编注]是露地的组成部分之一，规定着行动的方向和步行速度；驻石则用于将人的视线引向特定景物。在江户时代，路径的衔接关系着散步园的空间设计，这将在下一章详细介绍。

水井、石臼、大门和灯笼在茶园设计中十分流行，这些要素是路径发展的节点，在茶艺中具有特定的功能。客人在水盆中净手、漱口；木门成为室内外空间分界的标志；灯笼、篱笆，甚至石头的种类和风格都要经过仔细筛选，以衬托空间的整体氛围。

一间典型的茶屋可容纳四块半榻榻米，一块榻榻米的尺寸为6英尺×3英尺。入口门很低，迫使人们以一种谦虚的姿态入内。室内装饰只限于一幅书画和壁龛内的插花。脱俗的茶室将乡村的质朴引入城市，给城市里的人们带来超脱尘俗、融入自然的感受[21]。

[责编注] 汀步是花园路径上按一定间距布设的块石。

三宝院，京都
SAMBO-IN, KYOTO

传说，1598年翻修的醍醐寺内三宝院花园原是平安时代的天堂花园。起因是当时丰臣秀吉突发奇想，打算举办一次樱花节。花园装饰华丽，用700多块石头铺装水岸、堆砌小岛，为花园平坦的地面增添了活力。小岛和小桥将水池分成3块相对独立的部分。在书院可以看见瀑布折成三小段流入水池。从走廊看过去，整个花园一览无余。

三宝院，京都：桃山时代的花园以浓墨重彩的精美装饰著称。

桃山时代花园的特点是旱桥、岸线曲折的湖泊和广泛分布的巨石。三宝院中的一块巨石有着传奇的来历，它的历史体现了桃山时代的价值观和理想。这块被称为"藤户石"的石头最早得到织田信长的欣赏，并被放置在幕府将军的宫殿中，装点花园，显示权力。织田信长死后，丰臣秀吉将它据为己有，后来又运至三宝院。

旱桥的首次出现：三宝院内建有第一座旱桥——木杆支撑着木制的桥面，上面覆盖着泥土和草地。

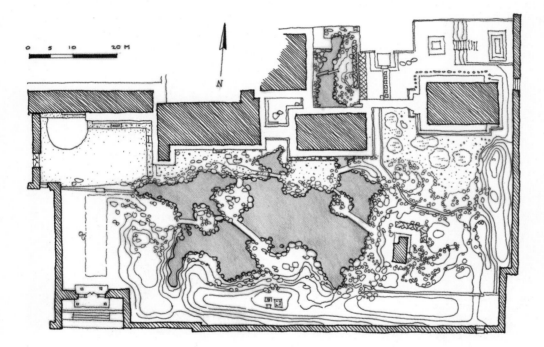

0　5　10　　20 M

N

叠加透视：在漫步花园的演进过程中，三宝院是一个重要阶段，空间序列围绕着景点依次展开。

庭院的地面：在三宝院，沙海中的苔藓构成葫芦造型。

概　要

公元 16 世纪，人们开始对以往提出的世界运行方式的诸多假设提出疑问，创意性的空间形式蓬勃发展。文艺复兴时期的设计原则体现在意大利的艺术、建筑和花园上。其他文化则也类似地使用几何构图、水体和理想化的自然来塑造景观。

设计原则

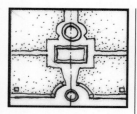		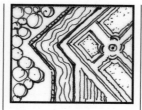	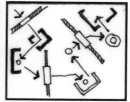	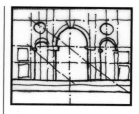
轴向对称 AXIAL SYMMETRY	**占据空间** OCCUPYING SPACE	**边界** BOUNDARY	**过渡** TRANSITION	**和谐** HARMONY
意大利文艺复兴时期的花园是沿着中央轴线组织的，创建了一个具有几何化秩序的空间。	无论在波斯平原，还是辽阔的印度高原，帖木儿帝国的花园和莫卧儿王朝的花园均为人们提供了一种被动的景观感受。	法国花园的边界由护城河、沟渠和廊道所界定，在未经开垦的大地上创造出井然有序的平面布局。	日本茶艺园的空间序列和组织表现出实体空间与心理空间之间的过渡。	帕拉迪奥的作品展示了各个组成部分之间如何通过和谐的比例关系取得协调。

设计语汇

意大利　ITALY
水利驱动、分隔和雕塑

法国　FRANCE
花坛、沟渠和画廊

英格兰　ENGLAND
迷宫、山丘和灌木

日本　JAPAN
汀步、石臼和灯笼

拓展阅读

图　书

BABURNAMA (THE MEMOIRS OF BABUR)

THE ENCHANTRESS OF FLORENCE, by Salman Rushdie

"THE HISTORIES," by William Shakespeare

THE LIFE OF GARGANTUA AND OF PANTAGRUEL, by Francois Rabelais

THE LIVES OF THE ARTISTS, by Giorgio Vasari

ORLANDO FURIOSO, by Ludovico Ariosto

THE SIXTEEN PLEASURES, by Robert Hellenga

UTOPIA, by Thomas More

电　影

THE AGONY AND THE ECSTASY (1965)

ANNE OF THE 1000 DAYS (1969)

ELIZABETH (1998)

THE RETURN OF MARTIN GUERRE (1982)

绘画与雕塑

DAVID, by Michelangelo (1501)

MONA LISA, by Leonardo da Vinci (1503)

GARDEN OF EARTHLY DELIGHTS, by Hieronymous Bosch (1510)

THE SCHOOL OF ATHENS, by Raphael (1510)

SISTINE CHAPEL, ceiling frescos by Michelangelo (1511)

LAURENTIAN LIBRARY (VESTIBULE AND STEPS), by Michelangelo (1524–58)

BAHRAM GUR IN THE TURQUOISE PAVILION, Safavid manuscript (1524)

PORTRAIT OF HENRY VIII, by Hans Holbein the Younger (1540)

SALT CELLAR, by Benevenuto Cellini (1540)

THE FOUR ACCOMPLISHMENTS, by Kano Motonobu (c. 1550)

RETURN OF THE HUNTERS, by Pieter Brueghel the Elder (1565)

RAPE OF THE SABINE WOMAN, by Giovanni Bologna (1583)

公元17世纪

从欧洲的角度来看，17世纪通常被视为理性时代（the Age of Reason）的开端。这一时期，科学知识的进步挑战了人们对传统宗教信条和文艺复兴秩序的信仰。人们根据自己的意志塑造自然，尤其是拥有皇权的人。

美洲的大规模殖民活动始于17世纪。弗吉尼亚州的詹姆斯敦（Jamestown）就是由英国人在1607年开辟的，魁北克（Quebec）是于1608年由法国人建立，圣达菲（Sante Fe，美国新墨西哥州首府）则是在1609年由西班牙人建立，新阿姆斯特丹（New Amsterdam）则是荷兰人1624年创建。随着殖民地的扩张，当地土著遭受了巨大的苦难，传统的生活方式也逐渐消失。

殖民扩张不仅仅影响着地缘政治：花园与广阔的大地景观融为一体。大尺度景观成为戏剧的一部分，而且追求空间流动成为巴洛克风格的指导思想。地球不再是宇宙静止的中心，也是环绕太阳的天体运行系统的一部分。政治和文化的重心转移到了法国。在那里，花园成为展现壮丽景观的空间，也是太阳王（the Sun King，路易十四的绰号）绝对权力的象征。

一些世界上最著名的花园，如泰姬陵、桂离宫和凡尔赛宫均建造于17世纪，本章将进行详细介绍。

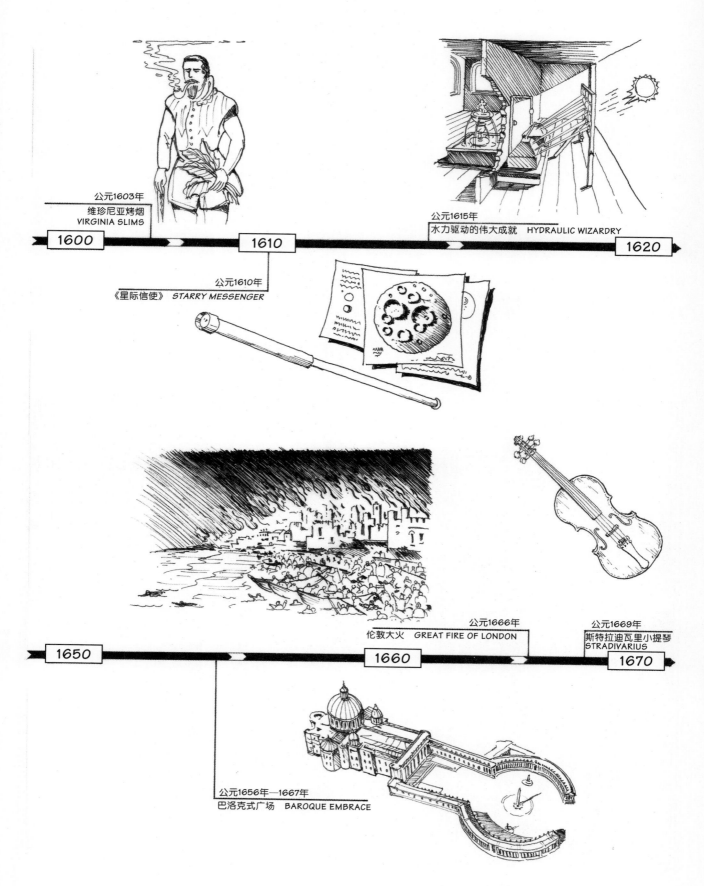

公元1603年
维珍尼亚烤烟
VIRGINIA SLIMS

公元1615年
水力驱动的伟大成就　HYDRAULIC WIZARDRY

1600　　　　　　　　**1610**　　　　　　　　**1620**

公元1610年
《星际信使》　STARRY MESSENGER

公元1666年
伦敦大火　GREAT FIRE OF LONDON

公元1669年
斯特拉迪瓦里小提琴
STRADIVARIUS

1650　　　　　　　　**1660**　　　　　　　　**1670**

公元1656年—1667年
巴洛克式广场　BAROQUE EMBRACE

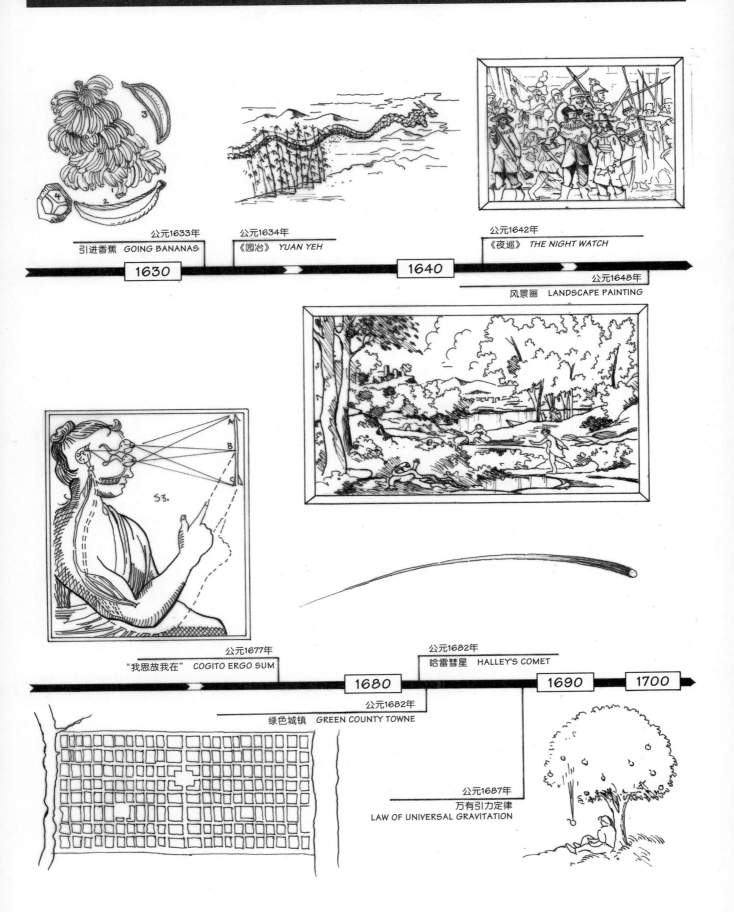

公元1633年
引进香蕉 GOING BANANAS

公元1634年
《园冶》 YUAN YEH

公元1642年
《夜巡》 THE NIGHT WATCH

1630

1640

公元1648年
风景画 LANDSCAPE PAINTING

公元1677年
"我思故我在" COGITO ERGO SUM

公元1682年
哈雷彗星 HALLEY'S COMET

1680

1690

1700

公元1682年
绿色城镇 GREEN COUNTY TOWNE

公元1687年
万有引力定律
LAW OF UNIVERSAL GRAVITATION

公元 1603 年
维珍尼亚烤烟　VIRGINIA SLIMS

沃尔特·罗利爵士（Sir Walter Raleigh, 1554—1618，英国贵族作家）曾经试图征服罗诺克岛（Roanoke Island, 美国北卡罗来纳州东北海岸岛屿），却接连失败。他最终于 1603 年在弗吉尼亚建立了第一个英国殖民地[责编注]。当罗利返回英格兰时带走了烟草。到 1617 年，吸烟已然成为一种宫廷时尚。

[责编注] 弗吉尼亚是重要经济作物——优质维珍尼亚烤烟的产地。

公元 1610 年
《星际信使》　*STARRY MESSENGER*

伽利略·伽利雷（Galileo Galilei, 1564—1642，意大利天文学家）出版了论文《星际信使》（*Sidereus Nuncius*），这是第一篇基于望远镜观测结果分析写就的论文。然而，由于他的"日心说"理论，伽利略被指责为异端邪说，遭到审判。

公元 1615 年
水力驱动的伟大成就
HYDRAULIC WIZARDRY

法国工程师兼建筑师沙洛蒙·德·考斯（Salomon de Caus, 1576—1626）就水力装置撰写了《动力原理》（*Les Raisons des Forces Mouvantes*）一文。他和兄弟艾萨克·德·考斯（Isaac de Caus, 1590—1648，景观建筑师）研究意大利花园设计，并深受风格主义和巴洛克风格的影响，将之引入北欧和英格兰。德·考斯不仅发明了很多自动装置，他最重要的贡献是园林景观设计。他在海德堡（Heidelberg）设计建造了无忧宫（the Hortus Palatinus），被誉为"世界第八大奇迹"，但却毁于"三十年战争"（the Thirty Years' War, 1618 年—1648 年间由神圣罗马帝国内战演变而成的欧洲各国参与的一次大规模国际战争）[1]。

公元 1633 年
引进香蕉　GOING BANANAS

第一株从百慕大（Bermuda）引入，而后在英国成熟的香蕉，出现在伦敦药剂师兼植物学家托马斯·约翰逊（Thomas Johnson, 1600—1644）的展示橱窗里[2]。

公元 1634 年
《园冶》　*YUAN YEH*

明朝的画家、园林设计师计成于 1634 年出版了一本造园手册《园冶》[3]，他给园林设计师提出建议，"造园无定法"[3]。他认为好的园林应该能够唤起人们的情感回应与精神追求。他的三卷本著述以图解形式对造园的特定要素进行了形象地概述。虽然他没有介绍具体的建造工艺，但是他对造园的理想效果进行了诗意般的描述——例如，假山石的布置应当有如观云揽月[4]。

公元 1642 年
《夜巡》　*THE NIGHT WATCH*

荷兰画家伦勃朗·哈尔曼松·范·莱因（Rembrandt Harmenszoon van Rijn, 1606—1669）对生活观察敏锐，在绘画中，他通过对光影效果的把握运用，创造了戏剧般的效果。

公元 1648 年
风景画　LANDSCAPE PAINTING

法国画家尼古拉斯·普桑（Nicolas Poussin, 1594—1665）对罗马周边平原上的古迹进行了理想化的描绘。在风景画的环境中将古典建筑集中描绘在一起，创造了一种浪漫的自然景观意向，这种方法在 18 世纪的英国景观园林设计中颇具影响。

公元 1656 年—1667 年
巴洛克式广场　BAROQUE EMBRACE

罗马教皇亚历山大七世（Pope Alexander VII, 1599—1667）委托吉安·洛伦佐·伯尼尼（Gian Lorenzo Bernini, 1598—1680，意大利艺术家）为罗马圣彼得大教堂（St.Peter's Cathedral）设计一座新广场。一个狭长的梯形广场连接着巴西利卡和大椭圆形广场，椭圆形广场由一组优雅的椭圆形柱廊界定。这一作品是巴洛克式空间和城市大事件的完美结合。

公元 1666 年
伦敦大火　GREAT FIRE OF LONDON

大火摧毁了古罗马城墙范围内，建于中世纪的城市。国王查理二世（Charles II, 1630—1685）派人重新修建伦敦城，拓宽街道，开辟大型广场。人们用石头和砖块修复原有的木质房屋。克里斯托弗·米歇尔·雷恩（Christopher Michael Wren, 1632—1723，英国建筑师）重新修建了圣保罗大教堂（St. Paul's Cathedral），展现出一种全新的建筑风格，改变了这座城市的旧貌。

公元 1669 年
斯特拉迪瓦里小提琴　STRADIVARIUS

安东尼奥·斯特拉迪瓦里（Antonio Stradivari, 1644—1737，意大利拨弦乐器制作匠人）改进了小提琴的外形与比例，并开始制作贴有自己品牌标签的弦乐器。他制作的乐器曲调优美，秘密在于乐器涂漆的配方，但可惜今天已经失传。

公元 1677 年
"我思故我在"　COGITO ERGO SUM[责编注]

法国哲学家、数学家和科学家勒内·笛卡尔（René Descartes, 1596—1650）把宇宙视为一种数学构造物。他的著作《几何学》（*La Geometrie*）奠定了分析几何的研究基础，陈述了用坐标对空间内某一位置进行定位的方法。他在光学领域的研究成果也同样具有深远的影响力。

[责编注] 笛卡尔在名著《方法论》（*Discours de la Methode*）中的一句名言。

公元 1682 年
哈雷彗星　HALLEY'S COMET

爱德蒙·哈雷（Edmond Halley, 1656—1742，英国天文学家）运用牛顿的万有引力定律准确地推测出，这颗曾经出现的彗星在太空中围绕一个椭圆形轨道运转，它将于 1758 年再度出现。

公元 1682 年
绿色城镇　GREEN COUNTRY TOWNE

威廉·佩恩（William Penn, 1644—1718，英国地产企业家）收到国王查理二世签署的一份命令，要求他在北美建立一个贵格派（Quaker, 基督教新教派别）殖民地（就是后来的宾夕法尼亚州）。佩恩的方格网规划为每片分区都设置了开放的中央公共空间和公共绿地，并要求住宅建造在地块的中间，以预防火灾。

公元 1687 年
万有引力定律
LAW OF UNIVERSAL GRAVITATION

艾萨克·牛顿爵士（Sir Isaac Newton, 1642—1727，英国物理学家）发现推动月亮运行和驱使苹果坠地的是同一个力量，并且用数学推理证明了这一观点。

江户时代（1603 - 1867）　EDO PERIOD (1603 - 1867)

丰臣秀吉去世后，织田信长的另一位将领德川家康（1543—1616）建立了新的武士政权，并一直持续至19世纪。他将幕府迁至江户（即现在的东京），并颁布

一系列严格的法令控制社会的各个层面。除了继续保留长崎附近的小型荷兰贸易区，日本全境对外封锁。基督教传教士被驱逐，基督徒遭受迫害。德川家康创

立了新儒家哲学，融入佛教和道教理念，强调道德和忠诚，借此巩固其中央集权型政府的统治[5]。

社会秩序和文化隔离　SOCIAL ORDER AND CULTURAL ISOLATION

在江户时代，社会长期的和平与繁荣是以取缔公民自由为代价的。社会秩序严格遵从阶层等级体系的划分：幕府将军、大名、武士、农民、艺术家，最后是商人。为了消除各藩敌对家族势力的潜在威胁，德川家康要求大名们"参觐交代"，迫使他们每隔一年在江户与领地之间轮换居住。即

使他们离开京城，其家人也依然要住在这里作为人质。

德川家康还立法禁止皇室宫廷参与政治，效仿平安时代将天皇的活动范围限制在艺术领域内。严密管制滞留于江户的大名家属人质和被监控的皇室宫廷这两类人群，

修建面积巨大的花园田产以便居住。这类花园的代表就是茶艺园，尺度庞大，主要用于消遣散心，后来得名"漫步花园"（stroll garden）。

漫步花园的设计意在再现日本的自然风光。由于幕府严格禁止国内旅行，那些图文并茂介绍日本著名风景名胜的书籍大受欢迎[6]。书中绘有色彩鲜艳的木版画，包括富士山、漫山遍野的红枫以及"八桥"水系。江户时代的漫步花园在设计中借鉴了这些著名景点。

聚焦艺术
FOCUS ON THE ARTS

江户时期城市迅速扩大；随着货币流通取代物物交易，贸易更加便利。尽管商人的社会地位很低，但他们积累了巨额财富，并且成为新的艺术形式——歌舞伎、俳句和木版画的赞助者。政府禁止商人阶层显露财富，不允许他们在公共场合穿着华丽的服装或建造大型的庄园。于是，他们在住宅之间的空地上建造小型庭院和坪庭。

坪庭：和漫步花园、茶艺园一样，住宅内部的庭院拥有很多能够引人共鸣的设计要素，但是仅用来观赏，并没有实际功用。

借景：比睿山的景致被引入圆通院中的花园。

在 17 世纪的日本，园艺已成为一个蓬勃发展的行业。园丁、石材商人和专业的园艺设计师在蓬勃发展的经济大潮中受益匪浅。园艺设计已成为一个令人尊敬的特殊职业。贵族的花园设计不仅限于文学或宗教主题，还追求浪漫的自然概念，从中体现富于创造力的个性[7]。社会精英们的人身活动受到限制，但他们的想象力却还在自由飞翔。

早期漫步花园的特点
CHARACTERISTICS OF EARLY STROLL GARDENS

17 世纪的日本社会精英们已不再将农村视为辛苦劳动的地方，而是休闲的场所和田园美景之地[8]。城市居民将田园风光浪漫化：它们和茶艺园一样，代表着乡土自然的无穷魅力。环湖的漫步花园常常将田园风光融入其中。内部道路不分等级，沿途美景步移景易。漫步花园中常常包含茶室、凉亭、雕塑灯笼和宝塔。湖泊有曲折的岸线，并用巨石加以强化。游人漫步其中，精心设计的近景、远景蓦然出现，就像一幕幕舞台剧。"藏"和"露"的设计手法增强了景观体验效果。在江户时代的漫步花园中，往往以富士山和港口为造景原型。城市周边的景致并不如京都那般风景如画。

漫步花园重视室内景物与室外景观的塑造，借景手法不仅仅限于景观欣赏，更在于重新诠释自然的内涵，通过借景传达信息。空间依据前景、中景和远景的原则进行组织，无论在视觉感知上，还是设计理念上都拓展了景观的涵盖范围。

京都的皇家花园
IMPERIAL ESTATES IN KYOTO

为了安抚皇室，幕府为他们提供土地和资金，帮助他们建造别墅和休养田庄。皇室由此拥有了庞大的地产，皇家漫步花园的面积几乎是平安时代皇家花园面积的10倍[9]。皇家别墅的代表案例有桂离宫、修学院离宫和仙洞御所。

桂离宫　KATSURA-RIKYU

桂离宫最初是智仁亲王（1579—1629）于1620年所建的乡村别墅，智仁亲王是丰臣秀吉的养子。数十年后，他的儿子智忠亲王（1619—1662）完成了桂离宫的建造。据说，茶文化大师和园林设计专家小堀远州（1579—1647）曾经参与了桂离宫的设计[10]。智仁亲王深受平安时代文化的影响，力求在他的别墅设计中将那个时代的清净优雅与茶文化的返朴归真融为一体[11]。

桂离宫已成为一个充满诗情画意的漫步花园的典范。园中的湖泊面积很大，水岸复杂，一条精心设计的步道环绕其间。当游客沿着水岸顺时针前进时，一系列景观依次展开，包括龟岛、著名景观"天桥立"的复制品、整石砌筑的石桥以及石灯笼；花园内还设有一系列的茶室。

在这座充满田园气息的书院式宫殿中，三座凉亭呈对角线布置，在视觉上与周边景观融为一体。建筑的矩形平面与花园的自然形制形成鲜明对比[12]。从每个房间都可以看到花园中的景观。建筑结构高于地面，以避免附近河流洪水的侵袭，还设有一个赏月平台。

桂离宫：这座种植了大量植被的花园占地12公顷，紧邻桂川而建。

修学院离宫
SHUGAKU-IN RIKYU

1655 年，这座乡间庄园由幕府将军为智忠亲王的叔叔、后水尾天皇（1596—1680）所建，后者娶德川家康的孙女德川和子为妻。庄园坐落在林地和稻田之间，由三栋位于不同地坪标高上的别墅组成。

低处的别墅拥有小型寝殿造风格的花园和茶室。后水尾天皇拦坝筑湖，人工湖有着蜿蜒的岸线。高处的花园以著名的"借景"

修学院离宫：花园以其高超的借景手法而闻名于世。

而闻名。花园中一系列完整的空间序列创造出了戏剧性的空间体验。游客由石阶进入高处的花园，石阶两旁是修剪整齐的绿篱。沿阶而上邻云亭，转过身来就能看到壮观的京都全景，仿佛漂浮在湖面上方，与周边的山体形成呼应。

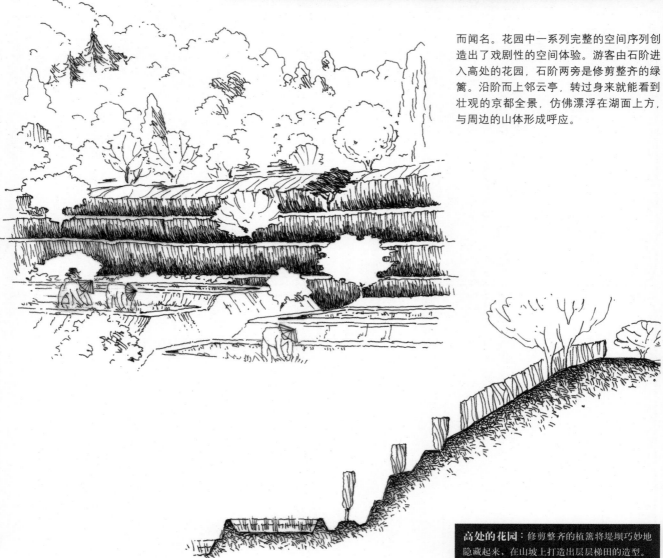

高处的花园：修剪整齐的植篱将堤坝巧妙地隐藏起来，在山坡上打造出层层梯田的造型。

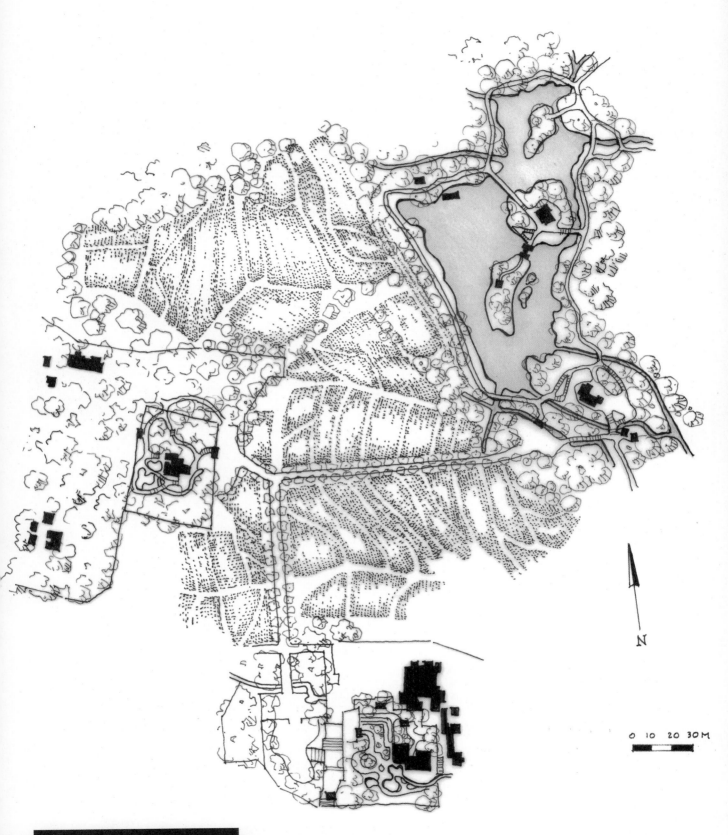

N

0 10 20 30M

场地平面：修学院离宫是一个综合建筑群，
包括三座相对独立的别墅。

仙洞御所：河水冲刷岩石，形成了"石岸"式风格。

仙洞御所　SENTO GOSHO

后水尾天皇退位较早，仙洞御所是他委托日本茶道大师小堀远州在1634年为自己设计的退隐居所。花园被一片湖水和溪流环绕，其中还建有一座瀑布。深深的水湾和半岛将湖水分成几个部分，并随着访客的游走，营造出步移景易的动态空间效果。仙洞御所以其卵石水岸、龟岛和旱桥而著称。

也深受孔子思想的影响。花园中的中国元素有偃月桥、高达30英尺的人造假山——被称作"庐山"。园中还有一个湖泊，湖中的龟岛置有一块神奇矗立的头石，此外还有各种小桥和移置的假山石，再现了著名的京都寺庙花园和中国杭州花园的景观。后乐园由此成为其他大名庄园的典范，强调了儒家思想中的伦理秩序，对诗意的主题进行了更加隐性的阐释，而不是微妙的隐喻。

大名的庄园
ESTATES OF THE DAIMYOS

小石川后乐园，江户
KOISHIKAWA KORAKUEN, TOKYO

后乐园是由德川幕府的大名德川赖房（1603—1661）在1629年建造的休闲花园。德川幕府尊儒重道，这座花园的设计

后乐园：灌木被修剪得如岩石一般，体形低矮浑圆的石灯笼与舒缓开阔的湖面相协调。

神圣的对称
SACRED SYMMETRIES

在莫卧儿王朝最鼎盛时期，其疆域从喜马拉雅山脉脚下一直延伸到孟加拉湾（the Bay of Bengal），覆盖了今天的阿富汗和印度的西北部地区。这些地域的地貌景观差异很大，从干旱的沙漠到水草茂盛的河谷。花园的形制强调了对气候和地形变化的适应。

莫卧儿王朝时期的艺术形式融和了波斯、中亚和印度的艺术风格。公元 14 世纪，帖木儿征服伊朗，他的中亚帝国版图得以拓展，蒙古游牧民族吸收了波斯的文化传统。1526 年，帖木儿后裔巴布尔攻占德里，建立莫卧儿王朝，波斯的设计样式流传至印度，如四方式花园。巴布尔的孙子阿克巴尔继续扩展莫卧儿王朝的版图，于 16 世纪后期侵入克什米尔。17 世纪的莫卧儿王朝艺术显示了印度教文化与伊斯兰教文化相融合的影响：如佛教的有机造型和雕塑装饰品，与伊斯兰教的数学秩序和几何原理相结合。在莫卧儿王朝花园的建筑特点、外观形式以及这一时期的缩微画中都可以看出这些元素的影响。陵墓花园则是一种特定的建筑与景观的融合形制，其中融合了伊斯兰天堂花园与中亚花园陵墓的特点。陵墓花园的建造在帝王在世时就已经开始，生前作为花园，死后用于宗庙。

最壮丽的莫卧儿王朝花园要追溯到阿克巴尔的儿子萨利姆·奴鲁丁·贾汗吉尔（Salim Nuruddin Jahangir，1569—1627，莫卧儿帝国第四任皇帝）和孙子国王贾汗（Shah Jahan，1592—1666，莫卧儿帝国第五任皇帝）的统治时期。

17 世纪中叶的**莫卧儿王朝**。

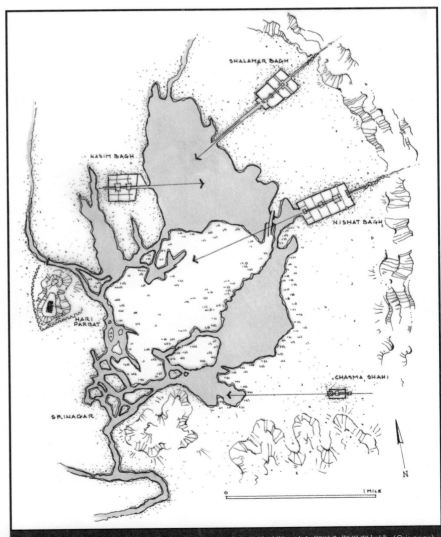

达尔湖（Lake Dal），克什米尔：据信，在贾汗吉尔统治时期，达尔湖畔和斯里那加城（Srinagar）建造了几百座花园。

水景的赞歌　THE CELEBRATION OF WATER

克什米尔肥沃的河谷长约90英里。现存的花园遗迹表明，莫卧儿王朝时期的花园设计充分利用河谷中溪流、泉水等丰富的水脉资源。在那些坡地上，溪水沿着一条中轴线流下来，场面壮观。水流不再局限于小池塘和狭窄的山谷，在赤尼-卡纳（chini-kanas）上汇集，沿水披巾（chadars，即水坡）流下。赤尼-卡纳是低矮的壁龛墙，像鸽舍一样。水披巾是表面带有浮雕图案的斜坡。此外，在水渠相交处建有一座抬高的平台，称做"查布瑞高台"（chabutras，

即高台），为人们提供荫凉休息之所。

开敞的凉亭，被称做"巴拉达瑞凉亭"（baradari）[译注]，建造在平台的四角上，便于俯瞰全园。台地上种植着法国梧桐，绿荫如盖，还有果树和芬芳的花卉，构成一座视觉上和听觉上的梦幻天堂。

贾汗既青睐克什米尔的河谷，也十分钟爱北部平原的景观，也许是因为他有拉其普特人（Rajput）的血统[13]。他在拉合尔

（Lahore）和德里（Delhi）建造花园，都取名为"沙拉马尔花园"（Shalamar Bagh）。他在景观史上的重要贡献是为他妻子在阿格拉（Agra）建造的陵园花园——泰姬·玛哈陵（the Taj Mahal）。贾汗还对城镇规划产生了一定影响，他不仅在阿格拉建造城堡，还在德里建造红堡（the Red Fort）。

[译注] 一种拥有16根柱子的建筑结构形式，通常位于开敞的庭院中间。

陵墓花园与游憩行宫　TOMB GARDENS AND PLEASURE PALACES

17世纪有代表性的莫卧儿花园不仅包括泰姬·玛哈陵，还有位于阿格拉的阿克巴尔陵园、沙拉马尔的宫殿以及达尔湖畔的尼夏特花园。

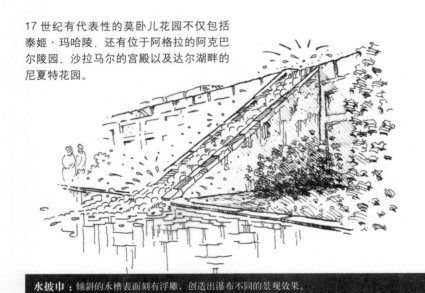

水披巾：倾斜的水槽表面刻有浮雕，创造出瀑布不同的景观效果。

赤尼－卡纳：瀑布下的壁龛内设有蜡烛和鲜花，加强了瀑布的景观效果。

阿克巴尔陵墓，　锡根德拉，　阿格拉
AKBAR' S TOMB, SIKANDRA (AGRA)

这座巨大的陵墓于1632年竣工，它坐落在两条十字交叉的水渠中央，像一座纪念建筑式的查布瑞高台。陵墓由一系列向心排列的矩形空间组成，前三层用红砂岩建造，最顶层采用白色大理石。四条步道又将四方式花园划分为四部分。水流从四个中央水池沿着狭窄、清浅的水渠流下平台。柏树（象征着死亡）种植在林荫大道两侧，果树（象征着生命）种满了整个梯台。

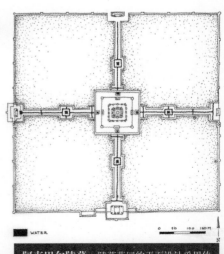

WATER

阿克巴尔陵墓：陵墓花园的平面设计采用传统的四方形制。

沙拉马尔花园，克什米尔
SHALAMAR, KASHMIR

沙拉马尔花园[责编注]是贾汗吉尔1619年在达尔湖畔所建的夏宫。1630年，贾汗又对其进行了扩建。沙拉马尔花园坐落在宽阔的大峡谷中，四面环山。花园由三层平台组成，相互之间以中央水轴联系，其间点缀着喷泉。主水渠位于人行坡道中央，两边法国梧桐绿荫如盖。梯台上种植着草皮、鲜花和果树。在地坪标高变化之处，都用赤尼-卡纳垒起小型瀑布。

[责编注]沙拉马尔花园意为"人类的快乐家园"。

尼夏特花园，克什米尔
NISHAT BAGH, KASHMIR

尼夏特花园建于1620年，由于花园没有官方的正式用途记载，据推测，可能由贾汗吉尔妻子的亲属所建。沿着山坡是十二层台地（象征着十二星座），视觉上与远山融为一体。不同于沙拉马尔花园内空间的等级划分，尼夏特花园的阶梯状台地形成了一座规模庞大的休闲花园，顶部是独立的闺园（the zenana，也就是女眷的花园）。

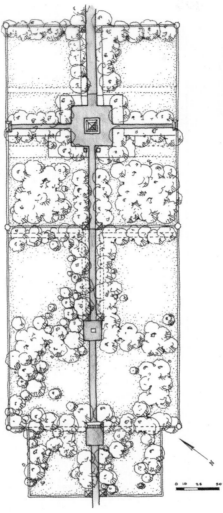

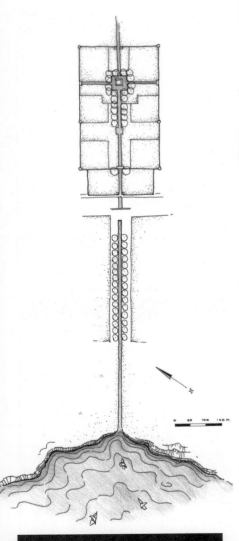

通向漂浮的岛屿：乘船穿过湿地间的一条长长水道便可以到达沙拉马尔花园。

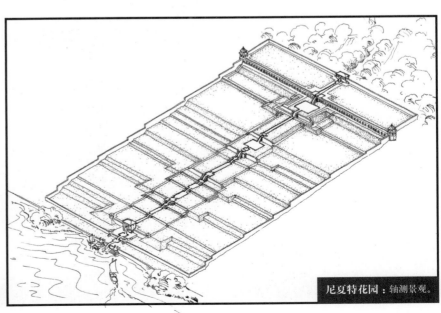

尼夏特花园：轴测景观。

121

一条 13 英尺宽的水渠将步行台阶一分为二，喷水口呈线性排列。水平面的变化利用窄窄的水披巾、台阶、水池和查布瑞高台标识出来。一道高高的带拱廊的挡土墙构成闺园的基础。三层高的巴拉达瑞凉亭位于墙体的两端。水流恰好从闺园上端的亭子穿过。

飘浮的通道：一座拱桥将达尔湖和内部的小淡水湖分开，可以直接从内部的小淡水湖到达花园。

泰姬·玛哈陵，阿格拉
TAJ MAHAL, AGRA

这是国王贾汗为妻子穆塔兹·玛哈 (Mumtaz Mahal, 1593—1631) 所修的陵墓花园, 1632 年动工, 1648 年落成。这座巨大的方形花园 (char bagh), 其特别之处是陵墓坐落于花园的末端、雅穆纳河畔 (the Yamuna river), 而不是水渠的相交处。传说贾汗曾希望将他的陵园（采用黑色大理石）建在河的另一侧, 与之隔岸相对。由此, 河流将形成交叉轴线, 两座陵墓位于中央 [15]。

一座抬高的储水池位于泰姬陵园的中央, 水中倒映出白色的大理石拱顶和伊斯兰宣礼塔。绿树成荫的笔直水渠将陵园划分为四块方形花园, 树木和鲜花曾经装点着每一片花坛。

陵墓伫立在用黑白波浪纹图案铺装的台基上。伊斯兰宣礼塔位于台基的四角, 与陵墓主体巨大的建筑体量形成鲜明对比, 创造出一种宁静的虚空间。清真寺和集会厅位于陵墓的另一边, 采用红砂岩建造而成。入口大厅和两个小凉亭位于十字交叉轴的末端, 也用红砂岩建成。陵园占地面积 20 英亩, 全部由院墙围合。陵墓的圆形拱顶建造在一个近似正方的八边形基座上。八边形象征着天（圆）与地（方）的融合。

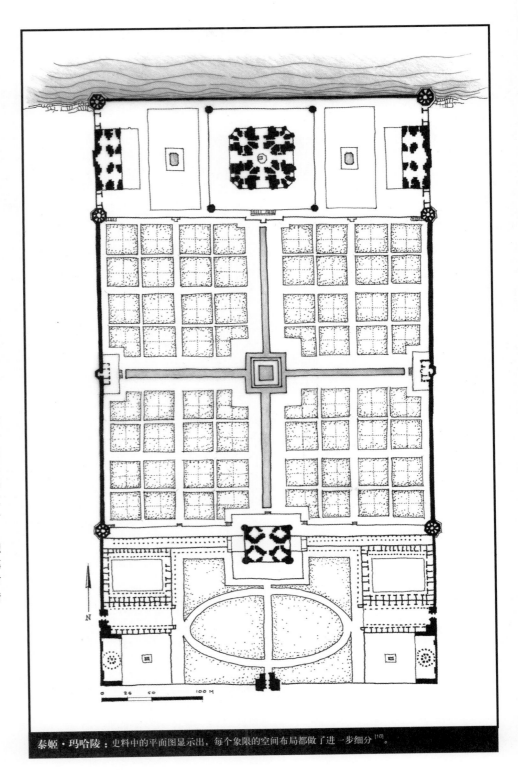

泰姬·玛哈陵：史料中的平面图显示出, 每个象限的空间布局都做了进一步细分 [16]。

天堂花园　GARDENS OF PARADISE

国王伊斯梅尔一世的曾孙阿巴斯一世国王（Shah Abbas I，1571—1629）于1587年开始执政，并带领萨菲王朝走进鼎盛时期。在17世纪头十年里，一系列决定性的胜利使伊朗控制了中东大部分地区。由于阿巴斯一世开明的移民政策以及对欧洲外交使节的接纳，贸易额日益增长，财富与日剧增。阿巴斯一世死后，萨菲王朝逐渐衰落，但萨菲王朝的统治以多种形式延续了下来，直到1736年阿巴斯三世（Abbas III）被废黜。

强烈的几何图案、方形和直线标志着伊斯兰世界中的等级秩序。早期的波斯狩猎园被分为四个区块，一座凉亭位于四个区块的交汇处。波斯的封闭式花园将严酷的沙漠隔绝在外，为人们提供了一个地球上的天堂，波光、绿荫和色彩鲜艳的花卉。沟渠和水池中的水用来灌溉并改善局部气候。在干旱的伊朗高原，人们利用坎儿井（qanats）和地下隧道将周围山麓中的水引过来。花园的形式常常由灌溉方式来决定。根据传统花园的先例，国王在伊斯法罕建造了一座壮丽的王朝都城。

伊斯法罕的城市布局　THE URBAN GEOMETRY OF ESFAHAN

1598年，阿巴斯一世将首都迁到了伊斯法罕，这是一座空中城市（the mile-high city）[责编注]。到17世纪中期，这座城市的居民已经超过50万[17]。皇宫大门和萨杨德河（the Zayandeh river）之间有一条长达数英里的漫步道，道路两边是鳞次栉比的私家休闲花园。四方花园内的大道两边种植着八排悬铃木和杨树，中间建有一条水渠构成主轴线，并用波纹大理石进行装饰。一座带有拱形桥墩的廊桥横跨河道，它是主轴线的延伸，通向皇家花园。四方花园大道南端建有一座称为"哈扎尔·贾拉巴"（Hezar Jarib）的皇家花园。法国珠宝商人兼旅行家让·夏尔丹（Jean Chardin，1643—1713）在1686年的旅行日志中记载，这座花园占地1平方英里，由12片依次抬高的台地构成[18]。

国王在伊斯法罕城中建造了一座巨大的公共广场（the maidan）、一座皇家清真寺和一片规模巨大的花园。广场长1500英尺、宽500英尺，由两层拱廊围合。一层拱廊为商铺，二层拱廊则作为展示当地风土人情与自然景观的画廊。西边的阿利·卡普门（the Ali Qapu，意为"高大的门"）作为一个纪念性的标志物俯视着整个广场。带顶柱廊（talar）有两层楼那么高，由18根木柱支撑着。高台上的柱廊绿树掩映，微风习习，为国王在广场主持活动提供了一个舒适的主席台。阿利·卡普门正对着的东边庭院是女清真寺。皇家清真寺则位于广场的最南端，据说它的方位正对圣地麦加。阿利·卡普门的后面就国王的内廷花园。

[责编注] 伊斯法罕的海拔高度为1590米，接近1英里（约合1609米），因此作者称其为"空中城市"。

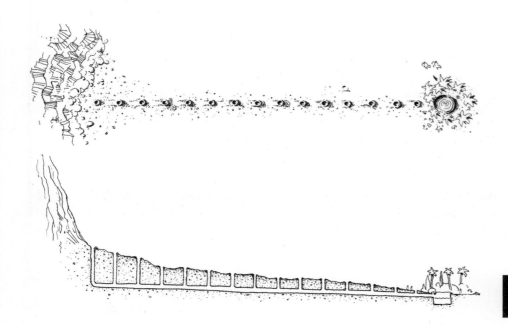

坎儿井：圆形的通风口呈线性排列，展现了地景上的坎儿井。

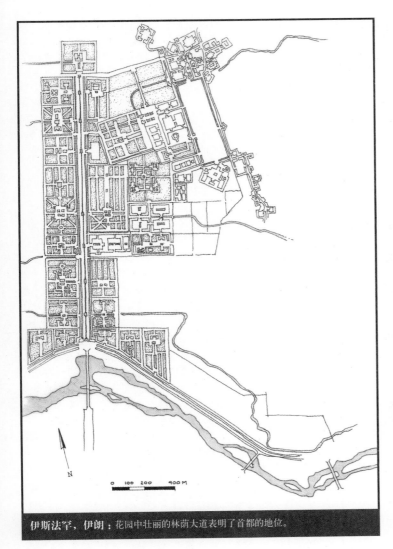

伊斯法罕，伊朗：花园中壮丽的林荫大道表明了首都的地位。

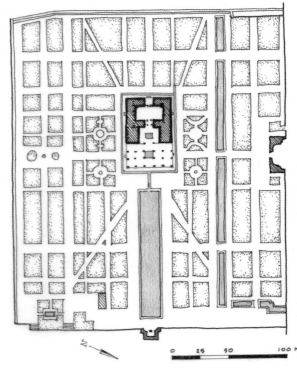

四十柱殿：殿阁几乎位于占地 12 英亩的花园中央，花园里面栽植着茂密的植物。

阿利·卡普门：殿堂高达 6 层，内有金銮殿、皇家御所和接待室。

带顶柱廊：门廊内有一座白色的大理石水池，周围的石狮子不断向里面喷水。

1647 年，国王阿巴斯二世 (Shah Abbas II, 1632—1666) 在阿利·卡普门与四方花园大道之间、也就是广场的西侧远端重建了一座皇家殿堂，叫做"四十柱殿"(Chehel Sotoon)。带顶柱廊中 20 根高大的木柱倒映在殿堂前部长长的矩形水池中，因此得名"四十柱殿"。

总体来说，伊斯法罕的皇家花园与建筑都具有典型的波斯花园风格。建筑元素和花园布局将象征性与功能性有机地结合起来。植物种植、细部装饰和别具匠心的水景融合在一起，创造了一个真正的凡间天堂。

海滨宫殿　SEASIDE PALACES

国王阿巴斯一世还在里海 (the Caspian Sea) 的南岸建造了宫殿和花园。这里是一片水草充沛的沼泽，地势在海平面以下 100 英尺，与其他的花园环境迥然不同。为了缩短穿越干旱沙漠地带的行程，他铺设了一条长达 300 英里的道路，沿途还设置驿馆。位于卡尚 (Kashan，位于德黑兰以南的伊朗中部城市) 的费茵花园 (the Bagh-e Fin) 原是 16 世纪早期国王伊斯梅尔一世建立的一个接待中心。1587 年阿巴斯一世将之改造为花园，1659 年阿巴斯二世来此游览[19]。

费茵花园，卡尚
BAGH-E FIN, KASHAN

花园占地 6 英亩，设有高高的围墙。天然的泉水和坎儿井顺着地势流入蓄水池，提供花园的用水。另有水渠灌溉着周边的田地和农庄[20]。从外墙的纪念性大门开始，一条宽阔的林荫大道夹着细流通往中央水池和凉亭，直到轴线远端的另一凉亭。从中央凉亭放射出四条水渠，呈十字交叉状，将花园分为四个区域。石子路位于水渠两侧，内部的小块土地上种满了果树。花园中的景色与声光构成了一个阴凉飒爽、鸟语花香的绿洲。环绕花园一周的水渠将水流收集起来，输送至乡村。

林荫大道：在费茵花园中，树龄达 400 年的柏树掩映着笔直的大道，道路上装饰有青绿色的地砖和大量的喷泉。

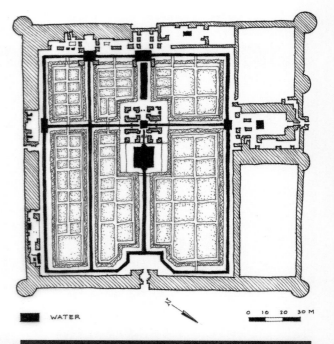

■ WATER　　　　　　　　　　　　　0 10 20 30 M

费茵花园：现存的结构遗迹可以追溯到 18 世纪，花园曾于 1935 年重修。

意大利巴洛克风格
ITALIAN BAROQUE STYLES

16 世纪晚期的意大利，社会上弥漫着不确定和不安的情绪，催生了一种设计冲动，取代了文艺复兴时期追求的秩序感和清晰感。

空间变得暧昧、迷幻而扭曲。光学技法改变了人们对于世界秩序的认识。17 世纪，风格主义的潮流发展到极致。巴洛克式的设计以浮华、炫耀的细部装饰而著称。螺旋形、椭圆形和对角线形代替了圆形和方形等理性的设计语汇，让观者的视线始终在空间中游荡。

弗拉斯卡蒂别墅群：17 世纪、贵族子弟们相互攀比，在弗拉斯卡蒂的山间建造了一座座奢华的隐居别墅。从罗马城中就可以看到山上林立的别墅。

花园中的细部和戏剧感
DETAIL AND DRAMA IN THE GARDEN

景观空间变得更加富于戏剧性。意大利花园是 17 世纪大规模建造的产物，不再围于别墅、花园和林木，而是作为一个整体加以综合设计 [21]。花园成为观景和娱乐的场所。植物和建筑成为花园剧场的固定装饰物，用来表情达意。雕塑和水体元素的运用将空间提升到了新层次。

下面介绍三个具有典型意大利巴洛克风格的花园。

阿尔多布兰迪尼别墅，弗拉斯卡蒂
VILLA ALDOBRANDINI, FRASCATI

罗马东南部阿尔巴山 (the Alban hills) 上的弗拉斯卡蒂镇自古以来就是夏季避暑的胜地、上流社会的别墅区。1592 年，红衣主教佩德罗·阿尔多布兰迪尼 (Cardinal Pietro Aldobrandini，1571—1621) 收到了他叔叔罗马教皇克莱门特八世（Pope Clement VIII，1536—1605）的一件礼物——在此建造别墅。贾科莫·德拉·波尔塔 (Giacomo della Porta，1533—1602，意大利建筑师) 提出的最初设计方案，最后由卡罗尔·马德诺 (Carol Maderno，1556—1629，意大利建筑师) 于 1603 年完成。

山间别墅面朝西北方，游人可以掠过平原遥望远处的罗马城。别墅坐落在一个大平台上，平台前部的露台视野开阔，后面有一个花园。建筑后面的平台依山而建，形成了一个半圆形的空间。别墅的南立面朝向花园，比北立面有更多生动的细部装饰。

阿尔多布兰迪尼别墅的立面设计具有独特的"破"山花（"broken" pediment），这是古典主义与风格主义相结合的产物。宅邸看起来体形巨大，但只有两间屋子进深（站在中央门厅，既可以看到花园，也可以看到城市）。入口处有一条长长的林间小径，尺度巨大的建筑与周边风景融为一体。沿着轴线向上走，再转向一侧便进入别墅内部。最初，两条林间小径毗邻入口道路，花园和果园之间没有明确的分界。而今天，一条绿荫如盖的大道从镇上一直延伸至别墅门口。在林间小径的尽端，呈现了一副让人惊诧的景象——别墅的屋顶好像长在了洞穴顶上。曲线型的双坡道一端连接着前院，一端连接着地坪面。从后花园可以直接到达主人会客的主楼层。

后花园的主要景点是水剧场。一道高大的半圆形残墙构成了整个空间，墙体上的拱形壁龛内设有神话人物雕塑。中央是希腊神话人物大力神阿特拉斯 (Atlas) 手托地球的雕像，顶上的瀑布飞泻而下，水花溅湿了雕塑。开敞的半圆形空间一直延伸到两座凉亭边，一个是阿尔多布兰迪尼的守护神圣塞巴斯蒂安 (St.Sebastian) 的小礼拜堂，另一个是美丽的喷泉亭。

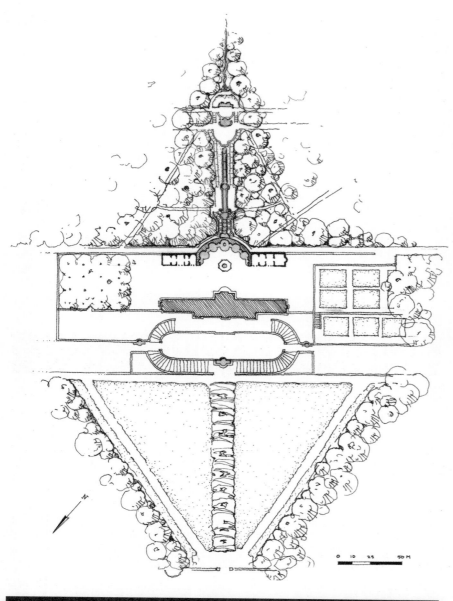

阿尔多布兰迪尼别墅的造景用水是由几条新建的高架输水渠输送而来的。别墅的水源来自6英里外的阿尔及多山（Mount Algido）。乔凡尼·弗塔纳（Giovanni Fontana，1395—1455，威尼斯工程师）和奥拉齐奥·奥利维埃里（Orazio Olivieri）设计了水体工程。在别墅后部的树林中，水流从高处的洞穴涌出，沿着凸凹不平、岩石林立的水渠一直流到第二层台地。第二层台地上有一个打磨粗糙的石窟，里面设有多座农夫塑像。水流沿着一段平滑的水渠流淌，从一对海克力斯（Hercules，希腊神话中的大力神）柱台处落下，沿着柱子形成涓涓溪流。水流从花园台地的台阶上流下，使人产生幻觉，最上方的别墅敞廊仿佛悬浮在水阶上。从别墅反向看过去，在林木包围下水流仿佛离人很近。

在古代，大力神柱代表着已知世界的尽头。阿尔多布兰迪尼别墅被设计为一条世界之轴（axis mundi），隐喻着天堂和大地之间的关系[23]。别墅象征着天堂（从林间洞穴中流出的生命之河）与尘世（远处的罗马城）之间的门户。

巴洛克式布局：阿尔多布兰迪尼别墅将场地设计手法与建筑设计手法有机结合起来，是典型的弗拉斯卡蒂别墅[22]。

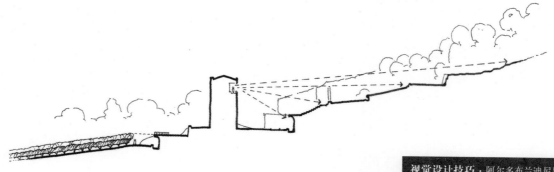

视觉设计技巧：阿尔多布兰迪尼别墅中巧妙的地形处理，让人产生空间延展的幻觉。

波波里花园， 佛罗伦萨
BOBOLI GARDENS, FLORENCE

1549年,科西莫一世·德·美第奇 (Cosimo I de'Medici, 1519—1574) 继承遗产后不久, 就委托尼科洛·特里波洛 (Niccolo Tribolo, 1500—1550, 意大利风格主义艺术家) 开始设计皮蒂宫 (the Pitti Palace) 后面的花园。

正如16世纪末弗兰德画家朱斯托·尤顿斯 (Giusto Utens) 在半圆壁上所画的一样,宫殿后面的地形被修整成"天然的"圆形剧场 (凹地)。轴线上建有一座大型的海洋之神 (Oceanus) 喷泉。花园也是为了庆祝科西莫修建高架渠, 将水引到佛罗伦萨而建[24]。整个16世纪, 花园都在进行扩建。1558年, 巴尔托洛梅奥·阿曼纳蒂 (Bartolomeo Ammannati, 1511—1592, 意

大利建筑师) 扩建了宫殿, 增加了一个庭院和一座石窟。1565年, 为了纪念科西莫儿子佛朗西斯科 (Francesco I de'Medici, 1541—1587) 的婚礼, 乔治·瓦萨里 (Giorgio Vasari, 1511—1574, 意大利画家) 设计了一条连廊, 穿过亚诺河 (the Arno), 将宫殿和领主宫 (the Palace della Signoria) 连接起来。

1618年开始, 朱里奥·帕里吉 (Giulio Parigi, 1571—1635, 意大利建筑师) 和他的儿子阿方索·帕里吉 (Alfonso Parigi, 1606—1656, 意大利建筑师) 沿着基地西部的次要轴线扩建花园。维托洛内大道 (the Vittolone) 的两旁遍植成行柏树, 顺着斜坡而下, 一直延伸至伊索洛托 (the Isolotto)。一个椭圆形的池塘中建有一座椭圆形的小岛, 岛上绿草如茵的圆形剧场 (凹地) 中设有一座巨大的海洋之神雕塑。也许是受哈德良离宫中海上剧院 (Maritime Theater) 的启发, 这座小

岛配有石质栏杆, 间隔平均, 并种有盆栽的柑橘树。两座小桥沿着道路轴线, 连接着伊索洛托, 周围种满了修剪整齐、深绿色的冬青树丛。

帕里吉在特里波洛设计的竞技场内增加了石椅, 将之改造成一个真正的圆形剧场、一个正式的集会场所, 用于节日庆典、化妆舞会、盛装舞步和美第奇家族的婚礼庆典。他们还在圆形剧场后面、原来轴线的最上端增加了一个马蹄形的台地, 台地上设有一座丰收喷泉 (Fountain of Abundance)。

从皮蒂宫的主楼层, 沿着圆形剧场的轴线看过去, 远处的景观似乎没有尽头。宫殿的两翼沿地形伸展。从反方向看去, 距离似乎被压缩, 下沉式庭院消失了, 宫殿似乎成了亚诺河谷的一个突出部。这些视觉幻象是典型的巴洛克设计手法, 它们是对那个时代等级秩序的挑战与颠覆。

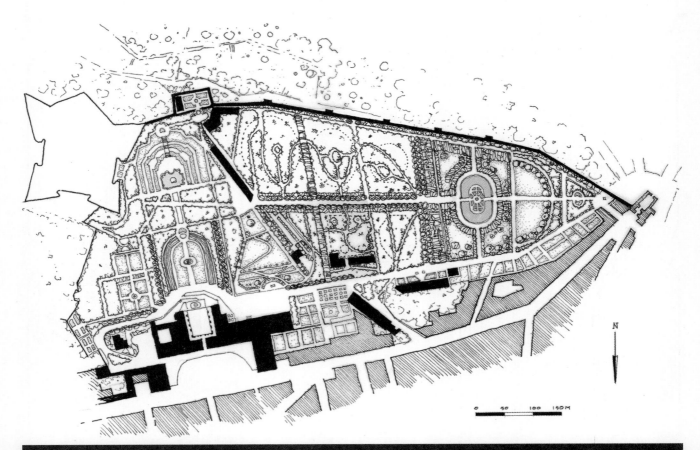

0　50　100　150 M

N

波波里花园，佛罗伦萨：花园于17世纪扩建，花园改造表现出浓郁的巴洛克式戏剧风格。

维托洛内幻象：从中央维托洛内柏树林荫道（Viottolone）向下朝伊索洛托眺望，空间似乎被放大了；再回望来时的林间小道，距离似乎又被压缩了。

伊索拉·贝拉岛，马焦雷湖
ISOLA BELLA, LAGO MAGGIORE

宫殿和台地花园建于公元 1630 年，它们是卡罗尔·博罗梅奥伯爵（Count Carlo Borromeo，1538—1584）在马焦雷湖的得意之作。这座建筑史上的梦幻之作历时 40 余年才得以完成。早期的设计草图显示，伊索拉·贝拉岛（Iosla Bella，意为"美丽的岛屿"）被设计为一个中规中矩的船只造型，但是诸如柏木造的船头等一些特色元素还未出现。

宫殿建筑群位于岛屿北端，西侧是一个小渔村，南端有 10 个长方形的花园露台。沿着宫殿与花园之间的轴线，两侧空间布局并不对称。但是这种不对称感被曲线形台阶的错位布置所削减。东边的台阶踏步较宽，与西边的台阶在偏离中心线的一点处汇合。

花园的入口通道穿过宫殿后面的庭院，庭院中设有一座戴安娜（Diana，希腊月亮女神）的雕塑，与近前水池中的倒影相映成趣。曲线形的阶梯一直延伸至种着 6 棵樟树的台地。一个巨大的凹／凸型楼梯坐落在神奇的水景剧场中央，上面饰有一个头戴顶冠的独角兽，它是博罗梅奥的使者（the Borromeo Herald）。在水景剧场后面最高一层的台地上可以欣赏美不胜收的湖景和瑞士的阿尔卑斯山。

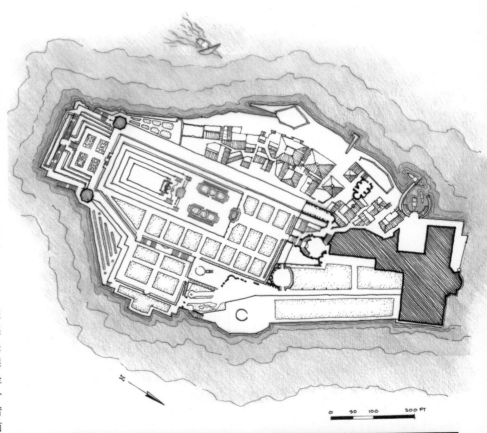

伊索拉·贝拉岛，马焦雷湖：空间主轴线向西偏移。

0　50　100　200 FT

神奇的小岛：伊索拉·贝拉岛看起来像一艘大型西班牙帆船。

在南端，一个八角形的凉亭矗立在宽大的第五层露台上。上面五层台地的长边与底下的台地形成直角，拉长了花园到宫殿的距离。台地上布置有草坪和花坛，孔雀在那里自由地嬉戏。每层露台都是舞台，但是水景剧场才是舞台的核心。

在传统的巴洛克设计手法中，比例都是扭曲的。垂直方向占据主导地位，与水平方向不成比例。传统的前景—中景—后景的设计手法并没有出现在这座水上别墅中[25]。水景成为一种中间过渡空间。虽然小岛限制了游人活动的空间，但却无法限制这里美丽的景致。

水景剧场：伊索拉·贝拉岛上，一个带有拱形壁龛的半圆形露台装饰着贝壳、尖塔、女神雕像和小天使。

荷兰花卉景观　THE FLOWERING OF THE DUTCH LANDSCAPE

自从签订了《威斯特伐利亚和约》(the Peace Treaty of Westphalia)，将荷兰从西班牙的统治中解放出来、重建社会和平，17世纪的荷兰通过发展国际贸易公司和银行，逐渐壮大了经济实力。通常，荷兰园艺师在设计中体现的是中产阶级商人的审美品位，而不是贵族精英们的喜好[26]。17世纪，荷兰兴起了一股园艺学热潮，人们在早年建造的植物园中进行园艺研究，鳞茎植物和郁金香深受人们的喜爱。人们对于花卉的热爱也体现在荷兰花园设计中。

荷兰花园的设计风格延续了意大利文艺复兴的传统，如严谨对称的空间划分和布局。空间的正交分隔与大坝和水渠限定的长方形空间正好吻合。大量使用乡土元素，如木制凉亭、拱顶花格架、分割成小块的花坛（外形为鲜花构图）、水渠（兼具功能性与装饰性）以及大型水池（水资源在平坦的低地国家非常丰富）。静物装饰（如盆栽植物、灌木造型以及雕塑）增强了空间的宁静氛围。法国巴洛克式的景观大道与荷兰的地域景观及设计理念不尽一致。如果一定要分析法国设计风格的影响，那就是在意大利文艺复兴的设计框架基础上增加了一些复杂的装饰。

景观的修剪与整饰
TRIM AND TIDY LANDSCAPES

夏宫（Het Loo）是威廉三世国王（William III，1650—1702，英国国王，兼荷兰执政）与玛丽二世王后（Mary II，1662—1694）的皇宫，具有典型的17世纪荷兰花园风格。威廉王子是出身于奥兰治家族（the House of Orange）的执政者，他的妻子玛丽则是英格兰国王詹姆士二世（James II，1633—1701）的女儿。花园始建于1686年，原是威廉狩猎行宫规划中的一部分，由荷兰建筑师雅各布·罗曼（Jacob Roman，1640—1716）和法国建筑师丹尼尔·马洛特（Daniel Marot，1661—1752）联合设计建造。马洛特是一个胡格诺教徒（Huguenot），被法国国王路易十四（Louis XIV，1638—1715）作为新教徒驱逐出境，逃亡荷兰。他完成了花坛和上花园的设计，其余部分是在1689年威廉和玛丽加冕英格兰国王和王后之后修建的。18世纪，花园完全被毁坏，路易·拿破仑·波拿巴（Louis Napoléon Bonaparte，1778—1846，拿破仑·波拿巴的弟弟，荷兰国王）在原址上重建了一座风景如画的英式花园。1979年，夏宫花园又按照它最初的设计形式被重新建造。

"U"型的下花园三边都是上升的坡道，正面朝向十字交叉的林荫大道，道路两侧种植着成行的橡树。花园内建有一座形式复杂的花坛[27]，雕塑成为道路相交处的标志物。寝宫的内部装饰与寝宫两侧的国王花园、王后花园精致的阿拉伯图案造型相映成趣。方形花坛中修剪整齐的常绿植物之间栽种着新的植物品种。

上花园修建于1689年，体现了当时空间开阔的新潮流。植草花坛继续保持着规则的几何式形状，沿中轴线对称布局。巨大的国王喷泉（the King's Fountain）位居中央，源自一处天然的喷泉。轴线尽端是一个半圆形的石柱廊。柱廊的布局将轴线景观汇聚到远处的方尖碑。夏宫的花园中布置有大量的喷泉、水渠和跌水瀑布。

郁金香：郁金香市场的投机活动将其价格抬至虚高；在创造财富的同时，又摧毁了财富。

夏宫：这座占地15英亩的大花园位于宫殿后方，分为上、下两片区域。

0　50 100　200 FT

N

欧洲花园风格的适度融合
A RESTRAINED MIX OF EUROPEAN STYLES

17世纪的英国花园受到了荷兰、法国和意大利的设计影响。在威廉三世与玛丽二世统治期间，英国花园体现了荷兰式花园空间紧凑的特点，重视种植花卉，特别是郁金香，还引入了修剪灌木的方法。同时，古典主义情怀也影响着这一时期的建筑设计，如伊尼格·琼斯（Inigo Jones，1573—1652，英国建筑师）的设计作品，他曾在罗马学习。

众多被法国驱逐的胡格诺派教徒涌入了英格兰和其他北欧国家。这些艺术家和匠人穿越英吉利海峡，向外传播欧洲大陆的设计理念和新植物物种。英国人特别喜欢新品种的果树，还引入了法国的远景设计理念，但是英国的多山地形不适于塑造远景。当时花坛十分普及，特别是用草和砾石构成的花坛。

具有代表性的案例包括哈特菲尔德别墅和汉普顿宫苑。

哈特菲尔德别墅，赫特福德郡
HATFIELD HOUSE, HERTFORDSHIRE

国王詹姆士一世（James I，1566—1625）觊觎罗伯特·塞希尔（Robert Cecil，1563—1612，英国政治家）拥有的一处田产，强行用哈特菲尔德别墅与之交换。1611年塞希尔开始重建哈特菲尔德别墅。他沿着南北向轴线布置花园，主体建筑的前面是一个开敞宽阔、带扶手的前庭，后面还有一个露台。花园和露台呈东西向排列，构成了一个十字交叉轴。建筑东部的主花坛中设有道路，通往滚木球草场（保龄球的前身）和植物迷宫。花园的空间布局延续了意大利文艺复兴风格。水景由沙洛蒙·德·考斯（Salomon de Caus）设计，各种从国外引进的奇珍草木则是由老约翰·特雷德斯坎特（John Tradescant, the Elder，1570—1638，英国自然学家）种植的 [28]。

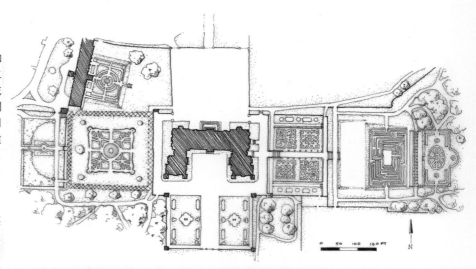

哈特菲尔德别墅，赫特福德郡：这座乡村庄园是典型的17世纪早期（重建之前）庄园。

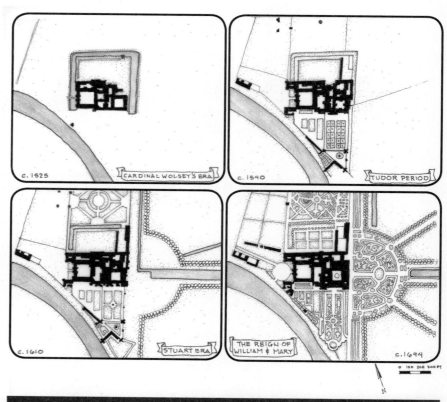

汉普顿宫苑：威廉三世国王和玛丽二世王后对皇宫的扩建，体现了一种紧凑的、色彩斑斓的荷兰式风格。

塞希尔的休闲花园风靡一时，直到后来奥利弗·克伦威尔（Oliver Cromwell，1599—1658，英国政治家）执政时期将兴趣转为关注园艺实践、扩大农场规模、提高农业生产效率。在共和时期（1649—1660），许多庄园住宅被毁坏了。

汉普顿宫苑，米德尔塞克斯郡（伦敦）
HAMPTON COURT, MIDDLESEX (LONDON)

1660 年，查理二世（Charles II，1630—1685）结束了在法国的流亡生活，在新议会的支持下重登国王宝座。他任命两位法国设计师安德烈·莫勒特（Andre Mollet，1600—1665）和加布里埃尔·莫勒特（Gabriel Mollet，17 世纪法国园艺师，安德烈·莫勒特的侄子）为皇家园艺师，法国的形式主义设计风格和空间概念由此引入英国[29]。此后，威廉三世国王和玛丽二世王后扩大了汉普顿宫苑，在城堡的东边加建了一部分，由克里斯托弗·米歇尔·雷恩（Christopher Michael Wren，1632—1723，英国建筑师）设计。亨利八世（Henry VIII，1491—1547）的都铎式花园经改造也表现出明显的荷兰设计风格。

查理二世对汉普顿宫苑的改造，包括修建了宽阔的大道（the Broad Walk）、长长的水渠（the Long Canal）和三叉路口（the patte d'oie）。宫殿东侧的林荫大道向外突出构成一条半弧形的林间小径，三叉路口延伸出的三只"触手"——即莫勒特设计的指状放射式大道即到此终止。长水渠是三叉路口中央"一指"的延伸。宏伟的喷泉庭院是由丹尼尔·莫洛特（Daniel Marot，1661—1752，法国建筑师）设计的，建造于威廉三世和玛丽二世执政时期。半弧线形的林间小径点缀着花圃、喷泉、修葺整齐的灌木和雕塑。威廉三世执政后期又在宫殿北侧加建了一条栗树大道（the Chestnut Avenue），紧邻周边的原野。安妮女王（Queen Anne，1665—1714，1702—1714 年间执政）取消了所有荷兰风格花园的设计元素，花坛杂草丛生，喷泉和精心修剪的灌木都被移除。

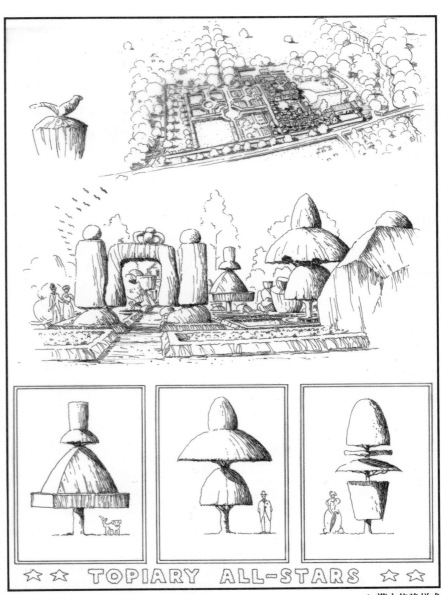

▲ 灌木修建样式

莱文斯厅（Levens Hall），坎布里亚郡（Cumbria）：1694 年，詹姆士二世（James II，1633—1701）的御用法国园艺师纪尧姆·博蒙特（Guillaume Beaumont，1650—1729）设计了这座著名的植物雕塑花园。园中设有玫瑰园、果园、精神病院、药草园和蔬菜园、保龄球草场和巨大的山毛榉树篱。

控制自然
THE CONTROL OF NATURE

在 17 世纪的法国，人们对待自然的态度发生转变：纯粹的自然并不美丽，需要进行人工干预。将灌木修理成绿篱，树木打造成围栏，精确划分等高线，将河流改道，开辟笔直的道路和林间小径，地面上还装饰有精心修饰的花坛。从高处观察，花园最为令人赏心悦目，因此建筑获得了一个新的功能：花园的观景台。

无尽的地平线
ENDLESS HORIZONS

在景观设计中加入轴线，在建筑、花园和景观之间创造一种新的联系。物理学和数学的发展为塑造空间带来了活力。勒内·笛卡尔提出的数学概念"无穷尽"也被引入园林设计中，寓意"无限的空间"[30]。视野的大小取决于人的视点。景观设计师运用光学原理（包括反射、折射以及几何）创造空间透视效果，体现出人类对于自然的强大终极控制力。

17 世纪法国军事工程技术的理论与实践快速发展，与此对应，法国古典花园设计中出现了大规模的造景工程。法国的军事工程师率先处理大规模的土方填挖工程，军事要塞也像花园一样，从几何学角度精确控制空间。为了保证安全，各部分必须相互协作，确保防御工事没有任何弱点[31]。此外，随着空间距离的加大，测量环节显得十分重要。军事工程师们使用的测绘工具和数学知识日趋先进，景观设计师能够准确设计平台和水渠。

在反宗教改革运动时期（Counter-Reformation，16—17 世纪，天主教会为对抗宗教改革而进行的改革运动），意大利巴洛克风格主要盛行于以罗马为中心的周边地区。其他欧洲国家的首都也采用巴洛克风格式的设计语汇，以表现这个处于不断运动中的世界的生机活力。另一方面，17世纪的法国花园崇尚古典文化的伟大理想与永恒纪念性。路易十四把自己比作奥古斯都，他试图（将巴黎）创造成一个新罗马。

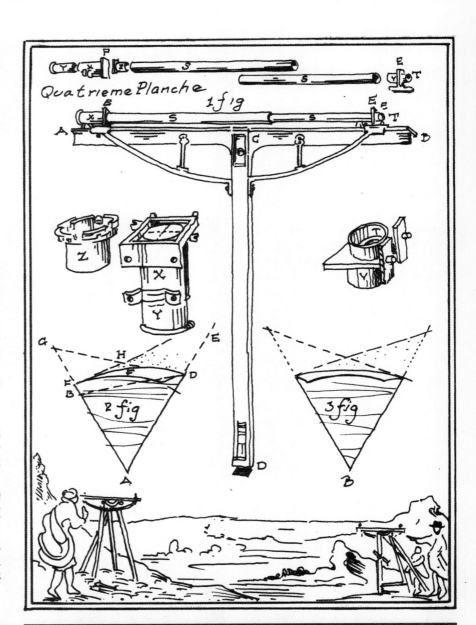

水平测量仪，大约 1694 年：随着军事工程技术的发展，大规模土方工程得以实施。

路易十四的皇宫
THE COURT OF LOUIS XIV

《威斯特伐利亚和约》结束了三十年的战争，1648 年法国成为了欧洲强国。但随之出现了一系列的社会和政治动荡，史称"福隆德运动"（the Fronde[责编注]），运动中法国贵族开始反对国王的统治。路易十四征服了所有不同政见者，建立了绝对独裁统治。1655 年，他正式宣布"朕即国家"（L'Etat, c'est moi）。他的凡尔赛宫就是其无上权力与绝对统治的象征。

为了监视贵族、镇压任何潜在的暴乱，路易十四要求每一位贵族及其家人都要参与宫廷活动。任何提议或嗜好都要经过国王的许可。整个宫廷都处于国王的严密监控之下，并制定了完整的宫廷礼制，从服饰到面部表情都有详细规定[32]。景观设计也遵循这种宫廷礼制，在规则式的花园中必须举止有度。17 世纪的法国，花园也成为政治和社会的表演舞台。

为了容纳所有贵族和庞大的侍从队伍，皇家花园和宫殿需要有充足的空间。人们砍伐茂密的森林，开辟出大片的空地。凡尔赛宫坐落在一个巨大的台地上，周边花圃环绕。雕塑罐和喷泉是仅有的竖向构图元素，在周边开阔的环境衬托下，它们显得非常矮小。只有当成百上千人聚集在这里，才会理解当时空间设计的意图。远处的对景为园中景观增添了活力。

[责编注]"福隆德运动"又名"投石党运动"。"福隆德"是一种投石器的名字，"福隆德运动"是17世纪中叶在法国发生的反对专制王权的政治运动。

安德烈・勒・诺特：这位景观设计师之所以取得成功，部分原因在于他熟悉宫廷礼节。

安德烈・勒・诺特的设计作品
THE WORK OF ANDRE LE NOTRE

安德烈・勒・诺特（Andre Le Notre，1613—1700）出生在巴黎，他的父亲曾经是杜伊勒里宫（the Tuileries）皇家花园的管理人（当时卢浮宫是政府所在地）。勒·诺特师从当时公认的园艺权威雅克·布瓦索（Jacques Boyceau，1560—1633），系统学习了景观设计的专业课程：几何、透视、素描、建筑和园艺。他在西蒙·乌埃（Simon Vouet，1590—1649，法国画家）的工作室学习绘画，乌埃是法国古典设计风格的一位早期倡导者。在那儿，他还结识了同窗夏尔·勒·布伦（Charles Le Brun，1619—1690，法国画家）。

勒·诺特年轻时曾在杜伊勒里宫和枫丹白露宫工作，继承了克劳德·莫勒特（Claude Mollet，1564—1649，景观设计师）和雅克·布瓦索创立的伟大传统。他后来接替父亲，也成为皇家花园的管理者。勒·诺特把空间视为一个抽象概念，并在前人成果的基础上植入一些更清晰统一的元素。他依据笛卡尔逻辑学（Cartesian logic）提出了自己的有序几何理论（ordered geometry）。在进行景观设计时，他认为"人们要把自己当作上帝"[33]，强调对自然进行有意识的改造。

勒·诺特还收集了很多克劳德·劳伦（Claude Lorrain，1600—1682，法国画家）的画作。像劳伦一样，勒·诺特善于利用设施创造空间幻景。劳伦在作品中，运用构图和调色板塑造了一个无尽的景观空间，弥漫着金色的气息。他的画作常常在乌托邦的景观环境中植入神秘的人物和古典建筑，这是一个有秩序的世界，类似于路易十四的凡尔赛宫（17 世纪，风景画家所追求的田园牧歌式理想和审美趣味对于 18 世纪英式花园的形成产生了深远影响）。

勒·诺特 37 岁时与朋友夏尔·勒·布伦、建筑师路易·勒·沃（Louis Le Vau，1612—1670）合作，为路易十四的财政大臣设计花园。在一系列知名的设计作品中，沃子爵城堡是最著名的，体现了 17 世纪法国规则式花园的设计理念。安德烈·勒·诺特死于 1700 年，终年 88 岁，他的作品表现出清晰的法国规则式花园的设计风格，并被整个欧洲大陆所效仿。1709 年，安东尼-约瑟夫·德扎利埃·安格维尔（Antoine-Joseph Dezallier d'Argenville，1680—1765，法国国王秘书、园艺专家）在《园艺实践理论》（la Theorie et la Pratique du Jardinage）一书中总结了勒·诺特设计的法国古典花园的构成元素。这本书十分畅销，它将壮美的景观设计手法传遍欧洲。

沃子爵城堡
VAUX-LE-VICOMTE

尼古拉斯·富凯（Nicolas Fouquet，1615—1680）是路易十四的财政大臣，他聘请勒·诺特、勒·布伦和路易·勒·沃在曼西（Maincy，距离巴黎城大约 34 英里）为自己建造新的城堡。最初的现场施工是从拆除三个村庄开始的，大约 18000 多名劳工参与了工程建设，历时 5 年（从 1656 年至 1661 年）。

穿过一片树林，就来到了沃子爵城堡。在装饰精美的铁门前面有一块林间空地，由此一直通往带壕沟的城堡。游人首先进入的是荣誉厅（the Court of Honor）。城堡东西两侧各有一片低矮的花坛。顺着城堡后面的台地而下，就来到了花园。这是一片从树林中开辟出来的空地，浓密的树林构成绿色的背景，就像舞台的两翼，令游人的视线一直集中在地平线处，深色背景衬托下的雕塑式建筑元素更加醒目。小片的空地和道路隐藏在装饰性的小果园（又称"小树林"）中，为游人提供了宜人的私密空间。

城堡后方有一处绝佳的观景点，可以俯视整个花园；如果漫步其中，且不出现恶劣的天气，就能一探花园的整体尺度和复杂布局。园中构成元素与表象并不一致。场地不完全平坦，有一些微妙的高差变化，下降处都设有台阶。椭圆水池事实上是圆形的，一条水渠切断了主轴线。第二个水池是方形的，并非矩形。从建筑室内可以远远看到低处的拱形洞穴，洞穴的另一边是横向的水渠。洞穴构成了上层台地的台基，它的正对面有一处难以察觉的水景——大瀑布（the Grandes Cascades）。轴线的尽端是一片草坡（被称为"绿色地毯"），游人在此向后转，就会发现城堡正好位于地平线的正中间位置。这种互为对景的设计手法，利用透视原理缩短了距离感，花园再次变得一览无余。视点成为整个空间的中心点，花园则成为一个封闭的系统。沃子爵城堡的设计表现出，勒·诺特对于欧几里德（Euclid，公元前 325 年—公元前 265 年，希腊数学家）、勒内·笛卡尔提出的光学原理与透视原理都有深入的理解与纯熟的运用。勒·诺特针对花园设计体验，指出现实就是幻景，所有光学现象都有其逻辑学解释。

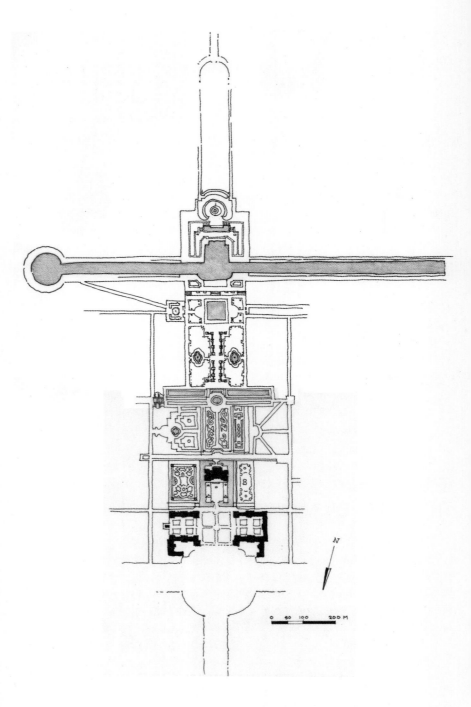

富凯在花园完工后举行了一场庆祝游园会，但是国王因故没有出席。花园的壮丽辉煌赢得了世人的夸赞，富凯不得不再举办一次游园聚会，邀请国王和宫廷中的数千宾客。富凯的炫富行为给自己埋下了祸根，不久他就被指控挪用公款投入禁狱。他的城堡等财产被路易十四没收，路易十四将城堡中的雕塑、奇花异草统统移植到了凡尔赛宫中。

内聚式空间布局：沃子爵城堡被世人视为勒·诺特最成功的花园设计作品。

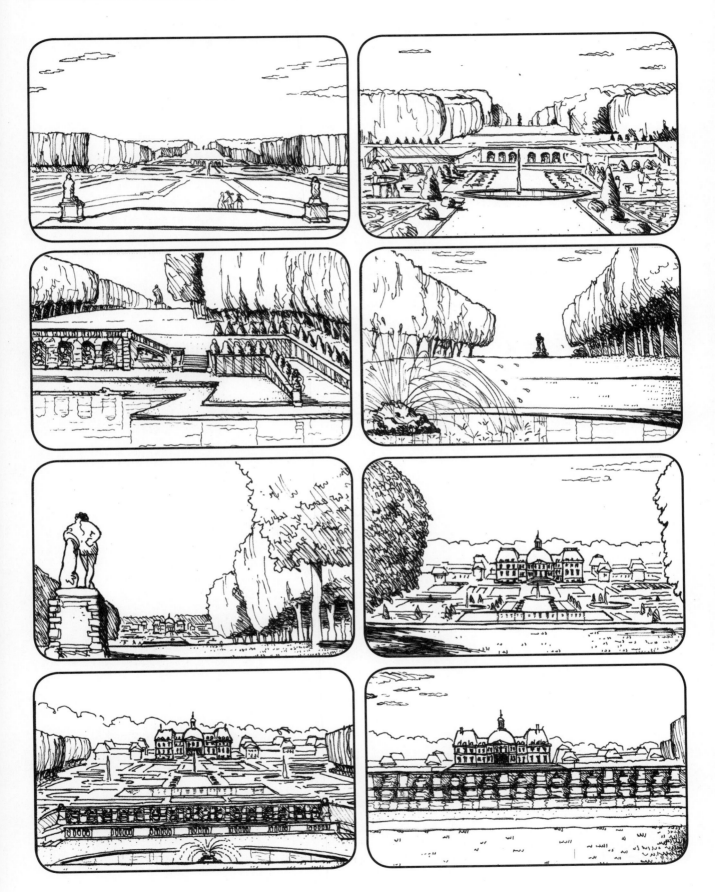

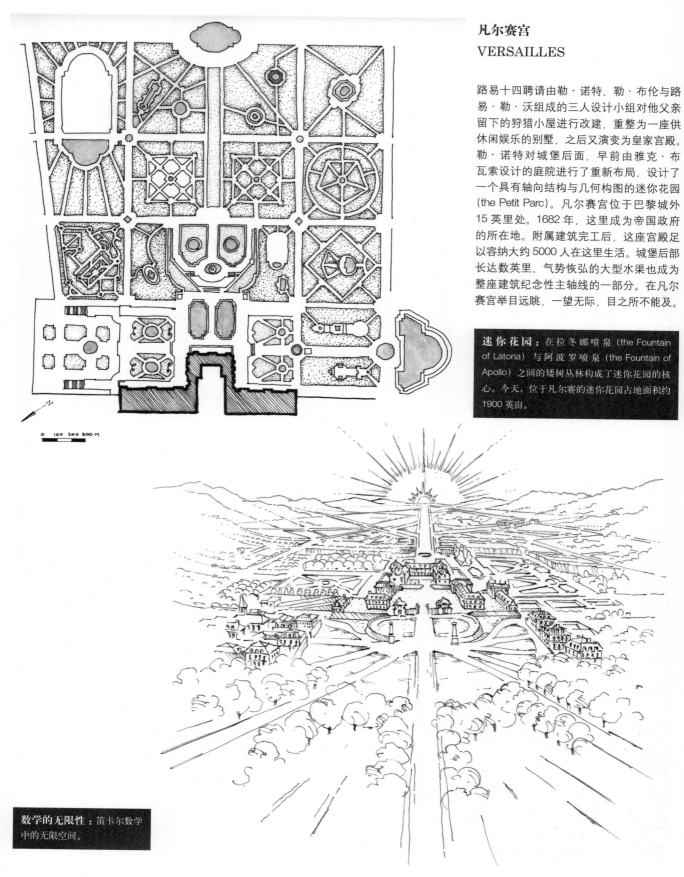

凡尔赛宫
VERSAILLES

路易十四聘请由勒·诺特、勒·布伦与路易·勒·沃组成的三人设计小组对他父亲留下的狩猎小屋进行改建，重整为一座供休闲娱乐的别墅，之后又演变为皇家宫殿。勒·诺特对城堡后面，早前由雅克·布瓦索设计的庭院进行了重新布局，设计了一个具有轴向结构与几何构图的迷你花园 (the Petit Parc)。凡尔赛宫位于巴黎城外 15 英里处。1682 年，这里成为帝国政府的所在地。附属建筑完工后，这座宫殿足以容纳大约 5000 人在这里生活。城堡后部长达数英里、气势恢弘的大型水渠也成为整座建筑纪念性主轴线的一部分。在凡尔赛宫举目远眺，一望无际，目之所能及。

迷你花园：在拉冬娜喷泉 (the Fountain of Latona) 与阿波罗喷泉 (the Fountain of Apollo) 之间的矮树丛林构成了迷你花园的核心。今天，位于凡尔赛的迷你花园占地面积约 1900 英亩。

0　100　200　300 M

数学的无限性：笛卡尔数学中的无限空间。

140

1662 年，国王路易十四在杜伊勒里宫的卡鲁索广场（the Carrousel）举行盛大的节日主题派对，将自己比作"太阳王"（Le Roi de Soleil）。以太阳为核心的肖像画遍布凡尔赛宫，包括阿波罗的形象、太阳神的形象。位于东、西向轴线上的花园布局象征性地模拟太阳升起的轨迹。在宫殿中，国王的起居室位于主轴线上的关键位置。花园中的喷泉和雕塑也强调着这一主题[34]。

凡尔赛宫坐落在一片低地沼泽上，因此拥有数不清的水景元素和喷泉。壮观的水渠不仅是重要的装饰性元素，还有利于沼泽排涝。但是，水源的压力和供应能力并不足以同时供应所有的水景设施。园丁和水工沿着国王出行的路线驻守，随着国王的行进，操纵水景设施的开与关。1688 年

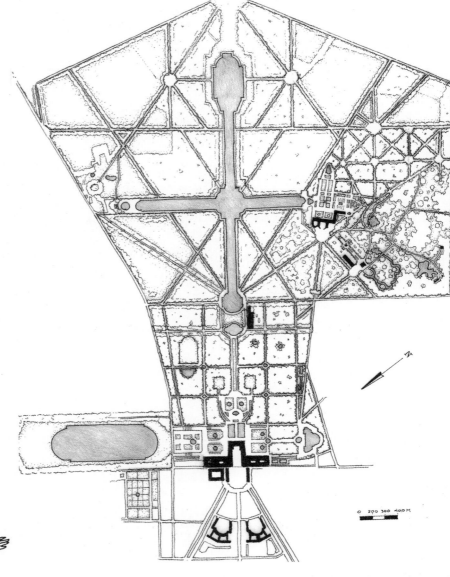

凡尔赛的场地平面：壮丽的花园、对角线状的大道穿过林地和圆形的节点，围绕着迷你花园。到 1689 年，这座壮丽的花园还包括狩猎园和马尔利的森林，占地面积共计 3.7 万英亩。

太阳王：路易穿上芭蕾舞服装，扮作太阳神阿波罗。

建造成功的马尔利机械（the Machine de Marly）十分神奇，能够利用重力作用将塞纳河水输送至 4 英里外的地区，供应喷泉用水。但是马尔利机械并不适用于所有地方，它主要使用于路易十四在马尔利（Marly）的隐居别墅。

派对、宴会、芭蕾舞——各种活动和场景在矮树丛林中层出不穷，不同几何形制的装饰性灌木丛衬托着花园建筑。位于林地中的水景剧院始建于 1671 年，拥有数百个喷泉口，可以喷射出不同的水景效果，后于 18 世纪后期被毁坏。

马尔利机械：十四个水轮将水提升 528 英尺，注入蓄水池和高架水渠中，以确保凡尔赛宫水景设施的水源供应。

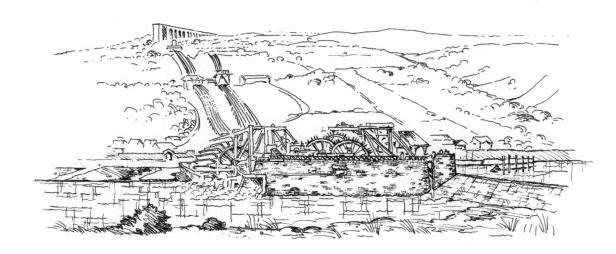

大水渠（the Grand Canal）的横向一侧北端到特里阿农宫（the Trianon）截止，南端到动物园截止。特里阿农宫就是为了方便路易十四躲避皇宫中的浮华氛围而修建的。1671 年，路易十四为皇后——蒙特斯潘夫人（Madame de Montespan，1641—1707）修建了特里阿农瓷器宫（the Trianon de Porcelaine）。这座建筑后来于 1687 年被改建为大特里阿农宫（the Grand Trianon），这是专为路易的新皇后——曼特侬夫人（Madame de Maintenon，1635—1719）建造的。室外地上种满了鲜花，温室保证一年四季鲜花不断。

马尔利隐修所设计建造于 1677 年，比特里阿农宫更加僻静。隐修所所在的山坡被设计成叠石瀑布——河川（La Riviere），由 53 级彩色大理石堆叠而成。在特里阿农宫，建筑位于几何形花坛的中央，林间小径、树篱和雕塑点缀于花园之中。在马尔利隐修所瀑布的底部有一个小型花坛，

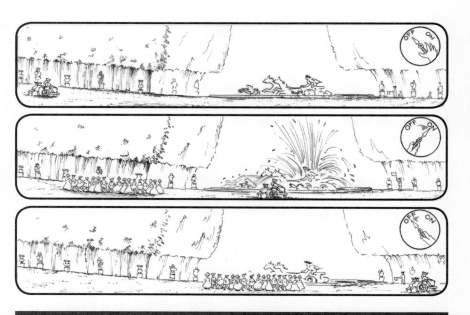

旗帜和口哨：得到信号命令的凡尔赛宫工作人员负责在水景后面操纵喷泉。

树丛：树丛中装饰有舞台、枝形吊灯和挂毯，作为表演布景。

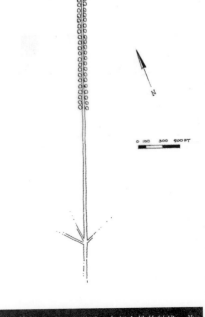

尚蒂伊：城堡依附于一条纪念性的轴线，并围绕此轴线组织景观。

建筑主体的正前方是一个大型花圃，中间建有 12 座凉亭，6 个供男性使用，6 个供女性使用，分别位列于中央水池的两边。

瀑布上方设有一个简易的过山车、大秋千以及其他娱乐场地。最终，路易十四在马尔利隐休所拥有一个占地 300 英亩的花园和一个 1850 英亩的狩猎园。据说，勒·诺特并没有参与马尔利隐休所的规划和设计 [35]。

尽管凡尔赛宫在平面布局上效仿沃子爵城堡，也设计了一条中央轴线，但花园规模如此庞大、景点如此之多，在平面布局上并没有明确的逻辑关系来引导视觉流线。当路易十四人到中年，政治环境和家庭状况都不再支持他像年轻时那样修建宏大的景观建筑。他开始移情于花园散步，并用特殊的文体撰写了一本花园游记。国王下令"凡进入迷宫者，都要像鸭子和狗那样悠闲，围绕着酒神巴克斯（Bacchus）的雕塑，悠然漫步"[36]。这部书反复修改了六遍，完整记录了他在位期间花园建造的过程。

尚蒂伊　CHANTILLY

1660 年，孔德亲王（Prince de Condé，1621—1686）重新赢得了尚蒂伊（Chantilly，法国北部城镇）城堡的所有权。他委托勒·诺特对花园进行重建。整个花园空间围绕着视觉中轴线进行组织，参观者通过一片树林才能进入城堡，首先映入眼帘的是安尼·德·蒙莫朗西公爵（Anne de Montmorency，Duc de Montmorency，1493—1567，法国政治家、军事将领）的骑马塑像。雕塑位于一片大台地上，站在台地上，下面的花园一览无余。建筑位于轴线的左边，拾阶而下直抵水池，可以看见一个中央矩形水池连接着横向水渠。在水渠的另一边，水流呈半弧形走向，连绵不断。纪念性轴线一直延伸到密林中的一块空地。花园设计没有内含寓意，波光激滟的水池和没有尽头的轴线静静地布置在那里。沃子爵城堡的水池倒映着城堡，形成三角形的构图。凡尔赛宫的水池倒映着太阳，象征着以前的君主。而尚蒂伊的水池体现着自然——林地、天空和观景者无尽的想象。

总　结

直线！17世纪，景观通常按照规则的几何形式进行组织，以表现"人定胜天"的力量和权威。无论是纪念性的轴线，还是视线；无论是四方形的花园，还是借景的运用；无论是字面意义上，还是象征意义上，花园设计都拓展了景观的内涵。

《荡秋千小女孩》（*Girl on A Swing*）：在新浪漫主义画派的作品中，自然占据着画面上花园的主导地位，如让 - 奥诺雷·弗拉戈纳尔（Jean-Honoré Fragonard，1732—1806，法国画家）、弗朗索瓦·布歇（François Boucher，1703—1770，法国画家）和让 - 安东尼·华托（Jean-Antoine Watteau，1684—1721，法国画家）。他们在17世纪末法国规则式花园日趋衰败的过程中，又创造出一种具有颓废之美的布景式花园（the fetes galantes）。

设计原则

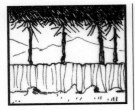

借景
SHAKKEI

将远处的景观"借过来"，成为日本漫步花园景观构成的一部分。各种植被构成不同的景致，造景元素通常被策略性地设计为前景，以引起游者的关注。

藏与露
HIDE AND REVEAL

空间逐次展开，各种景观节点吸引了游人的注意力，并激发出对日本漫步花园的无尽想象。

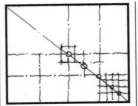

细分
SUBDIVISION

莫卧儿王朝的花园以模仿四方形制的天堂著称。对四方形空间的逐次细分形成一种有趣的空间转换模式。

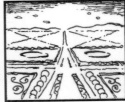

延伸
EXTENSION

17世纪的法国花园沿着纪念性的轴线深入景观之中，远景一望无际。

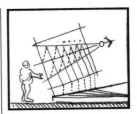

错觉
ILLUSION

意大利巴洛克式的花园采用透视法，创造出戏剧性的景观效果与神秘感。

设计语汇

莫卧儿王朝　MUGHAL EMPIRE
水披巾、赤尼‑卡纳、查布瑞高台

波斯　PERSIA
带顶柱廊、四方形花园、花卉

意大利　ITALY
水景剧场、台阶、舞台设计

法国　FRANCE
倒影水池、树丛、刺绣似的花坛

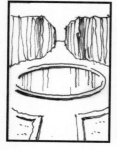  

拓展阅读

图　书
The Crucible, play by Arthur Miller
Don Quixote, by Cervantes
The Diary of John Evelyn
Essay Concerning Human Understanding, by John Locke
Paradise Lost, by John Milton
The Scarlet Letter, by Nathaniel Hawthorne
Tartuffe, by Molière
The Three Musketeers, by Alexandre Dumas

电　影
Artemisia (1997)
Last Year at Marienbad (1961)
The New World (2005)
Restoration (1995)
Ridicule (1996)
James Clavell's Shogun, TV mini-series (1980)
Vatel (2000)

绘画与雕塑
Landscape with the Flight into Egypt,
  by Annibale Carracci (1603)
Portrait of Charles I Hunting, by Anthony Van Dyck (1635)
Landscape with the Chateau of Steen,
  by Peter Paul Rubens (1636)
Pastoral Landscape, by Claude Lorrain (1638)
Et in Arcadia Ego (The Arcadian Shepherds),
  by Nicolas Poussin (1640)
The Ecstasy of St. Theresa, by Gianlorenzo Bernini (1645)
The Letter, by Jan Vermeer (1666)

公元18世纪

启蒙运动时期科学和技术的突飞猛进，逐步改变了人们观察世界的方式。探索精神逐渐延伸至社会结构、政治体系等方面的传统观念中，并引发论战。科学进步也推动社会关系发生转变，中产阶级地位上升，他们作为一支政治、经济力量登上历史舞台，加速了传统等级结构的崩溃。卢梭（Rousseau，1712—1778）、伏尔泰（Voltaire，1694—1778）等法国哲学家为这场社会变革提供了理论基础。科技革命还伴随着美国独立战争、法国大革命以及英格兰的审美观念转变。

英格兰成为构建 18 世纪景观史的主要力量。英式的景观园林为人们观察自然提供了一种新方式。本章分析了中国园林风格对英式园林造景的影响，后者又对美国早期的景观设计产生了影响。

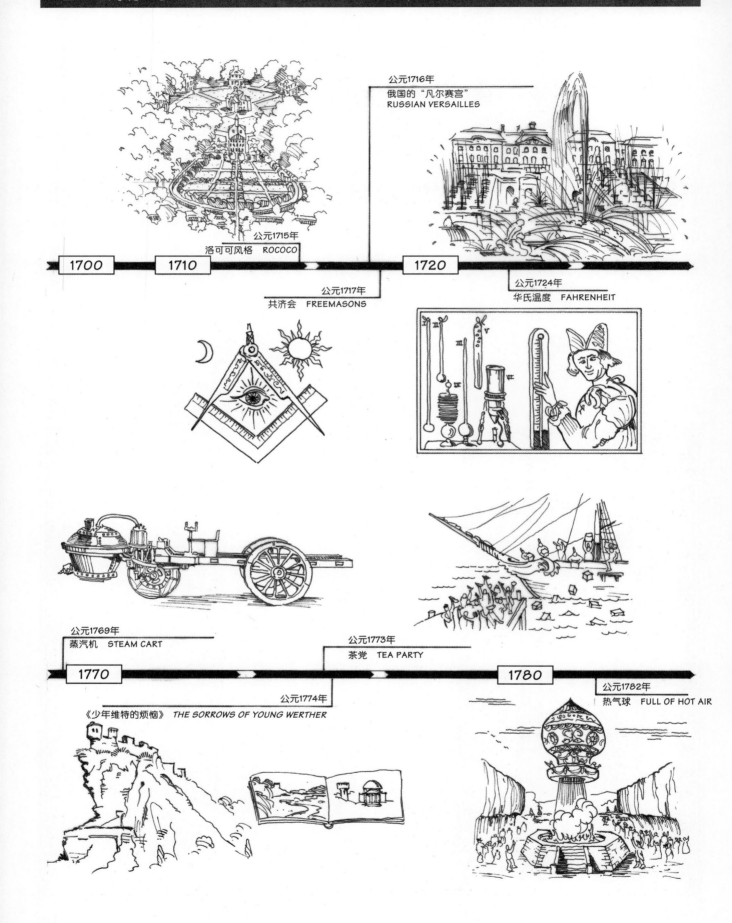

公元1716年
俄国的"凡尔赛宫"
RUSSIAN VERSAILLES

公元1715年
洛可可风格　ROCOCO

1700　　**1710**　　**1720**

公元1717年
共济会　FREEMASONS

公元1724年
华氏温度　FAHRENHEIT

公元1769年
蒸汽机　STEAM CART

公元1773年
茶党　TEA PARTY

1770　　**1780**

公元1782年
热气球　FULL OF HOT AIR

公元1774年
《少年维特的烦恼》　THE SORROWS OF YOUNG WERTHER

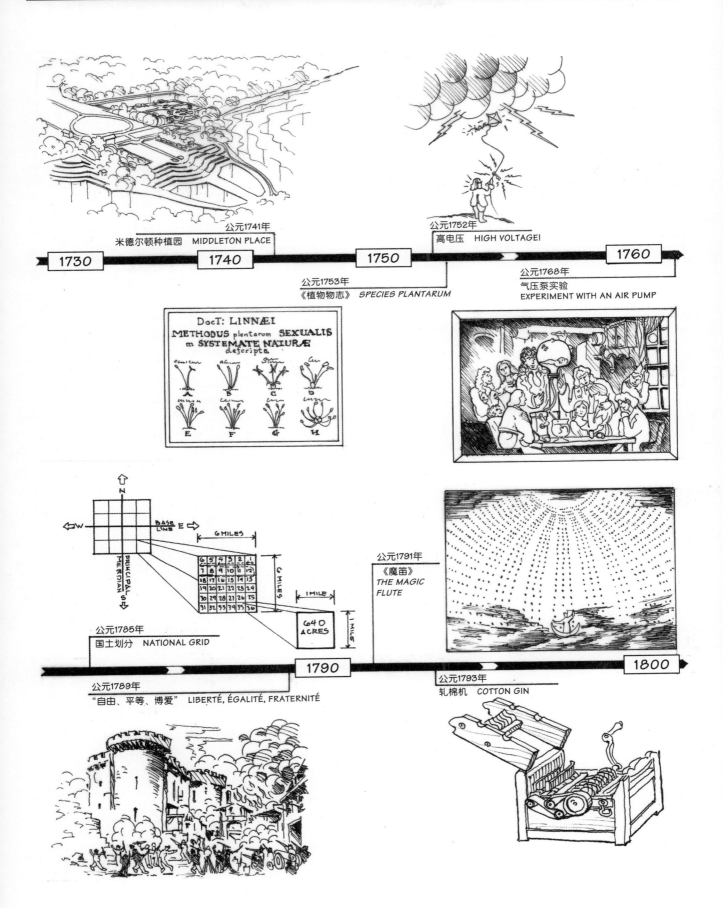

公元1741年
米德尔顿种植园　MIDDLETON PLACE

1730　**1740**　**1750**　**1760**

公元1752年
高电压　HIGH VOLTAGE!

公元1753年
《植物物志》　SPECIES PLANTARUM

公元1768年
气压泵实验
EXPERIMENT WITH AN AIR PUMP

DocT: LINNÆI
METHODUS plantarum SEXUALIS
in SYSTEMATE NATURÆ
defcripta.

A B C D
E F G H

公元1785年
国土划分　NATIONAL GRID

公元1791年
《魔笛》
THE MAGIC
FLUTE

1790　**1800**

公元1789年
"自由、平等、博爱"　LIBERTÉ, ÉGALITÉ, FRATERNITÉ

公元1793年
轧棉机　COTTON GIN

公元 1715 年
洛可可风格　ROCOCO

路易十四死后，17 世纪盛行的富于戏剧性的壮丽巴洛克式艺术风格转变为异常欢快的洛可可风格。洛可可式蜿蜒曲折的几何构图布局明显体现在 18 世纪的德国园林中。

公元 1716 年
俄国的"凡尔赛宫"　RUSSIAN VERSAILLES

彼得大帝（Czar Peter, the Great, 1672—1725）实施改革使俄罗斯走上了现代化道路，成为一个世界强国。他选择圣彼得堡作为新首都，沿用了欧洲形制的城市设计风格。勒·诺特的学生让 - 巴蒂斯特·亚历山大·勒·布隆（Jean-Baptiste Alexandre Le Blond, 1679—1719, 法国建筑师）为彼得大帝的夏宫——彼得罗夫宫（Petrodvorets）设计花园，用以庆祝沙俄对瑞典战争取得胜利。

公元 1717 年
共济会　FREEMASONS

在科技革命的影响下，人们崇尚相互之间的宽容与理解，并在伦敦建立了第一个共济会总会馆。

公元 1724 年
华氏温度　FAHRENHEIT

丹尼尔·加布里埃尔·华伦海特（Daniel Gabriel Fahrenheit, 1686—1736, 德国物理学家）发明了一种温度计量方法，他设定水的冰点为 32 度，沸点为 212 度。

公元 1741 年
米德尔顿种植园　MIDDLETON PLACE

亨利·米德尔顿（Henry Middleton, 1717—1784）是第一届大陆会议的前主席。1741 年，他曾在南卡罗来纳州查尔斯顿（Charleston）附近为自己的种植园设计了一座花园。奴隶们辛苦劳作 10 年，才建造完成这个占地面积达 40 英亩的规则式花园。入口车道是花园的主轴线，整个平面沿着这条轴线对称布局。5 块植草台地（又叫"草坡"）一直延伸至湖边。这个蝴蝶状的湖泊控制着周边稻田的水位。几何形的花坛连接着北边的大草坪。

公元 1752 年
高电压　HIGH VOLTAGE!

本杰明·富兰克林（Benjamin Franklin, 1706—1790, 美国政治家、科学家）在雷电交加的暴雨中放风筝时，发现了静电现象。

公元 1753 年
《植物物志》　SPECIES PLANTARUM

瑞典生物学家卡尔·林奈（Carl Linnaeus, 1707—1778）根据植物基因和物种名称发明了一种新的双名制植物分类系统。他在著作《植物物志》中对这一系统进行了简要概述，并获得了国内外专家的广泛认同，促进了植物学研究的发展。

公元 1768 年
气压泵实验
EXPERIMENT WITH AN AIR PUMP

出生于德比（Derby）的英国画家约瑟夫·赖特（Joseph Wright, 1734—1797）以插图形式阐述了在启蒙运动中，科学是在认同与质疑的同时并存中产生的。

公元 1769 年
蒸汽机　STEAM CART

第一个自我驱动的交通工具是由尼古拉斯 - 约瑟夫·邱格耐（Nicholas-Joseph Cugnot, 1725—1804, 法国发明家）发明的，并在工业和农业领域中广泛使用。

公元 1773 年
茶党　TEA PARTY

北美殖民地的居民拒绝为进口茶叶支付高额税费，倾倒了英国商人的茶叶。"没有尊严，决不纳税"成为当时革命的口号。

公元 1774 年
《少年维特的烦恼》
THE SORROWS OF YOUNG WERTHER

约翰·沃尔夫冈·冯·歌德（Johann Wolfgang von Goethe, 1749—1832, 德国作家）以其诗歌、戏剧广为人知，其中《少年维特的烦恼》推动了浪漫主义运动的发展。他在自然哲学方面的成就也同样卓著。他根据自己对自然界的第一手调查资料开展科学研究，成为现象学的奠基人。

公元 1782 年
热气球　FULL OF HOT AIR

约瑟夫 - 米歇尔·蒙哥费埃（Joseph-Michel Montgolfier, 1740—1810, 法国热气球发明家）设计的热气球模型可升高至 30 米。仅隔一年，他和他的兄弟雅克 - 艾蒂安·蒙哥费埃（Jacques-Etienne Montgolfier, 1745—1799）在法国阿诺奈（Annouay）的大广场上向公众展示了这项新技术。

公元 1785 年
国土划分　NATIONAL GRID

托马斯·杰弗逊（Thomas Jefferson, 1743—1826, 美国政治家）于 1785 年颁布《土地法令》(the Land Ordiance)，对收购的路易斯安那州进行土地普查，这给全国 12 亿英亩土地构建了一个"街区－城镇－区域"的土地划分管理系统（the section-township-range system）。

公元 1789 年 7 月 14 日
"自由、平等、博爱"
LIBERTÉ, ÉGALITÉ, FRATERNITÉ

法国人民发起的进攻巴士底狱的暴动是推翻封建王朝统治的第一声号角。法国大革命给这个国家带来了翻天覆地的变化。

公元 1791 年
《魔笛》　THE MAGIC FLUTE

沃尔夫冈·阿马德乌斯·莫扎特（Wolfgang Amadeus Mozart, 1756—1791, 欧洲古典主义音乐家）在维也纳举行了他创作的最后一部戏剧《魔笛》的首次公演。

公元 1793 年
轧棉机　COTTON GIN

美国人伊利·惠特尼（Eli Whitney, 1765—1825, 美国机械发明家）发明了一种农用机械，能够将棉花纤维从种子中剥离出来。

风景园林的发展　THE DEVELOPMENT OF THE LANDSCAPE GARDEN

在 17 世纪，英国园林融合了法国和荷兰花园的风格，以适应不同的地域环境。到了 18 世纪，这些外来的规则式花园风格被人们所厌弃，转而追求一种更加适应英国本土的"自然"风格[1]。风景园林，顾名思义，通常也被设计为规则形制。但人们逐渐认识到不规则的形制比直线更加接

近于自然，直到今天，这一偏见都一直存在于西方传统观念当中。

英国风景园林的发展与当时的艺术理论、人们欣赏品位的变化基本同步。18 世纪早期的花园以自然形制为主，包括大量的建筑元素（如神庙、哥特式废墟、方尖碑

等），这些元素都成为通过道路相连的景观节点。18 世纪后期的英国花园注重发掘自然景观的特质，这一阶段弥漫着造景运动（the Picturesque movement）的各种思潮，既有观点的紧张对立，也有灵活的解决方法。

政治、诗歌与绘画的影响
THE INFLUENCE OF POLITICS, POETRY, AND PAINTING

18 世纪的英国园林试图摆脱法国封建专制统治下形成的僵化秩序及其园林风格，这种设计风格不再适用于君主立宪制条件下的英国社会形态，而且在 1688 年的"光荣革命"之后，英国确立了规范的议会制度。尽管政见不一，但各党派还是联合起来努力争取新教徒和辉格党（the Whigs）支持君主立宪制政府和民众自由，与忠于皇室的保守托利党（the Tories）对立。那些属于辉格党人的庄园主们在乡间别墅中享受贵族般的生活，其奢华程度甚至超过了皇室宫廷，他们在花园建造中融入了古典风格的意象，以展示自己高贵的社会地位和文化品位。

为了提高英国的农业经济，议会推行圈地法案，将大片曾经的公有土地转为私有，从而增强了地产主的经济和政治实力。地产主们将自己的庄园和牧场围圈起来，命名为"私园"（parks）。生产木材和牧草是他们的两项主要收入来源，现在这些土地主要用于出租。

18 世纪英国的诗人和哲学家在呼吁政治自由之余，还为自由式园林设计制定了一种范式。如约瑟夫·艾迪森（Joseph Addison，1672—1719，英国作家）、亚历山大·波普（Alexander Pope，1688—1744，英国诗人）、安东尼·阿什利·库伯（Anthony Ashley Cooper，1621—1683，英国政治家、第一任沙夫茨伯里伯爵（1st Earl of Shaftesbury））等评论

家批判了英国采用的那些国外专横的园林风格，尤其嘲笑了修剪整齐的灌木，他们倡导自然的形制。1731 年，波普在写给伯灵顿勋爵（Lord Burlington）理查德·博伊尔（Richard Boyle，1694—1753）的书信中说，在造园中"美感"是最基本的；而对此，安德烈·勒·诺特根本无能为力。他提醒设计师们要把自然看作是"神之所在"，一种"虽由人作、宛自天开"（paints as you plant）的效果。最后，他引用科巴姆勋爵（Lord Cobham）的斯托花园（Stowe），作为美感设计的典范[2]。1771 年，英国第一任首相的儿子霍勒斯·沃波尔（Horace Walpole，1717—1797，英国艺术史学家）借鉴曾经对英国风景园林发展产生过深远影响的作家约翰·米尔顿（John Milton，1608—1674，英国诗人）和风景画家克劳德·劳伦（Claude Lorrain，1600—1682）的作品，写了一

篇《现代园林随笔》（Essay on Modern Gardening）。后二者对于英国风景园林的发展产生了深远的影响。

亚历山大·波普曾说过"造园艺术就是风景绘画"[3]。17 世纪法国风景画家克劳德·劳伦和尼古拉斯·普桑深受英国人的喜爱，他们的作品将英雄主义与田园风光有机地结合起来，并被那些游历欧洲大陆、深受古典主义熏陶的大地产主们收藏[4]。那些富甲一方的大地产主们仿照画中的世外桃园，对自己的私园进行改造。受过教育的英国贵族开始理解奥维德（Ovid，公元前 43 年—公元 17 年，古罗马诗人）、维吉尔（Virgil，公元前 70 年—公元前 19 年，古罗马诗人）以及普林尼父子（老普林尼（Pliny the Elder，23—79，古罗马作家）；小普林尼（Pliny the Younger，61—112，古罗马作家））等在意大利文

青翠宜人的牧场： 国会立法将公共牧场围圈起来，以提高农业生产效率。

《在迪洛斯海边的特洛伊勇士埃涅阿斯》（*Coast View of Delos with Aeneas*）：斯托海德（Stourhead）的一处风景与克劳德·劳伦的绘画惊人相似。

罗马附近莫勒桥（Ponte Molle）的风光：劳伦的风景画作中神庙与小桥的构图在霍华德城堡（Castle Howard）中得以真实再现。

艺复兴花园中体现出来的设计理念。18 世纪早期的英国花园也有相似的隐喻。伯灵顿勋爵曾游历意大利，深为透视效果和帕拉迪奥别墅中的古典设计语言所倾倒。1715 年，意大利建筑师安德烈·帕拉迪奥的著述被翻译成英文，进一步激发了设计师们古典主义农业景观的设计理念。

在 18 世纪后半叶，英国园林在景观设计中去掉了早期的道德隐喻，变得更富诗意。古典主义的联想不容易被新生代的地产主阶层所理解，他们接受的教育没有贵族庄园主们多，也没有后者那么富有。

中国风的魔力
FASCINATION WITH CHINESE STYLES

影响英国花园的还有中国园林的设计手法与景观意向，它们是由基督教传教士带回欧洲的。法国基督教传教士、也是画师的王致诚（Jean-Denis Attiret，1702—1768）于 1737 年游历中国，返回后撰写了大量有关中国皇家花园的文献资料。1752 年，他的报告被翻译成英文。英国设计师吸纳了中国园林不规则形制的设计手法，避免僵硬的直线。1757 年，苏格兰建筑师威廉·钱伯爵士（Sir William Chamber，1723—1796）出版了《中国建筑、家具、服饰、机械和器皿设计》（*Designs of Chinese Buildings，Furniture，Dresses，Machines，and Utensils*）。中国装饰元素既体现在园林设计中，还表现在住宅建筑中。中国艺术风格指的是中国题材的纺织品、陶瓷、墙纸以及家具，当时这些商品供不应求。中国风的流行引发了一系列的风格之争，席卷了这一世纪后半叶的所有英国设计师（接下来本章将对这场大辩论进行详细介绍）。

设计元素　DESIGN ELEMENTS

地产主阶层营建的新封闭式花园，既提高了农业产量，又实现了他们田园牧歌式的生活理想。英国的景观设计师塑造山脉和湖泊，并用树木组织景观，为了创造一种与凡尔赛宫截然不同的景观效果，他们打破僵硬的边界线，将花园从公园中独立出来。在向自然主义风格转变过程当中，"哈-哈"(the ha-ha，一种下沉式的围栏或沟渠)和树丛（具有带状、簇状和点状等多种形式）成为重要的设计元素。采用有机构成

的设计语言——连绵起伏的山脉、自由形制的湖泊和树林——组建成完整的场地规划。"职业"景观设计师将这种设计手法传遍整个英格兰。

装饰型农场（the ferme Ornée）理念——把一个生产型农场装点成花园——非常契合英国的社会文化氛围，这也是将古典主题植入田园生活的早期尝试[5]。威廉·申斯通（William Shenstone，1714—1763，

英国诗人）在沃里克郡（Warwickshire）的利斯沃斯庄园（the Leasowes）中开发了装饰型农场。花园边缘的步道将几处相对独立的景点串联起来。刻有拉丁文的雕塑为花园带来古典气息。树丛勾勒出花园的边界，将游人的视线集中在室内。申斯通在 1764 年出版的随笔《花园随想》(Unconnected Thoughts on Gardens) 中第一次提出"风景园林"(landscape gardening) 与"风景园林设计师"(landscape gardener) 概念。

哈-哈！："哈-哈"指的是下沉式围栏或沟渠，使得远处的田野风光一览无余，又阻止了放牧的动物接近人们活动的区域。

知名园林设计师 INFLUENTIAL GARDEN DESIGNERS

在著名作家和哲学家改善社会风气、提升审美品味的努力下，威廉·肯特（William Kent，1685—1748，英国建筑师）、兰斯洛特·布朗（Lancelot Brown，1716—1783，英国景观建筑师，人称"能人"布朗）以及汉弗莱·雷普顿（Humphry Repton，1752—1818，英国景观设计师）等职业景观设计师们也在重塑英国乡村，发展出英式风景园林。他们的设计追随建筑师约翰·凡布鲁（John Vanbrugh，1664—1726）、景观设计师亨利·威斯（Henry Wise，1653—1738）和乔治·伦敦（George London，1640—1714），这些前辈在 18 世纪早期就形成了规则式的设计语汇，缔造了英国的巴洛克设计风格。查尔斯·布里奇曼（Charles Bridgeman，1690—1738，英国园艺设计师）成为转向自然主义风格的重要过渡性人物，他将规则形制的花坛与自由形制的原野有机结合起来。布里奇曼是一位技艺高超的场地规划师，他设计的道路紧密贴合地形地貌。在斯托(Stowe)的花园设计中，他创先采用"哈-哈"技法。霍勒斯·沃波尔对威廉·肯特"跨越篱笆"(leaped the fence) 拥抱自然的技法大加赞赏，这似乎有点抹杀了布里奇曼的创作贡献[6]。

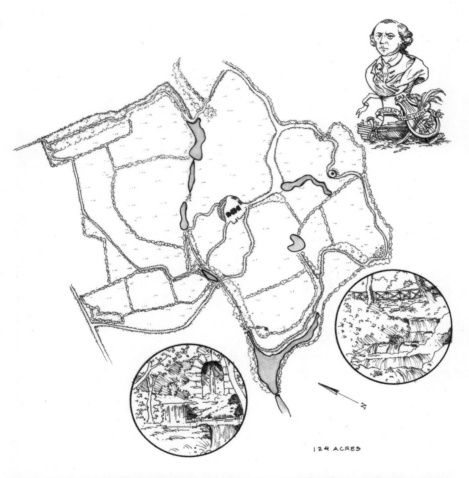

124 ACRES

利斯沃斯庄园：威廉·申斯通设计的这座装饰性农庄将园艺装饰与农业生产结合在了一起。

筑元素，如仿真废墟或建筑，这些元素在克劳德·劳伦和尼古拉斯·普桑的绘画中经常出现。他甚至植入枯树，以表现"真实"的场景[8]。

肯特在意大利的日记中，对复杂的透视技法进行了深入研究，并利用透视技法中的"灭点"，将外部场景与设计实现统一，引导游人在空间中步移景易[9]。当游人走近普瑞奈斯特台地之类的建筑小品，从一定角度上观察就会引发惊喜。

肯特在罗沙姆（Rousham）的早期作品中展现了约瑟夫·艾迪森的理念，即一个完整的庄园应该被视为一座花园。肯特利用树丛与林间空地，在一个狭小局促的空间中给观者创造了多种视觉体验，花园内随处都有惊喜等待着游人。

罗沙姆花园坐落于牛津郡（Oxfordshire）的一条河岸边，是一座环形的情景式花园，肯特为之设计了一系列景观节点。他于18年代30年代开始设计工作，距离布里奇曼完成花园的框架设计大约已有10年时间。肯特对布里奇曼的直线形道路进行改造，设计了一系列景点。建筑后方设有一座著名古代雕塑的仿制品——狮子袭击马，雕塑坐落在一片矩形覆草台地的边缘。游人的视线顺着开敞的斜坡而下伸向河面，远处的山顶上建有一座假的哥特式废墟，引人注目，那是肯特特意设计的。当访客在花园中游走，眼前总会突然出现一些雕塑及建筑，让人油然而生一种历史感和文化感。

威廉·肯特
WILLIAM KENT (1685 – 1748)

威廉·肯特既是风景画师，也是职业设计师，他对景观的艺术感染力具有很强的领悟能力，塑造出的景观如画般美丽。肯特开创了不规则式的设计潮流，他的设计中"没有等级或直线"[7]。他还是一位高超的布景师，能将文学隐喻、神话故事通过命名或镌刻的方式展现出来，例如斯托花园中的"极乐世界"（Elysian Fields）、"普瑞奈斯特台地"（Praeneste Terrace）。他所设计的花园景致从时间与空间角度看来，像舞台剧般依次展开。

肯特在意大利学习了近十年时间，意大利文艺复兴式花园对他产生了很深的影响。

但他也发现了其中的问题：杂草丛生，完美的几何布局却是杂乱无章，缺乏秩序感。肯特的设计语汇包括蜿蜒曲折的水体、独立布置的树丛。他设计的景观中还含有建

舞台设计：威廉·肯特运用树木作为一种造景方式。"能人"布朗将树木布置成带状、簇状和点状，引导出各种不同的景观效果。

速描本：威廉·肯特把花园视为人类活动的舞台。

"能人" 兰斯洛特·布朗
LANCELOT "CAPABILITY" BROWN (1715 – 1783)

自然主义风格园林在兰斯洛特·布朗的设计中达到了巅峰，他在将一片场地设计为花园的过程充满了想象力，并以此闻名天下。在新自然主义风格的时尚浪潮中，通过对现有花园和乡村庄园的改造，他成功地改变了英格兰人工景观的风格。在整个职业生涯中，他承接了近200个设计项目。在斯托花园的早期学徒经历赋予了他园艺实践的经验，而这恰好是肯特所欠缺的。

布朗最初关注线条的和谐，地形不断抬升的平滑过渡，补充了曲线形的湖泊与道路。布朗在设计中取消了规则式花坛与台地的痕迹，将草坪一直延伸至建筑跟前。他将农场生产性质的痕迹都掩饰起来。景观不再是传情达意的载体，本身也成为情与意。布朗将"风景园林"的概念发挥到极致，他设计的花园没有任何文学寓意，因此被一些写意派（the picturesque）的支持者批评为太过"空洞"，除了平缓的地形地貌以及簇团状的树木构成或明或暗的空间，看不到太多的"自然"。

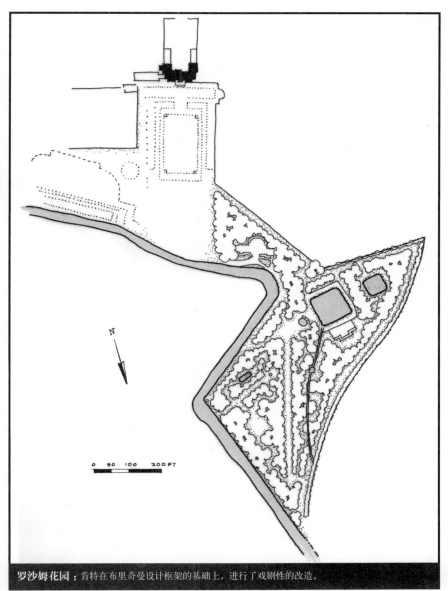

罗沙姆花园：肯特在布里奇曼设计框架的基础上，进行了戏剧性的改造。

S形曲线：曲线之美成为布朗设计花园的主题。

汉弗莱·雷普顿
HUMPHRY REPTON
（1752 – 1818）

汉弗莱·雷普顿年轻时是一位受过良好教育的作家和技巧非凡的画家，36 岁时转行进行景观设计。他是第一个称自己为"景观园艺家"的人。他将花园与景观有机融合为一体，"修正"了自然的欠缺之处。

雷普顿将形式主义与自然主义相结合，发展出自己独有的设计风格。随着技艺的日益成熟，他重新引入了具有规则几何形制的花园设计细部，围绕建筑布置成前景—近景特写，与后面雕塑式的景观花园形成对比。他还重新引入带栅栏的台地，在高大树木下面混合种植低矮的灌木和鲜花。

与布朗不同，雷普顿对自己的设计理论进行了整理并结集出版。他在风格之争中支持布朗的观点，并与写意派的支持者进行论战，捍卫自己的设计作品，后者倡导对自然进行戏剧化的表现。

雷普顿擅长为业主绘制设计意向图，形象地描绘建筑的前景与后景，并以此而闻名。他的这些作品后来结集成册，并配有红色的皮质封面，被称为"红皮书"（red books）。雷普顿的设计对 19 世纪的维多利亚式花园风格产生了深远影响。

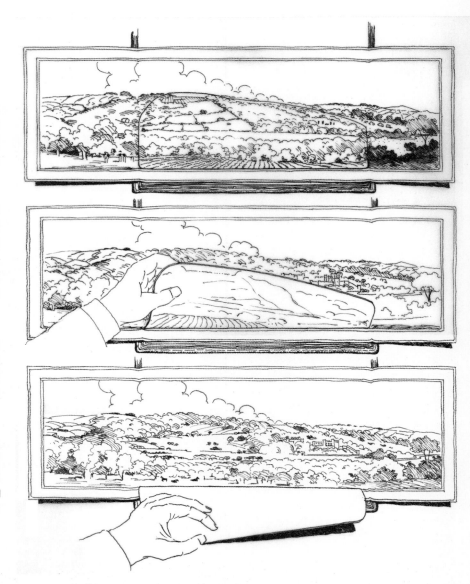

红皮书： 雷普顿采用手绘草图的方式，将设计方案改造前后的图景勾勒出来，帮助业主生动地了解他的设计构思。

代表性项目
REPRESENTATIVE
PROJECTS

斯托花园，白金汉郡
STOWE, BUCKINGHAMSHIRE

布里奇曼 1714 年开始设计建造斯托花园项目。圈地法的出台，使理查德神庙（Richard Temple，隶属于科巴姆子爵（Viscount Cobham）的田产面积从 28 英亩扩大到了近 900 英亩。布里奇曼取消了台地，沿着花园边缘种植树木，并设计了一条景观轴线，一直延伸到建筑前面。

肯特的工作始于 1734 年。他打破了细分空间的几何形边界，将植物作为造景元素。他把大面积的水体划分成两个不规则状的湖泊，塑造了一个极乐之地，沿岸还配有曲线形的道路和树丛。肯特在极乐之地周围以古代圣贤（Ancient Virtue）、现代圣贤（Modern Virtue）和英国圣贤（British Worthies）为主题，设计了三座神庙。圆形的古代圣贤祠是效仿位于意大利提沃利

的女先知神庙（the Temple of the Sibyl）；现代圣贤祠（现已不存）被建造成遗址形制，里面设有一座无头半身雕塑。科巴姆子爵的政治矛头直指当时的首相罗伯特·沃波尔（Robert Walpole，1676—1745，英国政治家）。英国圣贤祠内有许多半身像，用于纪念"英雄、爱国者和智者"，其中还有一尊家庭宠物狗的纪念像。

TEMPLE OF ANCIENT VIRTUE

TEMPLE OF MODERN VIRTUE

TEMPLE OF BRITISH WORTHIES

ELYSIAN FIELDS
BRIDGE OVER THE
RIVER STYX

ROTUNDA

GOTHIC TEMPLE

CORINTHIAN ARCH

LAKE PAVILIONS

TEMPLE OF
CONCORD & VICTORY

PALLADIAN BRIDGE

GRECIAN VALE

A. 古代圣贤祠
B. 现代圣贤祠
C. 英国圣贤祠
D. 极乐之地·冥河桥
E. 圆厅

F. 哥特式寺庙
G.（左）湖畔凉亭　（右）科林斯拱门
H. 协和与胜利女神庙
I. 帕拉迪奥式桥
J. 希腊谷

极乐之地： 如同被路易十四作为政治舞台的凡尔赛宫花园一样，斯托的这一处设计也是出于政治目的。

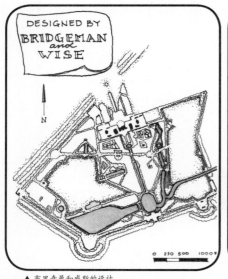

▲ 布里奇曼和威斯的设计

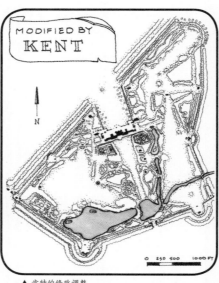

▲ 肯特的修改调整

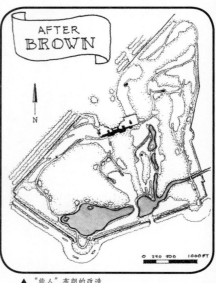

▲ "能人"布朗的改造

斯托花园：这几幅连续的基地平面布局图是 18 世纪斯托花园设计风格不断变化的例证。

1741 年，布朗开始了他在斯托花园的设计工作。他扩展了希腊谷（the Grecian valley），还建造了南边的草坪。

布伦海姆，牛津郡
BLENHEIM, OXFORDSHIRE

布伦海姆最初的规划是由亨利·威斯

（Herry Wise）于 1722 完成的，他设计了一个纪念性的花坛，与宏伟的建筑保持协调。树木沿着前进道路呈轴向对称排列，象征着布伦海姆战役（the Battle of Blenheim）中的士兵方阵。

1764 年，布朗开始了他在布伦海姆的设计工作。他拦河筑坝，扩展了两个已有的湖泊，抬高水位，使得单个湖泊的蓄水量

与厚重的石屋、石桥的体量相协调。他还去掉了原来的花坛，在巨大的宫殿基座前铺设草坪。

布伦海姆：布朗对布伦海姆平面布局的修改体现了一种新的、效法自然的风格。

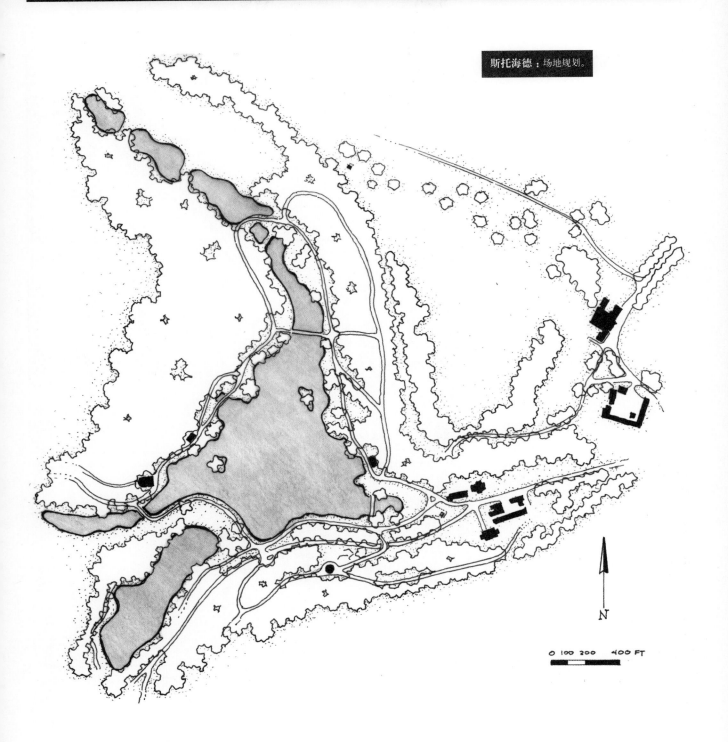

斯托海德：场地规划。

0　100　200　　400 FT

N

斯托海德，威尔特郡
STOURHEAD, WILTSHIRE

斯托海德是由它的主人亨利·霍尔二世 (Henry Hoare II，1705—1785，英国银行家) 于 1735 年开始设计的。

花园选址于一个深谷中，拦溪筑坝，形成了一个面积达 20 英亩的湖泊。罗沙姆花园蜿蜒的河道与远处的山川融为一体；斯托海德的花园则内聚收敛，中央湖水的景观亲切宜人。游人行经的路线呈逆时针方向，路线设计与维吉尔 (Virgil，公元前 70 年—公元前 19 年，古罗马诗人) 的史诗《埃涅阿斯纪》(The Aeneid) 中的故事情节相关，这段故事讲述了埃涅阿斯 (Aeneas) 和其他特洛伊 (the Trojan) 战争幸存者在战后前往罗马的艰辛历程。游览路线的终点是阿波罗神庙 (the Temple of Apollo)，在那里整座花园一览无余。

风格之争
STYLISTIC CONTROVERSY

什么是真正的自然主义风格花园？这个问题在其诞生之初就充满了争议。与形式主义（formalism）针锋相对的审美表达体现在——美丽与生动。人们对有关哪种风格形式更好的争论十分激烈，因为英国社会的审美品味十分挑剔。与中国装饰风格混搭的潮流，成为了最高理想。

除了航海家们从意大利旅行中带回的古典理想观念，中国的造景意象也开始在英国流传开来。威廉·钱伯斯（William Chambers，1723—1796，苏格兰建筑师）在其1772年出版的《论东方园林》（*Dissertation on Oriental Gardening*）一书中提出，中国式的太虚幻境是与自然主义风格相背的产物。他把中国园林的情感效应阐释为"美妙的、可怕的，并且令人着迷的"，他建议一座优美的园林也应该包含一些具有震慑效果的元素，如雷雨的轰鸣或是危险的火焰。他在书中对布朗的设计风格进行了评论，抱怨布朗设计的花园与自然景观之间没有太多的区别。钱伯斯的著作对装饰性的洛可可风格在欧洲大陆的发展起到了极大的影响作用，并促动了盎格鲁—中式园林（the Jardin Anglo-Chinois）在德国和法国的流行。

艺术家和评论家们对理想园林景观的特点进行理论探讨。英国画家威廉·霍加斯（William Hogarth，1697—1764）在1753年出版的《美的研究》（*Analysis of Beauty*）一书中指出，所有美观的形式都源于S形曲线。景观中通过曲线所定义的流畅形式与不受限制的空间来表现美感。哲学家埃德蒙·伯克（Edmund Burke，1729—1797）在1756年撰写的一篇题为《理想之美的哲学探源》（*A Philosophical Enquiry into the Origin of Our Ideas of the Sublime and Beautiful*）的论文中提出，美的特点是平顺与柔和的过渡；另一方面，壮丽的特点是粗犷、阳刚的形制。

景观——如诗般的教诲：理查德·佩恩·奈特将如画般的风景（下图）和布朗设计的花园（上图）进行对比，"具有鲜明的现代风格"。

田园诗：庄园主在他们的花园中设置神龛和隐修所，创造出诗意般的氛围。

像尤维达尔·普瑞斯（Uvedale Price，1747—1829，英国作家）和理查德·佩恩·奈特（Richard Payne Knight，1750—1824，英国学者）这样的知识分子，对布朗式花园景观的千篇一律感到极为不满。当雷普顿进入园林设计界时，正是反对布朗模式的情绪达到顶峰的时期。评论界呼吁更加粗犷险峻的景观设计，要求景观元素的对比应当能够吸引画家。威廉·吉尔平（William Gilpin，1724—1804，英国

艺术家）提出景观设计应当效仿画家观察事物的方式，自然风貌就应该充满生机[10]。在18世纪下半叶，绘画的形式与构图，而非主题与内容定义了观赏者的自然体验。人们欣赏的是景观本身，而非雕塑。景观体验的内涵从欣赏景观中的物质对象转变为将景观自身作为欣赏对象。吉尔平游历不列颠群岛，将自己的所见所闻结集出版。他在《关于美景：1770年夏对瓦伊河及南威尔士几处景点的观察》

（*Observations on the River Wye, and Several Parts of South Wales &c. Relative Chiefly to Picturesque Beauty : Made in the Summer of the Year 1770*）一书中，将粗犷、崎岖、多样化的景观和建筑元素纳入如画般风景的内涵当中。吉尔平还出版了旅游手册，对如何利用画家的框景技巧组织特定的景观提出建议。人们寻求更加戏剧化的方式描绘自然，借助旅行速写分析乡村景观。

中国风：在1761年克佑区（Kew、伦敦西部一区域）皇家植物园的设计建造过程中，钱伯斯增加了一座用金龙装饰的高达163英尺的宝塔。

A. BEFORE TOURISTS EMBARKED ON THEIR SEARCH FOR THE PICTURESQUE THEY SHOPPED AT *SPECIALTY STORES* FEATURING ART PRINTS, TRAVEL GUIDES, ARTISTS SUPPLIES, DRAWING AIDS & ART BOOKS.

B. GILPIN Guide To The Lake District

C. PLACE | OMISSIONS | DATE | OBSERVATIONS

CUSTOM DESIGNED *DIARIES* WERE FORMATED FOR THE ADVENTURERS TO RECORD THEIR VISUAL IMPRESSIONS.

D. THE LAKE DISTRICT IN ENGLAND WAS A FAVORITE LOCATION FOR TRAVELERS SEEKING *PICTURESQUE VIEWS.*

E. THE CLOSE STUDY OF NATURE WOULD ACT AS A *STIMULUS* TO THE *IMAGINATION*, BUT NATURE HAD TO BE MARKED SO THAT THE *TOURISTS* COULD IDENTIFY AN *EXACT PICTURESQUE SCENE.*

F. FREE-STANDING WALLS WERE BUILT TO *FRAME* THE VIEWS THAT PEOPLE WOULD *ANALYZE* & *SKETCH.*

吉尔平的景观之旅。

两种风格流派之间在新闻媒体上打响了唇枪舌战。置身于论战之中的钱伯斯用具有震慑效果的新需求定义了壮观的内涵。由此，空间具有了三种内涵：美丽的、如画的与壮观的。雷普顿则提出反对意见，他认为景观的利用和体验应当是评价景观的首要标准，而不是它的二维特征。沃波尔支持布朗，反对钱伯斯的观点。此后，奈特和普瑞斯又在景观欣赏品味和形式的利用上产生了分歧。奈特和普瑞斯所推崇的抽象景观在19世纪时发展为印象派（Impressionism）。讨论的核心是应对景观整治改造，还是保持荒郊野趣。这场论战一直持续到下个世纪，约翰·克劳狄斯·劳登（John Claudius Loudon，1783—1843，苏格兰园林设计师）又开创了另一种风格——园艺派（the gardenesque）。

A. 在游客开始美景探索之旅前，他们都要去专卖店购买已出版的艺术作品、旅游指南、艺术用品、绘画器材和艺术书籍。

B. 吉尔平的滨湖地区指南。

C. 游客专门设计日记格式，把旅行中所见所闻记录在日记中。

　　地点｜错过的事物｜日期｜观察到的事物

D. 英格兰的滨湖地区是游客们的最爱，在那里可以看到如画般的美景。

E. 在人类想象力的激发下，自然必须按照游客想象中的景观意向来塑造。

F. 自由围合的墙体用来界定景观，供人们分析和描绘。

法国的风景园林
THE LANDSCAPE GARDEN IN FRANCE

18 世纪末，革命席卷整个欧洲。大约在同一时间，王致诚的信从中国到达了法国。法国人发现了中国园林和英式花园的共同点：蜿蜒的道路和不规则形状的湖泊。借鉴双方特点所形成的混合风格，称作"盎格鲁—中国风"（Anglo-Chinois），在法国和德国十分流行。

18 世纪后期，整个法国社会都痴迷于原汁原味的自然景观。法国作家让-雅克·卢梭（Jean-Jacques Rousseau，1712—1778）写了一部小说《新爱洛伊丝》（La Nouvelle Heloise）。在书中，他描述了一个没有遭受任何人工干预痕迹的花园，唤起人们对旷野的美好想象，这些景观描写后来在真实的花园中得以实现。这本书深深影响了勒内-路易·德·吉拉丹侯爵（Marquis Rene-Louis de Girardin，1735—1808），后者在法国的埃默农维尔（Ermenonville）建造了一座最典范的英式花园。

吉拉丹侯爵亲自参与花园的设计建造。他于 1777 年出版的著作名称充分表达了他的设计意图：《景观构成——集审美与实用于一体的住宅景观设计》（De la Composition des Paysages, Ou des Moyens D'Embellir la Nature Autour Des Habitations, En Joignant l'Agreable A l'Utile）。1763 年，吉拉丹游历英格兰，参观了利斯沃斯庄园。埃默农维尔拥有类似的乡间隐居屋和人造田园景观要素——园林小建筑（fabriques），如磨坊、小瀑布、墓地和神庙。整个区域由四片独立的部分构成：主花园、附属花园、农田和荒野。吉拉丹侯爵的示范农庄兼具功能性与观赏性，重新唤起了法国人对于"真正"乡村的热爱[11]。

卢梭离开巴黎后，前往埃默农维尔，几个月后在那里去世。极具讽刺意味的是，"自然和真理之子"最终被埋葬在吉拉丹侯爵花园里一个人工湖中的小岛上（他的遗体最后被迁到了巴黎的先贤祠（the Pantheon）。杨柳岛（Ile des Peupliers）的浪漫景观——呈环状排列的杨柳围绕着墓地，经常在花园和公墓中为后人效仿，更增添了 19 世纪忧郁悲伤的氛围。

园林风景至今仍然有很大的影响力。在许多人看来，法国式花园的人工设计几乎等同于自然景观。

杨柳岛：埃默农维尔的让·雅克·卢梭墓地。

皇后村（Hameau）：1782 年，玛丽·安托瓦内特（Marie Antoinette，1755—1793，路易十六的王后）下令为凡尔赛的特里阿农宫建造一座农庄——皇后村（Le Hameau de la Reine）。

乾隆时代的印记　QIANLONG'S IMPRINT

17世纪末，来自北方的满族铁骑取代了明朝皇帝的统治，建立起了清王朝（1644—1911）。外来的统治者采用民族融合、惩治腐败等手段巩固国家政权。中国的领土版图达到了中亚。1710年，中国的居住人口为1.1亿；到了1814年，居住人口规模就已增长至3.75亿[12]。在乾隆皇帝统治时期（1736—1795），国家疆域和经济繁荣达到了鼎盛，从而推进了艺术与科学的发展。皇宫一时间成为了一座收藏苏州奇石与字画的宝库。

乾隆对到访的基督教传教士十分欢迎，并邀请他们进入宫廷，担任自己在西方文化方面的顾问。法国、意大利以及德国的传教士自17世纪开始就居住在紫禁城。事实上，德国传教士汤若望（Johann Adam Schall von Bell，1592—1666）改革了中国的历法，并在1651年被任命为皇家天文台的负责人。

中国园林与英式花园之间存在着共同之处。自然特质影响了二者的园林形式，自然构成了园林设计的灵感源泉，其目的既要唤起观赏者的情感共鸣，也要给诗情画意赋予寓意。给予景观诗意的命名以及与自然景观在概念上的联系对中国园林有着重要的意义，就像政治寓意之于英式花园的意义一样。

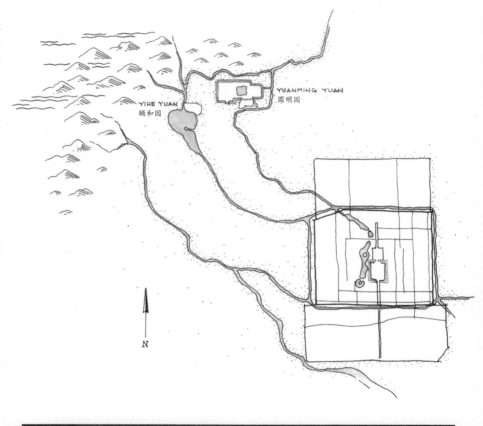

香山：皇帝在北京西北部的香山修建了皇家苑囿。

不规则之美　IRREGULAR BEAUTY

英国的探险家和商人们描述了他们看到中国园林之后油然而生的"自然之美"[13]。钱伯斯根据他在中国广东省的旅行见闻，详细描述了中国园林形制中不对称布局的特点。他和他的追随者积极倡导景观视觉效应的重要性。他们在中国园林中发现，建筑与花园之间存在一种与生俱来的相互依存关系，而这正是"能人"布朗设计的英式花园中所缺少的特质。

其实，吸引英国人的不仅仅是自然景观秩序中所体现出来的中国式审美，清朝宫廷的进步还体现在新儒家哲学思想上。儒家思想中的一个观点特别让欧洲人深受启发，那就是人可以通过后天的文化教育改变社会地位，而不受出身血统限制。这种思想颠覆了皇家特权以及中央集权制政府形态。

18世纪50年代，曹雪芹在小说《红楼梦》（又名《石头记》）中细致刻画了清朝统治期间北京的城市文化和繁荣强盛的景象。

这部小说被视为研究18世纪中国园林艺术的重要资料，因为主要故事情节都发生在一个花园中。一个贵族家庭的女儿被封为皇帝的妃子。为了迎接皇妃省亲，家人扩建花园，增添屋舍。作者引领读者在园中游览，对园中的景观要素和建材进行了详尽的描述——亭台楼阁、奇石、石桥、果园、人造假山等等。家人还为各处景致题写匾额，因为没有题词，园林就不完整。他们将所拟的题词写在灯笼纸上，供皇妃挑选。

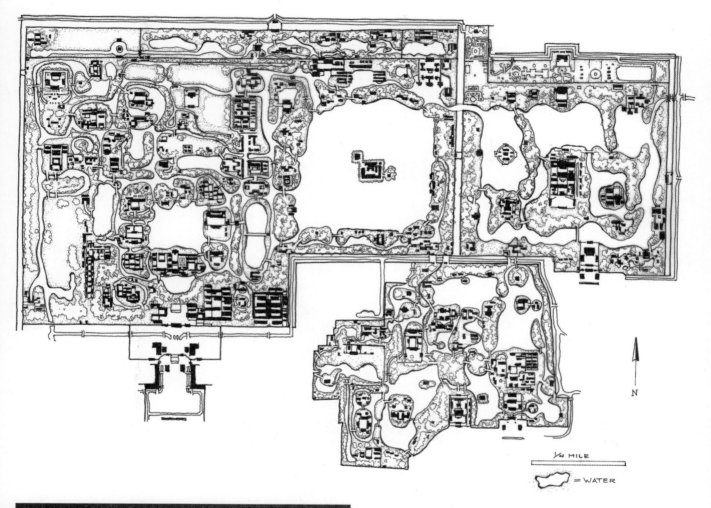

圆明园： 这座园林占地面积超过700英亩，其中三分之一的面积被水域覆盖。

◀ **《红楼梦》**

A. 这部18世纪的小说描写的故事发生在一座刚刚建成的园林中，故事中的一位主人公对这片经过人工雕凿的自然景观提出了疑问。[责编注]

B. 贾政：宝玉，这牌匾对联倒是一件难事。

C. 贾宝玉：但是，父亲我已经才尽词穷了。

D. 贾政：贵妃游园之前题写是若不妥。

E. 贾政：论礼该请请贵妃赐题才是。

F. 宝玉：然贵妃若不亲睹其景，大约亦不肯妄拟。

G. 贾政：所见不差，我们今日且看看去，只管题了，若妥当使用。

H. 贾政：若直待贵妃游幸过再请题，偌大景致，若干亭榭，无字标题，也觉寥落无趣，任有花柳山水，也断不能生色。

I. 众清客：诸位，如今我们有个愚见：各处匾额对联断不可少，亦断不可定名。如今且按其景致，或两字、三字、四字，虚合其意，拟了出来，暂且做灯匾联了。待贵妃游幸时，再请定名，岂不两全？

J. 贾政、宝玉：如此甚好！

[责编注]本例中作者摘引的英译本《红楼梦》内容上与中文版《红楼梦》存在出入。

在清王朝初期，皇帝在北京城西北部的山林中，仿效南方的苏州园林，建造行宫。这两种园林的代表建筑都将在下文中进行介绍。

圆明园，北京

YUANMING YUAN (GARDEN OF PERFECT BRIGHTNESS), BEIJING

皇家园林，坐落在紫禁城外的西山中，最早由康熙皇帝规划设计，后由他的孙子乾隆皇帝进行扩建。圆明园在很多地方都与凡尔赛宫有着相似之处。这座精雕细刻的巨大花园成为乾隆时代的统治中枢，就像路易十四把凡尔赛宫作为法国宫廷的中心一样。这两座园林体现着它们所属帝王的雄心壮志与无上皇权。圆明园后来在19世纪英法联军入侵北京城时被摧毁。

圆明园由三座相互联系的花园构成，通过在平地上推山筑河，改变地形，塑造了三片水景空间——西北部的高地、平川和东南部的水岸[14]。乾隆还设计了"圆明园四十佳景"。他命宫廷画师唐岱、沈源画出这四十景，并亲自题诗。这本绢本画册于1747年完成，现收藏于巴黎国家图书馆。

四十佳景：圆明园中的四十个主要景点名扬中外。

描绘圆明园的绘画于18世纪中期传入欧洲。法国和瑞典的出版商以木刻版画的形式在欧洲大陆印刷出版了这些著名的风景绘画。1743年，神父王致诚在他的信中也描绘了圆明园的宏大场景。

乾隆皇帝对国外的园林风格也非常感兴趣，他要求传教士们按照欧洲的风格为自己设计花园。这项任务交给了郎世宁（Giuseppe Castiglione，1688—1766）、蒋友仁（Michel Benoit，1715—1774）和王致诚完成。他们设计了一座巴洛克式的花园，其间点缀有雕塑、喷泉、花坛、一座砖砌的迷宫以及那座著名的水钟，通过从十二生肖雕塑的嘴里喷水来报时。

乾隆帝寄情于圆明园，并不断进行修建。这座庞大的园林建筑群中拥有书亭、娱乐室、宴会厅、人造假山、运河、假山石、藏书阁、农庄和操练场。每个空间都是由建筑与景观构成，具有独特的空间品质。

中国的凡尔赛宫：乾隆皇帝要求皇宫里的基督教传教士将圆明园设计成一座欧式花园。

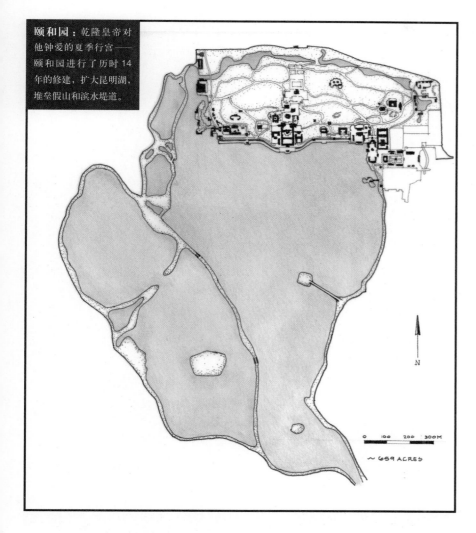

颐和园：乾隆皇帝对他钟爱的夏季行宫——颐和园进行了历时14年的修建，扩大昆明湖，堆垒假山和滨水堤道。

颐和园，北京

YIHE YUAN (SUMMER PALACE), BEIJING

1680 年，康熙皇帝开始在今万寿山附近重修皇家花园。为庆祝皇太后六十大寿，乾隆皇帝继续实施这项工程，并于 1754 年扩大了昆明湖。昆明湖令人联想到杭州西湖。到 19 世纪时，人们把这座花园叫作"颐和园"，寓意和谐、安逸。

一座绵延半英里的十里长廊坐落在昆明湖的北岸。十里长廊共有 273 间隔间，每个隔间的横梁上都绘有装饰山水画和各式花卉图案。玉带桥、十七孔桥等景观桥将滨水堤岸串联起来。在万寿山北麓的山脚下，沿着运河，皇帝仿造苏州商业街建造了一片市井商业街区。皇宫东侧建起了一座园中园（又叫"谐趣园"），其形制效仿了著名的苏州园林。这座园林 19 世纪毁于鸦片战争，之后又被重建。

十七孔桥：石桥连接着颐和园中一座风景如画的小岛，岛上有一座龙王庙。

网师园 （渔隐）， 苏州

WANGSHI YUAN (GARDEN OF THE MASTER OF THE FISHING NETS), SUZHOU

明代的苏州是知识分子云集之地，极富创造力。当时有说法，苏州"往来无白丁"[15]。早在公元 12 世纪，当宋王朝南迁时，苏州就已经达到了现在的城市规模，如画般小桥流水的景致遍布全城。直到清代，苏州一直保持着文化中心的地位。在 18 世纪建造或翻新的文人园林中，网师园是其中的杰出代表。

网师园始建于 1140 年，重建于 1770 年。公元 18 世纪，一位退休的朝廷官员在旧园的基础上，围绕着中央水池设计了新的建筑和景观。这座小巧的花园，占地仅 1 英亩，拥有一系列内向关联的庭院和楼阁，每处景致都有不同的空间形制与特色。景观意向通过环绕水池景观的收放和借景得以表现。每处景点和种植区域的景观按顺序次第展开。整片水池在任何一点都很难尽收眼底。

为了营造一个诗意的景观氛围，园主人为园中景致分别题词。在网师园中，"万卷堂"隐于湖畔的长廊之中，而"月到风来亭"恰好立于池塘的西岸。飞檐和石质的基座构成栩栩如生的风景，成为园中的视觉焦点。凉亭在水面形成倒影，相映成趣。

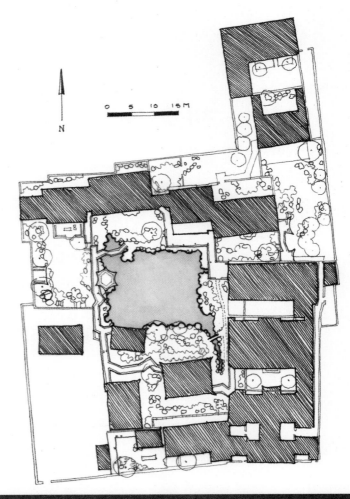

网师园：在这个小巧的苏州园林中，设计者通过层次变换和景观收放，为观者提供了一系列丰富的空间景观体验。

月到风来亭：亭子位于园子中心位置，在这里全园景致一览无余。

故乡的传统　HOMELAND TRADITIONS

虽然美国在18世纪的独立战争中取得了胜利，但众多来自欧洲的定居者还是要面对与自然的抗争。他们在茂密的森林中艰难地清理土地，通过耕种获得稳定的食物来源和经济收入——但这些行为破坏了当地原住民的土地和食物供给。在建立诸如威廉斯堡（Williamsburg）和波士顿等定居点的过程中，欧洲移民延续了家乡的造园传统。在北部的城镇建设庭院和村舍花园；而拥有土地的权贵大都生活在南部的城镇，他们的庄园规模庞大。

亚历山大·斯帕茨伍德（Alexander Spotswood，1676—1740）自1716年起就任弗吉尼亚州的第二任总督，他在总督府按照17世纪英式花园的形制扩建庄园，充满怀旧气息沿中轴线规则布置的花坛，还有台地花园和水渠让人联想起威廉三世国王与玛丽二世王后的花园。当地移民纷纷效仿这一建造风格，甚至连花园中修剪整齐的树篱都一模一样。当地温和的气候非常适宜园艺技术的研究。园丁研究了乡土植被，并将植物种子带回到英格兰的植物园中。20世纪30年代，亚瑟·阿斯赫尔·舒克利夫（Arthur Asahel Shurcliff，1870—1957，美国景观建筑师）联合威廉斯堡殖民地基金会（the Colonial Williamsburg Foundation）重修了这座花园。

总督府：弗吉尼亚州的威廉斯堡花园深受英国、荷兰和法国风格的影响。

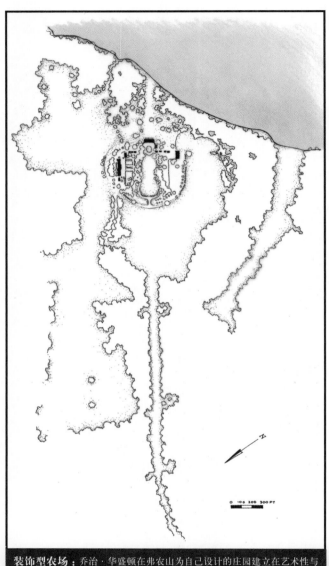

装饰型农场：乔治·华盛顿在弗农山为自己设计的庄园建立在艺术性与理性相互融合的设计原则之上。

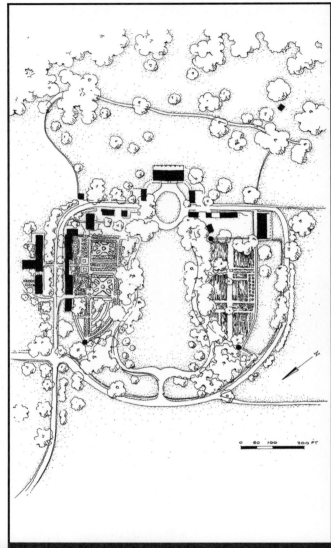

弗农山庄园，弗吉尼亚州：弗农山庄园的平面设计尺度宜人、空间连续，反映了庄主的绅士气质与价值观。

农场主——总统
A FARMER-PRESIDENT

18世纪英式园林景观中所表达的田园牧歌式理想深深打动了新兴美利坚合众国的自由之子们。乔治·华盛顿（George Washington，1732—1799）就是一位热情洋溢的园艺师和勤劳智慧的农场主。尽管他阅读了大量有关英式园林的论文，对不规则的平面布局很有研究，但他在规划自己的弗农山庄园（Mount Vernon）时，首要原则仍是提高农业生产力。当然，华盛顿将自己的庄园选址在风景如画的环境中。平缓的草坡从住宅前部的两层柱廊一直延伸到河边。入口车道设置在遍体刷白的木屋后部。他将曲线形道路与对称平面布局有机地结合起来，还将功能性区域与装饰性花园布置在滚木球草地（保龄球的前身）和果园周围。华盛顿还将乡土植被与外来植被混合栽种。

杰佛逊的别墅
JEFFERSONIAN VILLAS

从1784年到1789年间，托马斯·杰斐逊（Thomas Jefferson，1743—1826）担任美国驻法国大使，参观了马尔利和凡尔赛。1786年，他前往英国并游览了当地的园林，对这些园林中的田园风光和视线设计留下了深刻印象，并对一些园林的拘谨布局和过度炫耀的装饰进行了批评[16]。他希望在弗吉尼亚州的地理和气候环境下，引进自然主义风格的英式花园。大约从1771年初，他在蒙蒂塞洛（Monticello）修建了自己的私人庄园，在这里他可以自由地沉浸在自然史和建筑史的研究工作当中。他在古典形制中加入地方元素，形成了独具地域特色的设计风格。杰斐逊围绕着中央草坪布置场地。部分下沉式的长廊将附属建筑与主体建筑相联系，使得奴隶们的劳动远离主人的视线。

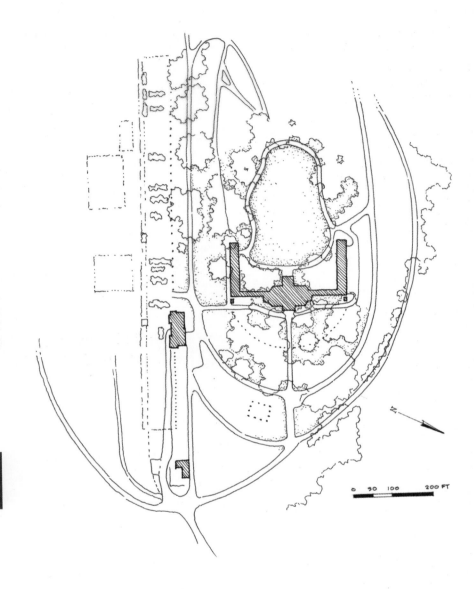

蒙蒂塞洛，弗吉尼亚州：托马斯·杰斐逊的长台地和散步游廊形成了18世纪美洲花园的典型风格。

帕拉迪奥式古典风格：杰斐逊的住宅具有希腊神庙式立面和八角形拱顶，这些让人联想起帕拉迪奥的圆厅别墅和它的鼻祖——罗马万神庙。

杰斐逊为自己在杨树林（Poplar Forest）设计的庄园代表着巧妙的科学启蒙思想。他的庄园占地面积61英亩，是纯粹的私人庭园。占地10英亩的住宅在建筑设计上具有复杂的尺度关系。杰斐逊住宅的选址充分利用远处连绵起伏的山脊线景观，坐落于直径540英尺的环路场地中央。入口车道成为整座庄园的中轴线，一条林荫道穿过屋后台地。住宅中厅的两边各有一个占地20平方英尺的柳树林小广场。这些柳树种植在直径达100英尺的圆形土丘上，柳树林与建筑之间由长约100英尺的林荫小道相联系。屋后的滚木球草地宽约100英尺。

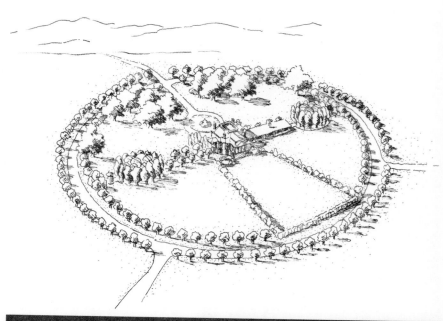

杨树林庄园，弗吉尼亚州：杰斐逊的第二座私人庄园是建筑与景观的完美结合。现仍在进行场地的考古调查。

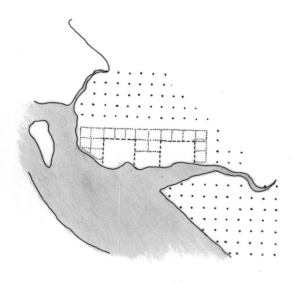

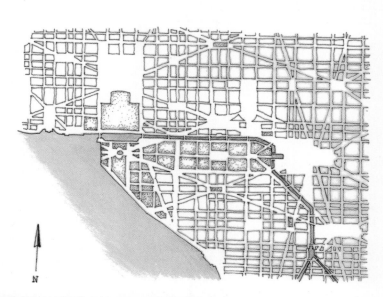

哥伦比亚行政区：杰斐逊在首都地区的规划（左图）中建议将总统官邸与国会大厦用公共步行道划分开来，方格网状的布局有利于城市未来发展。法裔移民皮埃尔·夏尔·郎方（Pierre Charles L'Enfant，1754—1825，建筑师）是一位参加过美国独立战争的老兵，他在规划（右图）中表现出鲜明的法国古典主义设计理念——具有纪念性的方格网状道路，其间穿插有对角线式的林荫大道。他在布局中将总统官邸和国会大厦设计成对景，相互之间拥有极佳的视线关系；并根据当时各州州名、参考各州在国内的实际地理区位，给城市中的主要道路命名。

总　结

曲线代表延展的草地、蜿蜒的水岸、绿浪起伏的树林,这在 18 世纪的英式花园中被归纳为"线性美学"(the "line of beauty")。在这里,"景观"一词成为启蒙运动者眼中未遭破坏的自然景象(即花园)的代名词。英式花园所体现出来的田园美学传统深深影响着早期的美国公园设计,并一直持续影响着今天的公园、校园和居住区的景观设计。本章还对 18 世纪中国园林所体现出来的艺术与自然之间的关系及其对英式花园的影响进行了阐述。

设计原则

构图　FRAMING

在中国园林中,透过样式繁多的窗格和屏风可以看到园中的景致。而在英式花园中,树木勾勒出田野和山林风光。

寓意　ALLUSION

无论英式园林,还是中式园林,景观设计中都拥有一定的文学主题。景观题词和铭文的内涵都差不多。

叙述　NARRATIVE

英式园林中的英雄主题或者爱国主题通常是利用雕塑或者建筑形体来表达。

多样性　VARIETY

风景如画的园林包含着各种对比手法的设计,如形式对比、表面材质对比和线条对比。

观察　OBSERVATION

在欧洲启蒙运动中,植物、景观、整体环境——所有这些自然元素都经过仔细地查看和分类。

设计语汇

英国 ENGLAND

哈－哈（一种下沉式的围栏或沟渠）、山地和湖泊。

中国 CHINA

亭台楼阁、墙体和窗。

  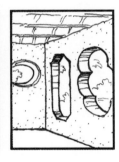

美国 AMERICA

果园、草坪与开阔的视野。

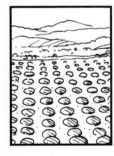  

拓展阅读

图 书

CANDIDE, by Voltaire

DISCOURSE ON THE MORAL EFFECTS OF THE ARTS AND SCIENCES, by Jean-Jacques Rousseau

GULLIVER'S TRAVELS, by Jonathan Swift

MANSFIELD PARK, by Jane Austen

PRIDE AND PREJUDICE, by Jane Austen

ROBINSON CRUSOE, by Daniel Defoe

THE SOCIAL CONTRACT, by Jean-Jacques Rousseau

SYSTEMA NATURAE, by Linnaeus

电 影

BARRY LYNDON (1975)

BRIDESHEAD REVISITED, television miniseries (1981)

DANGEROUS LIAISONS (1988)

THE DRAUGHTSMAN'S CONTRACT (1982)

MARIE ANTOINETTE (2006)

TOM JONES (1963)

绘画与雕塑

EIGHT-PLANKED BRIDGE (FOLDING SCREEN), by Ogata Korin (c. 1701)

PILGRIMAGE TO CYTHERA, by Jean Antoine Watteau (1717)

ROBERT ANDREW AND HIS WIFE, by Thomas Gainsborough (1748)

LANDSCAPE, by Alexander Cozens (1784)

PROJECT FOR A MEMORIAL TO ISAAC NEWTON, by Étienne-Louis Boullée (1784)

GEORGE WASHINGTON, by Jean-Antoine Houdon (1788)

THE DEATH OF MARAT, by Jacques-Louis David (1793)

公元19世纪

欧洲启蒙运动催生了新的时空观念。工业革命逐渐改变了农业社会形态，人们进入城市充当劳动力，以满足工厂发展的需求。城市人口膨胀，由此引发了对公共福利保障问题的关注。

工业化生产定义了19世纪西方世界的社会、经济和政治秩序。对于技术的狂热崇拜也激起抗议的声音：浪漫主义成为缓解机械化社会内在问题的一剂良药。对中产阶级而言，感性胜于理性，想象力比学术积淀更受人重视，自然成为灵感的源泉。社会普遍认为，对于自然现象的感知和自然之美的欣赏有助于道德上与精神上的升华。

19世纪的景观具有城市化、公共性与浪漫的特质。

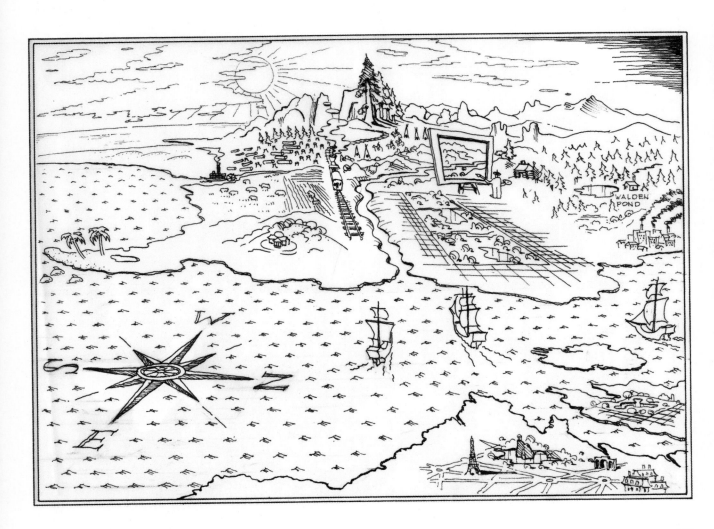

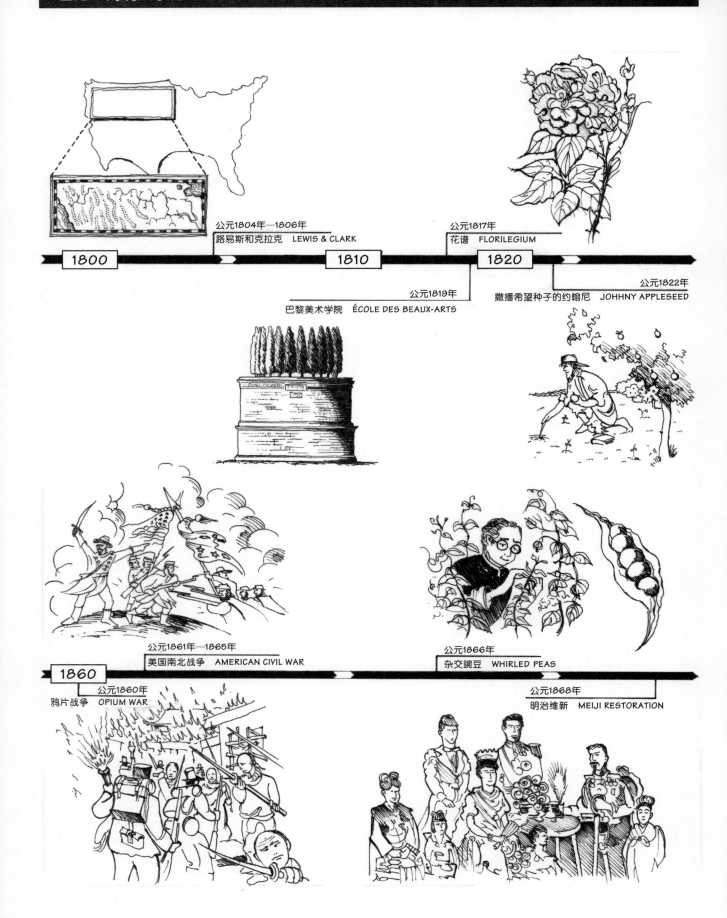

公元1804年—1806年
路易斯和克拉克　LEWIS & CLARK

公元1817年
花谱　FLORILEGIUM

1800　　　　**1810**　　　　**1820**

公元1819年
巴黎美术学院　ÉCOLE DES BEAUX-ARTS

公元1822年
撒播希望种子的约翰尼　JOHHNY APPLESEED

公元1861年—1865年
美国南北战争　AMERICAN CIVIL WAR

公元1866年
杂交豌豆　WHIRLED PEAS

1860

公元1860年
鸦片战争　OPIUM WAR

公元1868年
明治维新　MEIJI RESTORATION

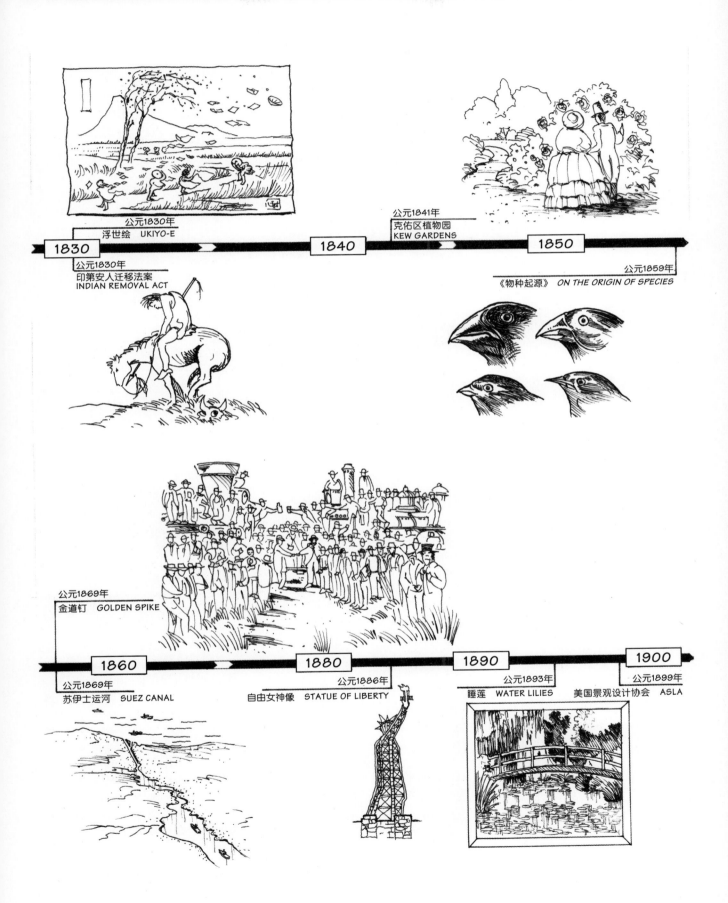

公元1830年
浮世绘　UKIYO-E

公元1841年
克佑区植物园
KEW GARDENS

1830　　　**1840**　　　**1850**

公元1830年
印第安人迁移法案
INDIAN REMOVAL ACT

公元1859年
《物种起源》　ON THE ORIGIN OF SPECIES

公元1869年
金道钉　GOLDEN SPIKE

1860　　　**1880**　　　**1890**　　　**1900**

公元1869年
苏伊士运河　SUEZ CANAL

公元1886年
自由女神像　STATUE OF LIBERTY

公元1893年
睡莲　WATER LILIES

公元1899年
美国景观设计协会　ASLA

公元 1804 年—1806 年
路易斯和克拉克　LEWIS & CLARK

美国总统托马斯·杰斐逊派遣两名探险人员梅里韦瑟·路易斯（Meriwether Lewis, 1774—1809, 美国探险家）和威廉·克拉克（William Clark, 1770—1838, 美国探险家）去新开发的西部地区调查地形地貌和植物种类。

公元 1817 年
花谱　FLORILEGIUM

皮埃尔-约瑟夫·雷杜德（Pierre-Joseph Redoute, 1759—1840, 比利时植物学家）在巴黎近郊马尔迈松（Malmaison）的约瑟芬皇后（Empress Joséphine, 1763—1814）花园中绘制了 250 余种玫瑰花样。《玫瑰花》（Les Roses）是他最有名的一本植物图集。

公元 1819 年
巴黎美术学院　ÉCOLE DES BEAUX-ARTS

拿破仑一世在巴黎建立了一所艺术学院，依照新古典主义的传统培养建筑师和艺术家。

公元 1822 年
撒播希望种子的约翰尼
JOHNNY APPLESEED

约翰尼·查普曼（John Chapman, 1774—1845），既是一位传教士，也是一位园丁，他将苹果种子传播到美国中西部地区。

公元 1830 年
浮世绘　UKIYO-E

葛饰北斋（1760—1849, 日本画家）和安藤广重（1797—1858, 日本画家）在彩色木版画中描绘日本女演员和风尘女子波西米亚式的生活[责编注]。此后，木版画的主题还包括城市景观和自然风光，例如葛饰北斋的富士山 36 景。

[责编注] 波西米亚式生活指保留有游牧民族生活特点的、随意生活方式。

公元 1830 年
印第安人迁移法案　INDIAN REMOVAL ACT

铁路为外来移民和淘金者打开了通向美国西部地区的大门，代价是当地土著被迫迁出原来的定居点，搬到西部更蛮荒的保留地。1876 年，苏族印第安人（the Sioux）在小巨角（Little Bighorn）击败了乔治·阿姆斯特朗·库斯特中校（George Armstrong Custer, 1839—1876）所率军队。但印第安人的胜利是短暂的。1890 年，苏族人在南达科他州的伤膝河（Wounded Knee Creek）战役中惨遭屠杀。

公元 1841 年
克佑区植物园　KEW GARDENS

克佑区植物园（Kew Botanic Gardens）是伦敦一所正式向公众开放的的皇家庄园。五年之间，占地面积从 15 英亩扩大到 250 英亩。植物园积极引进新物种，植物种类呈指数级增长，大众对其的喜爱也与日俱增。

公元 1859 年
《物种起源》　*ON THE ORIGIN OF SPECIES*

查尔斯·达尔文（Charles Darwin, 1809—1882, 英国自然学家）1831 年乘坐"HMS 小猎犬"号（HMS Beagle）前往加拉帕戈斯群岛（the Galapagos Islands）考察。他根据旅行见闻，撰写了一篇有关生物进化的论文——《物种起源》（*On the Origin of Species*），观点极具开创性。

公元 1860 年
鸦片战争　OPIUM WAR

英法联军以报复英国人质所受侮辱为名，纵火烧毁了圆明园。

公元 1861 年—1865 年
美国南北战争　AMERICAN CIVIL WAR

由于在存废奴隶制问题上存在分歧，美国南部 11 个州脱离联邦，成立了美利坚联盟国（the Confederate States of America）。南部联盟的罗伯特·爱德华·李将军（General Robert Edward Lee, 1807—1870）在历时五年的血战之后，在阿波马托克斯（Appomattox）向联邦军队的总指挥官尤里西斯·S. 格兰特（Ulysses S.Grant, 1822—1885）投降。

公元 1866 年
杂交豌豆　WHIRLED PEAS

格雷戈尔·约翰·孟德尔（Gregor Johann Mendel, 1822—1884, 奥地利科学家）发现遗传规律，使植物杂交成为可能。

公元 1868 年
明治维新　MEIJI RESTORATION

在历时 250 年之久的幕府统治之后，日本天皇终于重新掌握了国家政权，结束了长期遭受孤立的状态，并启动经济和政治改革。

公元 1869 年
金道钉[责编注]　GOLDEN SPIKE

美国州际铁路在犹他州的普罗蒙特里丘陵（Promontory Point）全部竣工。

[责编注] 美国贯穿东西的大铁路合拢时，在交汇处钉下了一颗18K金的铁路道钉。

公元 1869 年
苏伊士运河　SUEZ CANAL

地中海与红海之间开通了一条重要的贸易航线，将欧洲与亚洲紧密联系起来。

公元 1886 年
自由女神像　STATUE OF LIBERTY

1876 年，为了庆祝《独立宣言》签署一百周年，法国人民为表示祝贺向美国人民赠送了一尊女神像。

公元 1893 年
睡莲　WATER LILIES

画家克劳德·莫奈（Claude Monet, 1840—1926）在法国的吉维尼（Giverny）附近购置田产，并建造了一座水景花园。这座花园成为他印象派风景绘画的灵感源泉。

公元 1899 年
美国景观师协会　ASLA

美国景观建筑师协会（the American Society of Landscape Architects）由贝娅特丽克丝·琼斯·弗莱德（Beatrix Jones Farrand, 1872—1959, 美国景观建筑师）、沃伦·亨利·曼宁（Warren Henry Manning, 1860—1938, 美国景观建筑师）、约翰·查尔斯·奥姆斯特德（John Charles Olmsted, 1852—1920, 美国景观建筑师）、小弗雷德里克·劳·奥姆斯特德（Frederick Law Olmsted Jr., 1870—1957, 美国景观建筑师）、唐宁·沃克斯（Downing Vaux, 1856—1926, 美国景观建筑师）、内森·富兰克林·巴雷特（Nathan Franklin Barrett, 1845—1919, 美国景观建筑师）、丹尼尔·韦伯斯特·兰顿（Daniel Webster Langton, 美国景观建筑师）、查理斯·纳索·劳瑞（Charles Nassau Lowrie, 1869—1939, 美国景观建筑师）、小塞缪尔·帕森斯（Samuel Parsons Jr., 1844—1923, 美国景观建筑师）、小乔治·F. 潘特克斯特（George F.Pentecost Jr., 美国景观建筑师）和奥西恩·科尔·西蒙（Ossian Cole Simonds, 1855—1931, 美国景观建筑师）等人建立。

维多利亚女王时代和当时的植物
THE VICTORIANS AND THEIR PLANTS

受经济形势的影响，盛行于18世纪的景观设计风格到19世纪时已经风光不再。大型庄园的维护费用很高，许多庄园主不得不变卖庄园，或是把庄园切分成若干小块经营，全景式景观大为缩水。乔治王朝时期（Georgian era）[责编注1]的社会由上流阶层主导，他们钟情于景观花园。维多利亚时期（Victorian era）[责编注2]则由中产阶级主导，后者热衷于围绕工业中心建造小型的城郊别墅。人们的关注焦点从广阔景观转移到了独立植物个体。

布丁的割草机：埃德温·比尔德·布丁（Edwin Beard Budding, 1795—1846，英国工程师）1832年申请了割草机专利。割草机体型小巧，在地形复杂的植床上使用起来十分方便，甚至适用于最小型的花园。

维多利亚时代的人们沉迷于在花园中引入英格兰的新物种，他们狂热地搜集并展示奇花异草。沃德箱（the Wardian case）的发明、温室的改进以及园艺文化的繁荣发展使得中产阶级也开始设计自己的花园，并成为时尚。

尼萨尔·巴格肖·沃德（Nathaniel Bagshaw Ward, 1791—1868）是一位医生、自然主义者、蕨类植物爱好者，无意间发明了一种玻璃容器。他在研究蝴蝶的时候，将蛹蛾埋在泥土中并密封在玻璃罐子里。结果在这个温室环境中成活的竟是一棵蕨类植物，而不是蝴蝶。沃德箱实质上是一种微型温房，能够将活的物种而不是种子从中国、印度和北美带到欧洲大陆，并由此大大提高了贸易往来中植物的数量。沃德认为他的发明还能帮助穷人，人们可以用它来种花卉、蕨类植物和常青藤植物，也可以种蔬菜、萝卜来制作沙拉等等[1]。

1845年，英国取消了玻璃税，玻璃产品价格下降。小型玻璃温房的出现，使人们可以在自家花园中自由种植。约翰·克劳迪乌斯·罗顿（John Claudius Loudon, 1783—1843，苏格兰植物学家）首先发明了脊—沟系统（the ridge-and-furrow system），之后约瑟夫·帕克斯顿（Joseph Paxton, 1803—1865，英国园艺师）又增加了曲面玻璃。下文将对二人所做的贡献进行具体介绍。

随着中产阶级对花园和植物园的热情日益高涨，园艺产业得以发展。大量期刊、杂志不仅介绍中等规模的庄园管理新技术，还介绍小型花园的管理技术。园艺作家将注意力集中在植物学本身，而不是美学设计理论。这些价廉物美的杂志深受新兴中产阶级业主的喜爱。汉弗莱·雷普顿在他职业生涯的最后十年特别强调实践的重要性，他在自己后期的景观设计中增加了台地、扦插式花园和喷泉等景观元素，表现出他对于花园实用功能的关注[2]。

[责编注1] 乔治王朝时期指英国乔治一世至乔治四世在位时间，即1714年—1830年。

[责编注2] 维多利亚时期指1837年—1901年维多利亚女王统治时期。

沃德箱：玻璃保温箱可以防止放置在室内的植物受到煤气灯的烟气熏扰。

约翰·克劳迪乌斯·罗顿与业余景观师
J. C. LOUDON AND THE AMATEUR LANDSCAPIST

约翰·克劳迪乌斯·罗顿作为著名的景观设计师，不仅创作了丰富的景观设计作品，还进一步提出了"公共空间"的理念。从1826年到1843年间，他创办了《园艺师杂志》(Gardener's Magazine)，为中产阶级有产者提供了时尚的园艺信息。后者通常从期刊杂志中获取信息，而不是咨询景观设计师。他在写于1822年的《园艺百科全书》(Encyclopedia of Gardening)中集中介绍了自己在国外旅行时所见到的园林案例和传统设计风格。

在为中产阶级有产者提供服务的过程中，罗顿创造了一种适用于小型地产的花园形制。他设计了几种适应不同基地面积的园林平面样式，并加以分类：1级（10英亩）、2级（2~10英亩）、3级（1~2英亩）和4级（1英亩以下）。罗顿还支持发展公共花园。1840年，他设计了集教育功能与娱乐功能于一体的德比郡大赛马场植物园(the Derby Arboretum)，并于1840年面向公众开放。根据他的景观设计原则，11英亩的园地内应当包括中央的石子铺面步道、绿树掩映的环形步道、人造土堆以及休闲设施，如休息室、凉亭和长凳。植物都贴有标签，注明学名和俗称、原产地和成年后的高度。

罗顿早年患风湿病，不得不接受胳膊截肢。尽管深受疾病和其他生活逆境的困扰，他仍执着于自己的事业，这在一定程度上要归功于他的妻子简。约翰（即罗顿）去世后，简·C.韦伯·罗顿 (Jane C. Webb Loudon，1807—1858，作家）继续出版他撰写的文章与著述，包括脍炙人口的《女性的花园》(Gardening for Ladies，1840出版)，这本书极大地鼓舞了女性参与园林设计。

城郊花园 (1838)：罗顿认为景观速写对女性景观设计师而言，是很好的练习方法。

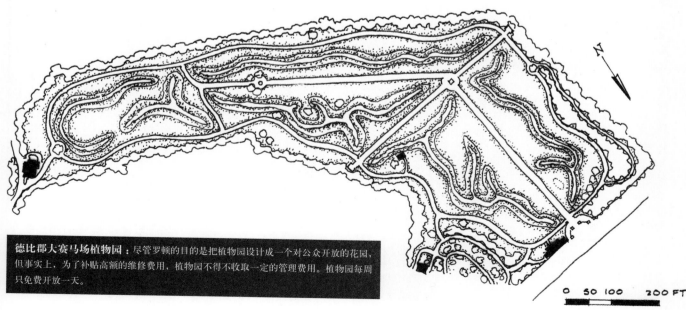

德比郡大赛马场植物园：尽管罗顿的目的是把植物园设计成一个对公众开放的花园，但事实上，为了补贴高额的维修费用，植物园不得不收取一定的管理费用。植物园每周只免费开放一天。

0 50 100   200 FT

约瑟夫·帕克斯顿的公共作品和私人作品
THE PUBLIC AND PRIVATE SECTOR WORK OF JOSEPH PAXTON

约瑟夫·帕克斯顿在他的职业生涯中身兼多个角色：他是第六位德文郡公爵（the sixth Duke of Devonshire）的首席园艺师与密友，还是几份园艺杂志的创办者。他设计建筑、整修场地，是园艺协会（the Horticultural Society）会员、议会成员，他还发明了温室技术，倡导公共花园的建设，至今泽被后人。

1836 年，帕克斯顿在查茨沃斯（Chatsworth）修建了绰号"大炉子"（the "Great Stove"）的当时最大的温室，他改进了罗顿设计的温室构造系统，用铸铁与木材更换了原来的锻铁构件。1850 年他为在海德公园（Hyde Park）举行的大型展览设计水晶宫（the Crystal Palace）。温室和冬季花园内展示着各类珍稀物种，引起了大众的关注。为中产阶级有产者设计的小花房主要用于家庭休闲[3]。

1843 年，帕克斯顿设计的利物浦伯肯海德公园（Birkenhead Park）是第一座公共投资与维护、并对全体公众开放的公园。他在湿地中挖了两个湖，宽阔的湖面延伸了视距，创造了空间距离感。人工堆垒的小岛、小山和土堆，创造出层次丰富的视觉趣味。这家公园于 1847 年开放。1850年，弗雷德里克·劳·奥姆斯泰德（Frederick Law Olmsted，1822—1903，美国景观设计师）参观了这个公园，对其机非分离的交通流线系统印象深刻。

公众对工业发展负面效应的普遍关注以及贵族阶层盛气凌人的家长式专制态度引发了 19 世纪人们对社会福利的担忧。公共花园是对城市人口无限制增长和城市不良卫生条件等现象的应对举措。除了公众道德水平的提高，公园还被开发商视为潜在的利好——位于公园周边的住宅用地销售情况良好。帕克斯顿首先提出"认购计划"（subscription plots）的概念，以实现公园在经济上的可行性[4]。

水晶宫：帕克斯顿的温室围绕着保留树木进行建造，总长共计达 1900 英尺。

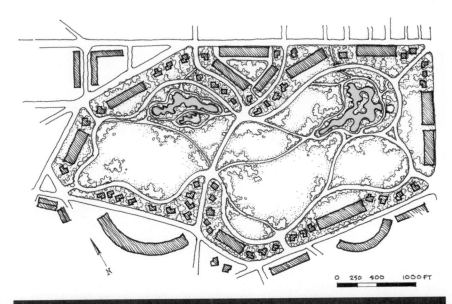

伯肯海德公园，利物浦：帕克斯顿独特的交通流线系统影响了奥姆斯泰德的中央公园规划。

风格之争的持续
THE CONTINUING SAGA OF STYLES

18世纪末期激烈的风格之争，在19世纪末期被园林理论研究者重新提起。这一时期的争论焦点是"规则式"风格（formal style）和"非规则式"风格（informal style）。

"规则式"风格的标志是建筑式花园（architectural garden）的复兴——由建筑和强烈的几何形空间界定种植区域。花园内，色彩斑斓的花卉组织成马赛克图案，四季更迭。这种设计手法叫做"地毯式花床"（carpet bedding）。摆布植物需要数百名园丁——夏季时将细弱的植物放置在开敞的场地上。数以万计的植物是主人高贵地位的象征 [5]。

移栽（bedding out）是罗顿园艺派景观设计理念发展到极致的结果。罗顿是一位多产作家，作品影响深远。最初时他批评了布朗式花园和雷普顿式花园，支持普瑞斯以及写意派拥护者的观点立场。在游历欧洲大陆，参观了多座宏大美丽的欧式花园之后，罗顿开始欣赏规则式的平面布局，推崇景观的艺术特质而不是自然风貌。他创立了一种新的风格流派，学名叫做"园艺派"（gardenesque），反映出大众的兴趣在于植物所内含的艺术品质与园艺实践。

园艺派园林：在园艺派的园林设计手法中，种植的植物之间相互独立，互不靠近。

地毯式花床：园丁将矮小的、多年生植物，如半边莲、鼠尾草、马鞭草、修剪成花结、字母和时钟等图案。

园艺派是一种特殊的园艺种植方式。每棵植物都独立地布置，从中体现出的是园丁的艺术才华，而不是园主或者设计师的理念。草坪远离种植区，宽畅的温室可用于植物栽培与养护。访客关注的是一棵树或者一丛灌木的独特品质，而不是大片的植被或者开阔的场景。罗顿的理论提出，花园应该是富于创造力的艺术作品，而不是对自然的简单模仿。他认为，花园应该由品种多样、姿态各异的植物按照规则的布局方式统一组织而成，特别是来自国外的品种。不幸的是，这样做的结果往往是一堆互不相干植物的大汇集，根本不是罗顿所构想的有秩序的结构。

评论家们反对僵硬的移栽与折中主义的园艺派。威廉·罗宾逊（William Robinson，1838—1935，爱尔兰园艺师）将植物的几何式布局视为"真正的景观艺术倒退回面包师的雕虫小技"[6]。他指出，这种设计手法是把人们局限于墙纸和地毯设计的小框框里。在1870年出版的著作《狂野花园》（*The Wild Garden*）中，他提出根据园艺需求和植物的艺术特质，采用纯自然的种植方式。他倡导在庭院中设置绿草带，将草本植物与野花混合种植，由此将园艺派景园与写意派景园结合起来。大片灌木的边缘饰以其他植物，以柔化边界。在他于1883年出版的著作《英国花卉园》（*The English Flower Garden*）中，罗宾逊对19世纪引进的所有新植物品种进行了分类，并将注意力集中于低维护成本的品种培植。这本书后来多次再版。

不同于罗宾逊提出的不规则风格，雷金纳德·西奥多·布洛姆菲尔德（Reginald Theodore Blomfield，1856—1942，英国建筑师）呼吁规则式风格的回归。1892年，他撰写了《英格兰的规则式花园》(The Formal Garden in England) 一书，将意大利的台地式花园（the terrace garden）认定为造园艺术中的最完美案例。激烈的争论一直持续，直到建筑师埃德温·兰德西尔·鲁琴斯（Edwin Landseer Lutyens，1869—1944，英国建筑师）和景观设计师格特鲁德·杰基尔（Gertrude Jekyll，1843—1932）在共同合作中将艺术和自然完美地融为一体。杰基尔是罗宾逊的门徒。她受过绘画训练，并创立了基于形式、材质和色彩原则的园艺设计理论。因为视力下降，杰基尔被迫放弃绘画，而将全部精力转向园艺。在19世纪90年代，她是《乡村生活》杂志（Country Life）的固定撰稿人，1899年撰写了第一部著作《林地和花园》(Wood and Garden)。鲁琴斯为杰基尔的"软质景观"（softscape）设计了几何结构。他强调细节丰富的形制，采用乡土建材建造，与她一泻千里的植被群落形成完美的搭配。

草本植物饰边：格特鲁德·杰基尔继承并发展了威廉·罗宾逊的自然主义种植理念，她采用大面积、多年生的单色植物，设计成独特的植物花坛。

艺术与手工艺运动
THE ARTS AND CRAFTS MOVEMENT

工业革命给景观带来了前所未有的变化。工厂取代了家庭作坊，贸易兴旺，人口增长。1800年，英格兰的人口已达到1000万人；1850年，人口翻倍；到1900年人口再次翻倍。人口不断涌向城市，到1830年，伦敦的居住人口已达到150万之众[7]。

作家兼批评家约翰·罗斯金（John Ruskin，1819—1900）首先质疑全社会对技术的盲目崇拜。他发现传统的景观和生活方式日渐衰落，所以极力呼吁对二者加以保护。1848年，一群被称为"前拉斐尔派"（pre-Raphaelites）[责编注]的艺术家试图重新恢复传统艺术的价值观。他们推崇中世纪的手工艺，并将行会制度视为

建立工业社会秩序的好方法。19世纪80年代至90年代的艺术和手工艺运动（the Arts and Crafts movement）是对大规模工业流水线生产出来的低质产品的抵制。作家、设计师及社会主义者威廉·莫里斯（William Morris，1834—1896）成立了一家装饰艺术公司，他的作品带有鲜明的艺术和手工艺风格。莫里斯在设计中使用有机图案和植物主题，在自然中寻找灵感。伴随着乡村墓地和城郊花园的发展，这些浪漫的设计元素出现在英国村舍花园（the cottage garden）当中，包括笔直的小径和丰富的花卉。

[责编注] 19世纪中期在英国兴起的美术改革流派。

威廉·莫里斯公司（Willian Morris & Co.）：在莫里斯设计的墙纸中，植物图案来源于他花园里种的植物。

共和国时代与帝国时代　REPUBLICS AND EMPIRES

1802 年，依照新宪法，拿破仑·波拿巴 (Napoléon Bonaparte, 1769—1821，法兰西第一帝国皇帝）被法国人民的代表选举为法兰西第一共和国终身执政官。两年后，他自封皇帝，并试图统治全欧洲（即法兰西第一帝国）。1815 年，拿破仑兵败滑铁卢，国王路易十八 (Louis XVIII, 1755—1824）建立君主立宪制政权。国王死后，他的兄弟、忠诚的保皇主义者查理十世 (Charles X, 1757—1836）继任皇位。1830 年，查理十世试图中止宪法，由此引发一系列的政治风暴和社会动荡。自由主义的倒皇党人迫使查理十世让位给"平民皇帝"——路易 - 菲利普 (Louis-Philippe, 1773—1850）。快速工业化迅猛席卷全国，人们要求改革，推翻旧体制。1848 年，议会成立第二共和国，路易 - 波拿巴 (Louis-Napoléon, 1808—1873，拿破仑·波拿巴的侄子）被选举为共和国总统。1851 年他解散议会，成立第二帝国，自封"拿破仑三世" (Napoléon III）。到了 1871 年，在自由主义者日益强大的抗议声中他的统治被终结，第三共和国由此建立。

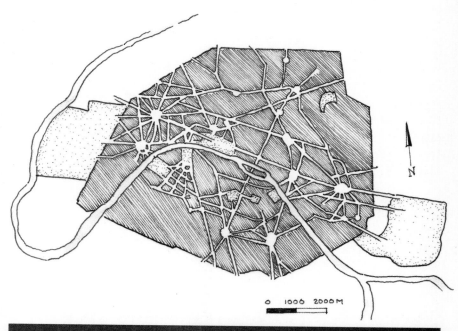

奥斯曼的巴黎：秩序井然、管理有方的几何空间布局设计被添加进巴黎的中世纪城市结构肌理之中。

奥斯曼规划
HAUSSMANNIZATION

1853 年，乔治 - 欧仁·奥斯曼男爵 (Baron Georges-Eugène Haussmann，1809—1893，法国城市规划家）被拿破仑三世委任为塞纳大区的区长。他贯彻皇帝建立现代化巴黎城的意图，改善现有的市政基础设施，增建新的林荫大道、道路交叉口、绿化广场和公园。城市更新计划以工人阶层社区被摧毁为代价。具有讽刺意味的是，社会变革的理想却导致穷人被迫从城市中搬迁出来。

文艺复兴时期，罗马教皇西斯托五世 (Pope Sixtus V，1521—1590）创建了一个连接罗马各重要场所的交通系统，拿破仑三世和奥斯曼效仿他，在巴黎中世纪的城市结构肌理上又叠加了一套规则式的几何空间布局系统。新规划的街道有利于发展现代交通与商业，同时也是控制社会

秩序的一种方式。宽阔的林荫大道将城市划分为行政管理区和开敞空间，后者也是交通节点。建筑规范为新建建筑设定了统一的建筑高度。奥斯曼的规划中还计划建设恢弘的歌剧院和其他文化设施。

香榭丽舍大街 (the Champs-Elysées) 的早期改造成为奥斯曼城市规划效仿的先例。至 1836 年，这条林荫大道从杜伊勒里花园 (the Tuileries) 一直延伸到新凯旋门 (the new Arc de Triomphe)，沿途装饰有喷泉、路灯和长凳，还布置有剧院和餐馆[8]。1858 年，奥斯曼又将林荫大道延伸至布洛涅森林 (the Bois de Boulogne)。

奥斯曼任命工程师兼设计师让 - 夏尔 - 阿道夫·阿尔法德 (Jean-Charles-Adolphe Alphand, 1817—1891）为漫步道和种植园 (Promenades et Plantations) 部门的负责人，执行再开发规划。阿尔法德为城市中所有的公共空间都设计了连贯的景观元素语言。在 1867 年至 1873 年之间，他出版了极具影响力的两卷本著作，介绍巴黎的

建筑设计与城市设计，其中包含优雅的曲线形地形地貌插图和精致的细部结构图[9]。

巴黎的公园
PARIS PARKS

奥斯曼的规划将公园穿插在城市的空间布局之中：西边是布洛涅森林，东边是文森森林 (Bois de Vincennes)，北边有肖蒙山丘公园 (Parc Des Buttes-Chaumont，又译"秃山公园"），南边有蒙特苏里公园 (Parc Montsouris)。

布洛涅森林原先是一个皇家狩猎场，路易十四 (Louis XIV，1638—1715）将其对公众开放，并于 1851 年纳入巴黎市管辖范围。贯穿于茂密林地之中的放射状林荫道与圆形节点是典型的法国规则式园林设计手法。在法国大革命之前，这里是时尚的社交之地。拿破仑三世对罗顿设计的公园印象深刻，要求奥斯曼按照英式景观风

阿尔法德的设计语汇：精致细腻的建筑元素在城市中创造了协调统一的设计语言。

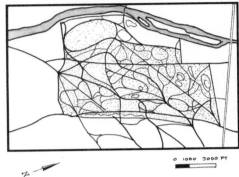

0 1000 3000 FT

布洛涅森林：自然主义的英式风格景观设计取代了18世纪巴洛克风格的规则式空间布局。

肖蒙山丘公园：旧采石场被改造为公园。极具美感的曲线形道路系统与树木种植构成生动的景致，这一切都与阿尔法德对地形地貌的戏剧性重塑和谐地融为一体。

格重新设计布洛涅森林[10]。重修后的花园深受公众欢迎。1859年，奥斯曼会见阿尔法德，并游览了布洛涅森林。

1860年，奥斯曼将位于文森森林的旧教军场翻建为公园。这座公园位于城市中心的东部、工人阶层的社区内。公园内也设有类似于布洛涅森林一样的散步道，借此暗示普通人和他们有权有势的邻居一样平等，拥有接受教育、提高社会地位的权利[11]。

肖蒙山丘公园原先是城市北部的一个旧采石场，被改建为纯自然的景观基地。从1864年到1867年，改造持续了3年时间，公园的中心湖中建有一个陡峭的山岬。一座悬索桥将小岛和湖岸连接起来。峭壁顶部建有一座圆形神庙。古典的景观主题建筑与洞穴、瀑布完美结合起来。

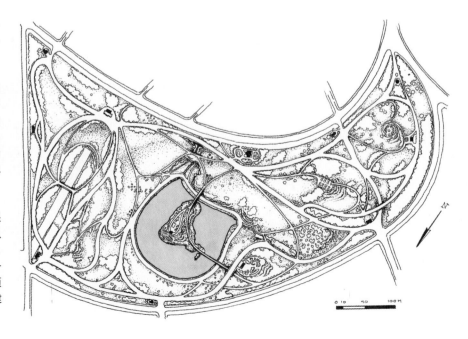

0 10　40　100 M

奥斯曼的计划中还包括 24 个毗邻公园，并且装饰着阿尔法德设计的大门、路灯和城市家具。

世界博览会
INTERNATIONAL
EXPOSITIONS

在 19 世纪，许多国家通过举办世界博览会来彰显自己的文化进步与技术成就。1851 年伦敦世博会之后，巴黎分别于 1855 年、1867 年、1878 年和 1889 年举办了多次世界博览会。在 1889 年的世界博览会中，为了庆祝法国大革命一百周年，古斯塔夫·艾菲尔（Gustave Eiffel，1832—1923，法国工程师）设计了高达 984 英尺的艾菲尔铁塔。至今，它仍是世界上最高的建筑物之一。

"自杀之桥"：一座悬索桥连接着位于悬崖顶部的神庙，给 19 世纪的参观者制造了一种刺激的冒险体验。

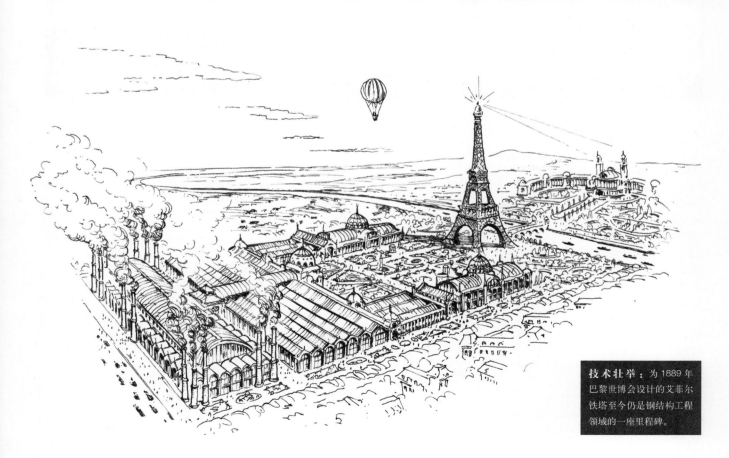

技术壮举：为 1889 年巴黎世博会设计的艾菲尔铁塔至今仍是钢结构工程领域的一座里程碑。

美国的景观建筑
LANDSCAPE ARCHITECTURE IN AMERICA

19 世纪美国效仿欧洲发展工业化。人们热心科技发展，期望借此获得幸福的生活。1803 年，美国收购了法国殖民地路易斯安那州，疆域扩大了一倍。

身处大尺度环境中的人们似乎很难想象一个版图如此辽阔、资源似乎取之不尽的国家是什么样，但是工业化对城市居民的影响更加直接。随着旧世纪渐渐逝去，新世纪日趋来临，人们开始重新审视自己与景观之间的关系。19 世纪的景观建筑史中，最大的贡献是公园和原野美学概念的出现。美国人在土地利用上的特别之处在于当地居民的主动性和创造性。

国家的版图贯穿大陆、不断向西拓展（1868 年）：柯里尔与艾夫斯公司（Currier and Ives）[责编注] 印刷出版、由一位法国朝圣者绘制的景观风情画，鲜明地展现了对整个国家前途命运的信念。

公园的英国先例
ENGLISH PRECEDENTS FOR PUBLIC PARKS

1832 年英国颁布《改革法案》(Reform Bill)，它象征着伴随快速工业化的发展、社会意识的不断增强，政府开始认识到，人们对公共绿色空间的需求是社会变革的一种表现。皇室将位于伦敦西部富人区的皇家庄园面向公众开放，但在附近的平民区就没有这样的公共空间。19 世纪 30 年代，企业家推行工人住宅发展计划，公园是计划的一部分。但是这些绿色空间都设置了社区门禁，仅供居民进出。利物浦的伯肯海德公园成为第一个面向公众开放的非皇家庄园，就是这一社会变革潮流的证明。但是，企业家的动机不单纯是做慈善事业，他们还可以从相邻土地的开发中获取利益。

这种潮流也影响着美国城市景观的发展。安德鲁·杰克逊·唐宁（Andrew Jackson Downing，1815—1852，美国景观设计师）和弗雷德里克·劳·奥姆斯泰德的设计作品都具有英式景观花园的审美趣味和社会变革的理想。

安德鲁·杰克逊·唐宁
ANDREW JACKSON DOWNING

唐宁出生于纽约城以北哈德逊河（the Hudson River）岸边的一个小镇上，早年接受过园艺训练。他在 1841 年撰写的论文《北美地区的园林理论与设计实践》(A Treatise on the Theory and Practice of Landscape Gardening, Adapted to North America) 中，表达了他对"乡村"景观（"rural" landscape）和中产阶级住宅（特别是独户乡村住宅）设计技法的热爱。他认为环境影响人的行为模式，这一观点贯穿他职业生涯的始终。唐宁最初支持公众分享开放空间的权益，这对曼哈顿中央公园（Central Park）的最终建成发挥了关键作用。

唐宁认为郊区庄园在设计风格上的演进是一种道德需求和爱国责任。他认为精心

设计的房屋和花园是社会文明和公共道德的象征，并给美国人的生活带来文化内涵，而在欧洲人眼中这恰恰是美国人所缺少的。唐宁追求品位，并将之定义为"怡人的比例、美观的形式和适宜的用途"——他认为这些是自然主义风格花园所应具有的品质[12]。唐宁提出按照"美观"(beautiful) 和"风景如画"(picturesque) 的原则，强化房屋与花园之间的和谐关系。典型的设计元素包括草坪、门廊、蔬菜园和观赏性植物。他的设计形式以曲线为主。

唐宁在英国遇到了建筑师卡尔弗特·沃克斯（Calvert Vaux，1824—1895），并说服后者加入他在纽约的设计项目。后来，沃克斯与奥姆斯泰德成为合伙人。

[责编注] 1857年至1907年间经营的一家美国平版印刷公司，该公司印制的图片和海报用简洁的手法精确描绘了当时发生的重大事件。公司由纳撒尼尔·柯里尔（Nathaniel Currier，1813—1888）和詹姆斯·梅利特·艾夫斯（James Merritt Ives，1824—1895）合作经营。

对城市开放空间的需求
THE NEED FOR URBAN OPEN SPACE

由于享受户外空间的机会有限，人们把公墓当作休闲场地。在乡村地区，花园式公墓从两个方面反映了日益增长的城市人口的需求：为人们提供了风景优美的休闲场地；同时确保公共健康，使埋葬地远离人口密集的区域。城市中，教堂墓地的容量已达极限。全新的世俗墓地就像坐落于埃默农维尔的卢梭墓一样，不仅仅是埋葬地，还是一处充满感情、打动人心的景观。不分宗教派别的公墓装饰有纪念碑和雕塑，已成为城市居民心中最佳的归宿之地。1804年，巴黎的拉雪兹神甫公墓（Pere Lachaise Cemetery）成为第一个允许公民购买、并永久拥有的公墓。公墓的平面布局兼具规则式与不规则式的特点，曲线形的道路环绕着直线形林荫道所组成的中央方格网。

马萨诸塞州剑桥市（Cambridge）的奥本山公墓（Mount Auburn Cemetery）建于1831年，它是马萨诸塞州园艺协会（Massachusetts Horticultural Society）的一个实验案例，集花园、植物园和公墓于一体。开阔的草坪、湖泊、乡土植被和外来的花卉是对英式花园的怀念，并成为公园设计的元素。公墓管理者采用骨灰瓮、方尖碑和人像雕塑代替厚石板墓地，构成了如画般的景致。公众对公墓的热情也增强了对公园的需求。

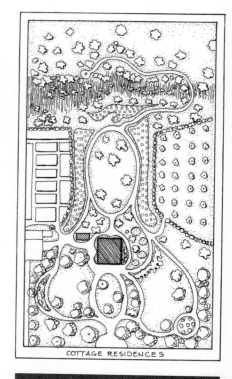

COTTAGE RESIDENCES

乡间小别墅：唐宁在他1842年的著作《乡间住宅》（Cottage Residences）中为小尺度花园提供了设计样例。

19世纪中期的欧洲移民潮加剧了纽约城对公共开放空间的迫切需求。新闻媒体对这一话题的提议得到了唐宁、诗人威廉·库伦·布莱恩特（William Cullen Bryant，1794—1878）和《纽约晚间邮报》（The New York Evening Post）编辑们的一致赞同。历经多次审议和党派间的讨价还价，市政厅终于从联邦政府申请到一笔资金，并购买了一块土地。1857年，联邦政府为此成立了一个委员会，并任命弗雷德里克·劳·奥姆斯泰德负责这一项目。随着租地农民、棚户区以及有毒工业企业逐渐被清理出去，规划中的公园周边土地价值飞速上涨。塞内卡村（Seneca Village）原是一个非洲裔美国黑人的定居点，在这一改造过程中被拆除。许多移民者为了给这座新型的"人民的"公园移出空间而被迫搬走[13]。

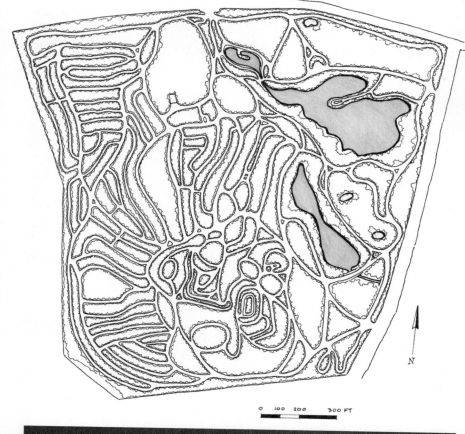

0 100 200 300 FT

奥本山公墓：道路顺应着基地中的天然轮廓线。

弗雷德里克·劳·奥姆斯泰德
FREDERICK LAW OLMSTED (1822–1903)

奥姆斯泰德是一位具有绅士风度的农场主，他对文化景观十分感兴趣。他游历颇广，详细记录了各地的乡土景观、农业实践与社会风俗，并结集出版[14]。1850年，他游览了英国的园林，并对伯肯海德公园设计的成功之处进行了评述。

中央公园　*CENTRAL PARK*

奥姆斯泰德与卡尔弗特·沃克斯联手参加了纽约中央公园的设计竞赛，并最终胜出。他们的方案——"绿地规划"(the Greenward Plan)保留了林地、基地中央裸露的河床以及南边的水库，后者称之为"散步地"(The Ramble)。为了营造湖泊和草坡，需要进行大量的场地平整施工。其中还设有一个正规的购物中心和台地，以满足人们看与被看的需求。建筑周边绿树环绕。整片公园占地843英亩——长约0.5~2英里、宽约0.5英里。在整个公园规划中，设有四条相互交错的干道。奥姆斯泰德与沃克斯创造性地将这四条道路设置在林间小径之下，纵向穿越公园，由此形成一套全新的交通流线系统——人行步道、骑马道和车行道。

奥姆斯泰德秉持人道主义的思想，将公园视为逃离城市不公平环境的一种手段。他

乡村浪漫主义：在公园出现之前，人们把公墓作为休闲的去处。纪念碑和雕塑成为景观环境中的视觉焦点。19世纪个人主义思潮的特点是缅怀一个人生前的事迹和成就。

认为，对于劳工阶层而言，接近自然既是生理需求，也是一种心理需要[15]。他的规划中还设有一个奶牛场，专为妇女和儿童提供新鲜牛奶。中央公园中仅有的定期组织的体育运动是划船和滑冰，没有专为劳工阶层服务的户外体育运动场地。他并不欣赏在公园中设置纪念性建筑和文化性设施的做法，但1880年公园内首先建造了大都会博物馆(the Metropolitan Museum)，此后又建起了一些建筑类构筑物，如贝塞斯达露台(the Bethesda Terrace)，作为构建景观空间的辅助性建筑。

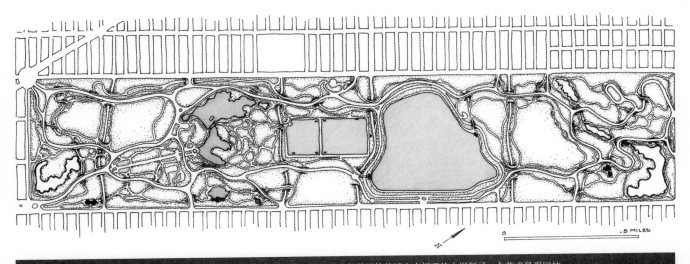

中央公园：奥姆斯泰德和沃克斯克服了四方形场地给设计带来的挑战，在曼哈顿的网格状城市空间系统中规划了一个英式景观园林。

行政管理上的冲突和政治动荡都对公园建设产生了一定的影响。设计师其间一度辞职，并在辞职信上署名为"景观建筑师"。这一重大变动有助于后来的专业领域划分。

希望之园　PROSPECT PARK

1866 年，奥姆斯泰德和沃克斯合作设计了位于布鲁克林（Brooklyn）的希望之园（Prospect Park）。这座公园占地 526 英亩，建设周期为 8 年。公园建设一直处于相对平稳的政治环境之中，其规划设计很少受现行规则和地形的束缚。

希望之园在设计中追求以自然为舞台。公园的主要出入通道是位于北部边界的一条地下通道。游客首先被一望无垠的大片草地（the Long Meadow）吸引，视线穿过茂密的树丛和蜿蜒的湖岸，向远处延伸。

公园系统　PARK SYSTEMS

奥姆斯泰德的设想远远不止于设计一个孤岛般的城市公园，而是要在城市中建造一个连续的开放空间网络。1868 年，奥姆斯泰德和沃克斯为纽约州的水牛城（Buffalo）设计了一个公园系统。景观大道宽约 200 英尺，将 350 英亩的特拉华公园（Delaware Park）与伊利湖（Lake Erie）岸线以及城市东边的阅兵场（the Parade）串联在一起。1875 年，奥姆斯泰德结合后湾沼泽地带（the Back Bay Fens）的污染治理和排洪防涝，为波士顿设计了一条称为"翡翠项链"（Emerald Necklace）的公园带。他的这条带状绿地将波士顿与牙买加湖（Jamaica Pond）、阿诺德植物园（the Arnold Arboretum）及富兰克林公园（Franklin Park）连接起来，形成了一条占地 500 英亩的"珠链"。

▶

（上）1910 年，小尼摩 [责编注] 的飞艇飞越中央公园。

（左）这就是中央公园，她有半英里宽，将近 3 英里长，是世界上最美丽的公园。

（右）而且正好位于城市中央。

[责编注] 尼摩是美国漫画家温基·麦凯（Winsor McCay，1869—1934）1905 年开始创作的《小尼摩梦游世界》（Little Nemo in Slumberland）系列儿童连环漫画中的主人公。故事讲述了尼摩小朋友在探索梦境过程中各种惊险有趣的奇遇。

曼哈顿城中心区：大约 1910 年。

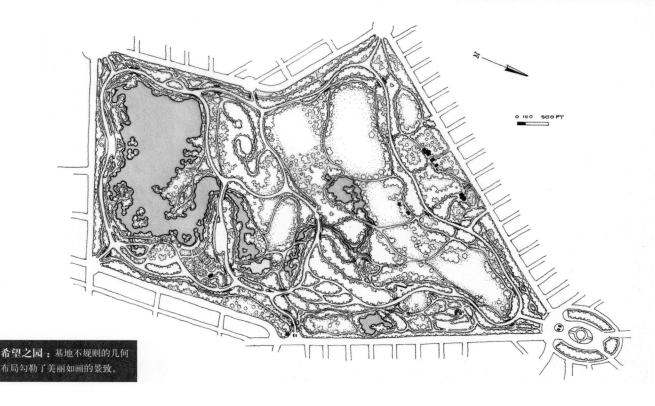

希望之园：基地不规则的几何布局勾勒了美丽如画的景致。

巴尔的摩庄园
BILTMORE ESTATE

位于北卡罗来纳州阿什维尔（Asheville）的巴尔的摩庄园是奥姆斯泰德最后一件个人设计作品。理查德·莫里斯·亨特（Richard Morris Hunt，1827—1895，美国建筑师）为乔治·华盛顿·范德比尔特二世（George Washington Vanderbilt II，1862—1914，美国富商）设计了一座法兰西风格的庄园。1888年，奥姆斯泰德又继续进行场地规划。一条长约3英里的出入通道穿过这座占地250英亩的庄园，直抵正门入口庭院。沿途秀丽的风光与骤然出现的几何式规整建筑，给游客创造了戏剧性的空间体验对比。两条林间小径组成海滨散步道，一直通往府邸。与散步道平行、地势较低的花圃被称为"意大利花园"（the Italian Garden）。沿坡向下走是修有围墙的花园、蔬菜园以及温室。生机勃勃的林地被一条浅浅的小溪环绕。1898年，奥姆斯泰德与吉弗德·平肖（Gifford Pinchot，1865—1946，美国政治家）合作，在基地中建造了一座林学研究院，占地规模达12万英亩。

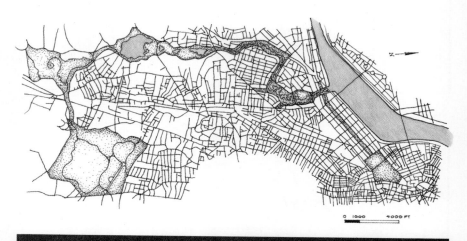

翡翠项链：公园和林荫道路环绕城市，串联成网络。

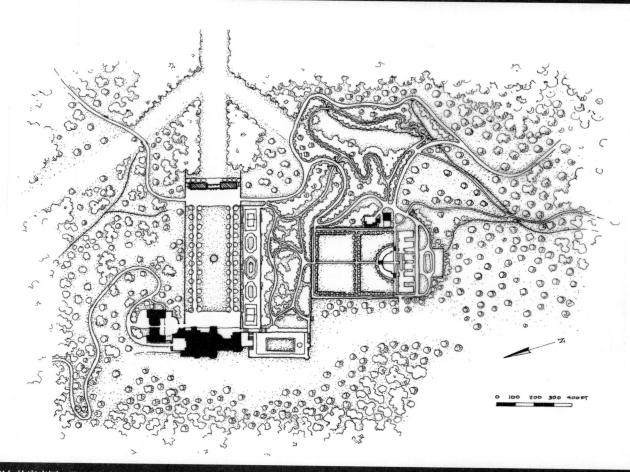

巴尔的摩庄园：除了以折中主义手法融合了多座花园，庄园还建有一座林学研究院。

自然的浪漫主义思潮　ROMANTIC IDEALS OF NATURE

社会改革运动和自然环境保护均可以被视为一种对工业革命负面效应的浪漫主义抵制行动。19世纪，艺术家和作家们把自然视为一种高度艺术化的作品加以欣赏。他们在作品中表达了对自然的敬畏之心，认为这有助于改造一个人的心灵。以亨利·大卫·梭罗（Henry David Thoreau，1817—1812，美国作家）、拉尔夫·沃尔多·爱默生（Ralph Waldo Emerson，1803—1882，美国散文家）和沃尔特·惠特曼（Walt Whitman，1819—1892，美国诗人）等为代表的形而上学者认为未曾开垦的自然都是上帝的杰作。哈德森河画派（the Hudson River School，19世纪美国以哈得逊河沿岸风光为题材的风景画家）的画家第一次将景观作为一种客观创作体裁，全然没有任何古典设计构想的色彩。这对于认识美国地域景观独特的价值，培养荣誉感十分有效。

国家公园　NATIONAL PARKS

"国家公园"的概念在美国深入人心。美国西部那壮美的景象开始只限于当地土著知晓，后来震惊了每一位造访的早期探险者。加利福尼亚州的优胜美地峡谷（Yosemite Valley）、怀俄明州的黄石地区（Yellowstone）都激发了这个年轻国家无尽的浪漫遐想。

约翰·考特尔（John Colter，1774—1813）是路易斯和克拉克探险队的成员，他和其他探险者、捕猎者一起讲述了西部地区令人惊叹的风景奇迹和自然现象[16]。几十年后，19世纪70年代，政府资助探险队前往蒙大拿州和怀俄明州进行考察。托马斯·莫兰（Thomas Moran，1837—1926）

是一位画家，于1871年随队出征探险。他用画笔记录了西部地区气势磅礴的大地景观，让公众对这一独特的自然宝藏有了充分了解。探险队返回后建议将这一壮丽的自然景观地区作为面向公众开放的公园，并加以保护。根据1872年的《黄石国家公园法案》（the Yellowstone National Park

《荒野暮色》（*Twilight in the Wilderness*），1860年；弗雷德里克·爱德华·丘奇（Frederick Edwin Church，1826—1900，美国风景画家）和哈德森河画派的画家们创立了一种独特的美国艺术形式。

Act)，以"为全民提供福祉和快乐"为宗旨，这一地区被指定为第一座国家公园。

优胜美地峡谷的风景也同样美丽，是美国人民赖以自豪的象征。奥姆斯泰德在完成中央公园设计工作后的休假期间，接受了马里波萨矿业公司（the Mariposa Mining Company）提供的一个职位：内华达山脉（the Sierra Nevada）地区监理。从1863年到1865年，奥姆斯泰德承接了加利福尼亚州北部地区的一批业务项目。其中最具影响力的项目是政府委托他制定优胜美地峡谷的发展规划。1864年，优胜美地峡谷被规划为一个州公园。

优胜美地峡谷　YOSEMITE

美国公众最早是通过卡尔顿·沃特金斯（Carleton Watkins，1829—1916，美国摄影师）的摄影作品、托马斯·阿蒙德·艾尔斯（Thomas Almond Ayres，1816—1858，美国风景画家）的绘画和艾尔伯特·比尔斯塔特（Albert Bierstadt，1830—1902，美国风景画家）的巨幅油画才知道优胜美地峡谷的存在。许多艺术家都描绘过这一地区的景色，人物在高山、巨木和瀑布的衬映下，显得非常渺小。美国人的性格中强烈的个人英雄主义——就源自这片世界上独一无二的荒野。

在1890年的全国普查之后，政府宣布对边远地区实行封锁[17]。一时间，美国人开始认识到保护这些荒野之地对树立本国的国民性格是多么重要。19世纪的浪漫主义思潮为后来的自然保护和生态伦理埋下了伏笔。

人们在如何保护景观的问题上意见并不一致。约翰·缪尔（John Muir，1838—1914）是一位自然主义者和环境观察家、赛瑞俱乐部（the Sierra Club）[责编注]的创始人，他支持自然保护理念，并提出人们不应过多干预自然。他还支持政府对荒野地区的公共管理。吉弗德·平肖是一位林务官员，倡导基于精明利用的保护理念，按照科学合理的原则对自然资源进行管理，如森林的可持续利用。

缪尔与西奥多·罗斯福（Theodore Roosevelt，1858—1919）总统的私人关系在很大程度上推动了将国有土地作为国家公园的政策实施。20世纪初期的环境法催生了1905年国家森林管理局（the National Forest Service）和1916年国家公园管理局（the National Park Service）的建立。斯蒂芬·廷·马瑟（Stephen Tyng Mather，1867—1930）是国家公园管理局的第一任局长，他为公园的土地规划制定了标准（即景观价值、科学价值与历史价值），并为所管辖的每一座公园都编制了总体规划。

[责编注] 赛瑞俱乐部成立于1892年，是美国最大、历史最久、影响力最广的草根环保组织。

《黄石河大峡谷》（*The Grand Canyon of the Yellowstone River*），1871年：托马斯·莫兰的绘画作品描绘了西部地区的迷人风光。

《优胜美地峡谷》（*Valley of the Yosemite*），1864年：艾尔伯特·比尔斯塔特的画作以其鲜明的光影效果而著称。

1893年哥伦比亚世界博览会
WORLD'S COLUMBIAN EXPOSITION OF 1893

美国独特的荒野景观已成为国家的形象与标志，使之能够与欧洲国家在文化上相抗衡。除了艺术作品，每个国家都希望向全世界展示自己在工业发展和技术进步上取得的成就。国际性的博览会和交易会在19世纪风靡一时。

到19世纪下半叶，美国已成为农业大国与经济强国，在政治和工业发展上具有重要的影响力。1893年举办的哥伦比亚世界博览会（the World's Columbian Exposition）展示了自哥伦布发现新大陆以来400多年间美国的发展进步。芝加哥

市击败纽约市的圣路易斯区（St. Louis）以及华盛顿特区，取得了世博会的举办权，由此诞生了举世闻名的芝加哥世界博览会。

群英聚会（Meeting of the Minds）：哥伦比亚世界博览会汇集了画家、雕塑家、建筑师和景观设计师，他们共同协作，描绘美好蓝图。

奥姆斯泰德为世博会园区所做的设计形成一种新的城市设计语汇。

A. "喔，这座闪亮的白色城市几乎让我睁不开眼睛。"
B. 佩戴这副个性鲜明的蓝色眼镜会令你眼界大开。
C. "小伙子，给我来一副。"
D. "眼镜着实提升了白色城市的风采。"
E. 一拥而上！

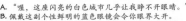

博览会的一天：参观者需要购买蓝色眼镜遮挡"白色城市"那耀眼的反光。

巴黎美术学院艺术风格的典范
BEAUX-ARTS IDEALS

奥姆斯泰德和深受巴黎美术学院艺术风格影响的设计师丹尼尔·伯纳姆（Daniel Burnham，1846—1912，美国建筑师）共同负责世博会园区的总体规划。大多数受邀设计临时性场馆的建筑师都坚持了新古典主义的设计语汇。所有场馆的建筑高度不得超过 60 英尺，均采用可回收材料建造。石膏和灰泥的外装饰面构成了一个色彩统一的综合建筑群，被称之为"白色城市"（the White City）。奥姆斯泰德围绕着中央喷泉建造了一组纪念性建筑，并命名为"荣誉广场"（the Court of Honor）。

这组建筑群构成了一个具有强烈震撼力的矩形灰空间，并通过建筑的围合构成开放空间。虽然，伟大的镀金时代（the Gilded Age）[责编注] 与奥姆斯泰德理想中田园牧歌式的城市公共空间并不一致，而且对比鲜明，但他的设计旨在为人们提供了一处纯粹天然的栖居之所——在荣誉广场的北部，他设计了一个绿树掩映的小岛，曲线型的道路环绕着自由形态的池沼。

芝加哥世博会吸引了大批参观者，获得了巨大成功。它所体现出的多部门合作精神和不断增强的公民荣誉感形成了持久的影响力，推动着 20 世纪初期城市美化运动（the City Beautiful movement）的发展。许多城市美化项目均采用新古典主义的设计手法。现代城市规划理念就诞生于这届集艺术与技术于一体的博览会。

[责编注] 援引自马克·吐温1873年所著的小说《镀金时代》，指19世纪70—90年代，美国内战结束后经济飞速发展的一段时期。

总　结

工业革命给景观建造和社会发展都带来了广泛的变革。在农业经济向工业经济的转变过程中，欧洲和美国的城市出现了新的低收入劳工阶层。社会改革者呼吁建造公园，提高城市贫民的生活条件。英式景观设计的艺术手法，秉持了西方人的自然观，也适用于公园这种类型空间。物质结构和社会结构定义了19世纪的城市生活。

19世纪的浪漫情怀源于回归自然。人们开始认识到景观在政治上、经济上和社会上的价值，并希望充分利用之。到19世纪末，景观建筑师在美国已成为一种职业。

设计原则

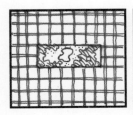    

可达性
ACCESSIBILITY

深入了解社会影响因素对设计优秀作品至关重要。第一座公园开放于19世纪。

特质
IDENTITY

当空间具有了可识别的特征便成为场所。法兰西第二帝国时期，巴黎城的特色便是到处充斥着阿尔法德的设计语汇。

转换
TRANSFORMATION

无论是人工园林，还是自然景观都能影响人的情感。形而上学者依据美国西部景观提出一种神秘的原野美学。

观察
OBSERVATION

城市环境为社会交流创造了发展机遇。巴黎的林荫大道就为人们提供了多种多样的交往空间。

协作
COLLABORATION

设计是一个相互协作和反复沟通的过程。芝加哥世博园就是由多专业协同、多学科专家团队共同设计完成的。

设计语汇

英国　ENGLAND
花坛和镶边

 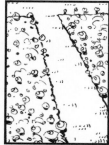 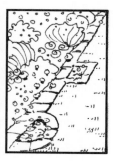

法国　FRANCE
广场和漫步道

美国　AMERICA
群山和纪念性建筑

拓展阅读

图 书
COLD MOUNTAIN, by Charles Frazier
THE DEVIL AND THE WHITE CITY, by Erik Larson
GREAT EXPECTATIONS, by Charles Dickens
THE LAST OF THE MOHICANS, by James Fennimore Cooper
LITTLE WOMEN, by Louisa May Alcott
MY ANTONIA, by Willa Cather
MOBY DICK, by Herman Melville
NATURE, by Ralph Waldo Emerson
PASSAGE TO INDIA, by E.M. Forster
THE RAVEN, by Edgar Allan Poe
WALDEN, by Henry David Thoreau
WUTHERING HEIGHTS, by Emily Bronte

电 影
AMISTAD (1997)
ANGELS AND INSECTS (1995)
DAISY MILLER (1974)
THE GANGS OF NEW YORK (2002)
AN IDEAL HUSBAND (1999)
JANE EYRE (1996)
OSCAR AND LUCINDA (1997)
THE SWAN (1956)
SWEENEY TODD (2007)

绘画与雕塑
THE THIRD OF MAY, by Francisco Goya (1804)
THE HAYWAIN, by John Constable (1821)
SCHROON MOUNTAIN, ADIRONDACKS, by Thomas Cole (1838)
FUR TRADERS DESCENDING THE MISSOURI, by George Caleb Bingham (1845)
NOCTURNE IN BLACK AND GOLD, by James McNeil Whistler (1874)
LE MOULIN DE LA GALETTE, by Auguste Renoir (1876)
THE THINKER, by Auguste Rodin (1879)
WHEAT FIELD AND CYPRESS TREES, by Vincent Van Gogh (1889)

公元20世纪

在这个世纪里，世界发生了规模最大的两场战争，人口增长的速度前所未有，出现了大规模的移民迁徙、制造业的革命、空前严重的经济危机与复苏，出现了"超级大国"以及大范围的物种灭绝和气候变化等地球生态灾难。这些变化的规模之大，几乎超出了人们的认知程度。公共机构和基金会对于人们生活水平的提高也起到一定的促进作用。同时，通讯方式和交通系统似乎缩短了人们之间的距离，但是，工业化国家与发展中国家之间的差距依然很大。

20 世纪，西方文化发展达到了新的高度。在此影响下，对建筑景观的影响日趋广泛。没有哪种风格或方法能够成为这个时期的代表。20 世纪初，景观设计理论得以快速发展，尤其在美国。一些设计思潮对美国的景观设计产生了重要影响，如乡村时代（the Country Place Era）、城市美化运动、现代主义（Modernism）、大地艺术（Land Art）、环境论（Environmentalism）、后现代主义（Postmodernism）与生态设计（Ecological Design）等。下面一章结合一些主要人物和具有代表性的设计作品对这些思潮进行了分析。

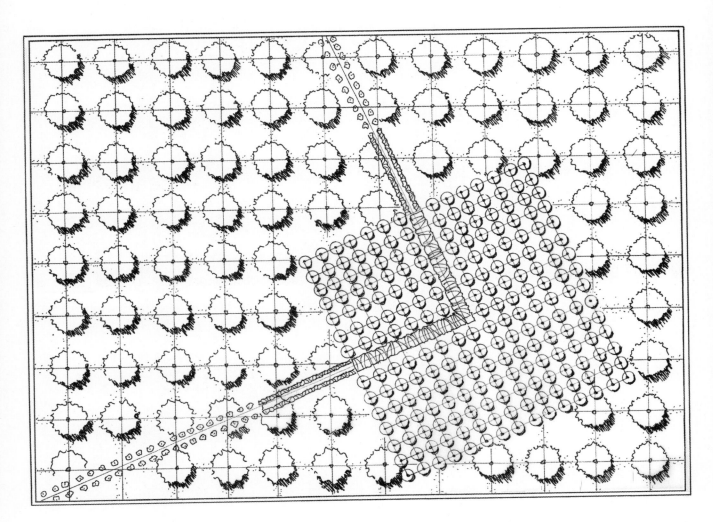

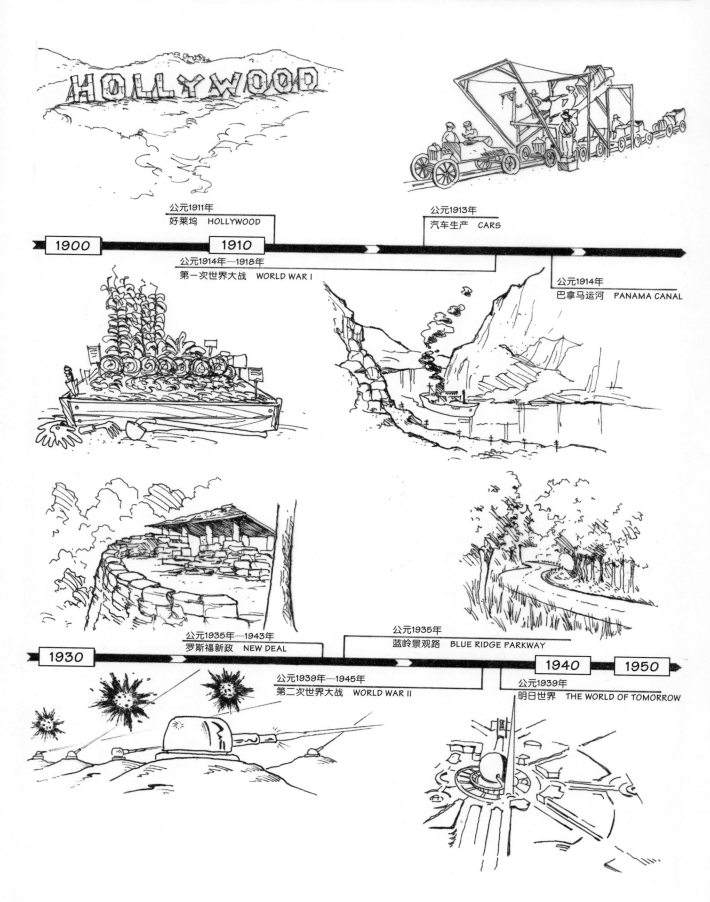

公元1911年
好莱坞　HOLLYWOOD

公元1913年
汽车生产　CARS

1900　　1910

公元1914年—1918年
第一次世界大战　WORLD WAR I

公元1914年
巴拿马运河　PANAMA CANAL

公元1935年—1943年
罗斯福新政　NEW DEAL

公元1935年
蓝岭景观路　BLUE RIDGE PARKWAY

1930　　　　　　　　　　　1940　　1950

公元1939年—1945年
第二次世界大战　WORLD WAR II

公元1939年
明日世界　THE WORLD OF TOMORROW

▲女性选举权

公元1915年
时间与空间　SPACE / TIME

公元1920年
选举权　SUFFRAGE

1920

公元1922年
收音机　RADIO

公元1928年
电视机　TELEVISION

公元1915年
圣雄甘地
MAHATMA GANDHI

VOTES FOR WOMEN

GAS

OUT OF GAS

公元1956年
高速公路法案　HIGHWAY ACT

公元1973年
石油危机　OIL CRISIS

公元1994年
种族隔离制度的废除　END OF APARTHEID

1960　1970　1980　1990　2000

公元1969年
人类登月　MOON LANDING

公元1970年
世界地球日　EARTH DAY

公元1989年
柏林墙倒塌　FALL OF THE BERLIN WALL

EARTH DAY
SAVE OUR PLANET

▲拯救我们的地球

公元 1911 年

好莱坞 HOLLYWOOD

内斯特公司（Nestor Company）在日落大道（Sunset Boulevard）与高尔街（Gower Avenue）的转角处开设了第一间电影工作室。电影成为南加州的主导产业之一。20 世纪下半叶，消费主义和大众娱乐已经产业化，并改变了景观设计学的面貌。

公元 1913 年

汽车生产 CARS

亨利·福特（Henry Ford, 1863—1947, 美国工业家）发明了生产流水线，大规模生产汽车。汽车由此成为主要的交通工具，并成为影响景观设计最主要的独立因素。

公元 1914 年—1918 年

第一次世界大战 World War I

作为奥匈帝国继承人的王储遭遇暗杀导致了欧洲战争的爆发，进而导致各大洲的国家纷纷卷入其中。欧洲版图的重新划分和权力中心的转移为第二次世界大战埋下了伏笔。战争后期，物资匮乏，人们在自家的前院种植庄稼，这就是有名的"胜利花园"（victory gardens）。

公元 1914 年

巴拿马运河 PANAMA CANAL

大西洋和太平洋（借由运河）连接在了一起。

公元 1915 年

时间与空间 SPACE/TIME

阿尔伯特·爱因斯坦（Albert Einstein, 1879—1955, 物理学家）出版了广义相对论。

公元 1915 年

圣雄甘地 MAHATMA GANDHI

莫罕达斯·甘地（Mohandas Gandhi, 1869—1948, 印度政治家）被尊称为"圣雄"、"伟大的灵魂"。他致力于消除贫困，帮助印度人民脱离英国殖民统治，争取独立。1915 年，他从南非返回印度，发起非暴力不合作运动以及其他民间抗议活动。

公元 1920 年

选举权 SUFFRAGE

美国《宪法》第十九条修正案授予妇女选举权。

公元 1922 年

收音机 RADIO

宾夕法尼亚州匹兹堡市（Pittsburg）的 KDKA 电台是第一家面向公众的广播电台。那时，收音机对文化具有广泛的影响力，甚至超过了今天的互联网。

公元 1928 年

电视机 TELEVISION

1928 年，米洛·T. 法恩思沃斯（Milo T.Farnsworth）发明了第一台电视机。这项技术在之后的十年中逐渐成熟。1941 年实现第一次商业电视转播。大众传媒促进了文化潮流的传播和扩展，满足了消费者的社会需求。

公元 1935 年—1943 年

罗斯福新政 NEW DEAL

美国总统富兰克林·德拉诺·罗斯福（Franklin Delano Roosevelt, 1882—1945, 美国政治家）成立了公共事业振兴署（WPA, the Works Progress Administration），雇用数百万的工人、艺术家参与修缮与装饰公共设施。民间资源保护组织（CCC, the Civilian Conservation Corps）致力于保护森林、沙滩和公园。

公元 1935 年

蓝岭景观路 BLUE RIDGE PARKWAY

景观设计师斯坦利·威廉姆·阿伯特（Stanley William Abbott, 1908—1975）在北卡罗纳州和弗吉尼亚州之间设计了一条长约 500 英里的景观道路，将大雾山国家公园（the Great Smoky Mountains National Park）和仙纳度国家公园（the Shenandoah National Park）连接起来。民间资源保护组织主持了这一项目。

公元 1939 年—1945 年

第二次世界大战 World War II

纳粹德国试图依据法西斯原则重组欧洲，由此引发了一场规模空前的战争。5500 多万人被战争夺去了生命，有数百万人死于纳粹集中营。美国在日本投放了世界第一颗原子弹。战后，美国和苏联成为世界超级大国。意识形态上的差别导致了冷战的出现以及东西方两大阵营的对立。

公元 1939 年

明日世界 THE WORLD OF TOMORROW

1939 年，在纽约皇后区（Queens）举办的世界博览会展示了美国人对未来的构想。其中最吸引人的一项设计是"未来世界展示"（Futurama），这是一座未来"民主"城市（Democracity）的模板，城中包括居住区、商业区和工业区，相互之间由一条高速公路相分离。

公元 1956 年

高速公路法案 HIGHWAY ACT

冷战期间，为了方便人口在城市之间流动，美国政府开始出资修建州际高速公路系统。高速公路促进了城市郊区的发展，同时也使人们对汽车产生了依赖。

公元 1969 年

人类登月 MOON LANDING

美国人尼尔·阿姆斯特朗（Neil Armstrong, 1930—2012, 美国宇航员）和巴兹·奥尔德林（Buzz Aldrin, 1930—, 美国宇航员）成功踏上月球。1968 年发射的"阿波罗 8 号"（Apollo VIII）传回了第一批从宇宙中看到的地球图片。

公元 1970 年

世界地球日 EARTH DAY

美国参议员盖洛德·尼尔森（Gaylord Nelson, 1916—2005）呼吁全民提高环境保护意识，这一举动催生了第一个地球日（Earth Day），目前已成为世界性的节日。

公元 1973 年

石油危机 OIL CRISIS

为了抗议美国政府对以色列的支持，石油输出国组织（OPEC, the Organization of Petroleum Exporting Countries）颁布石油禁运令，禁止向美国运送石油，由此引发了美国民众对本国国民生产过度依赖石油问题的关注。

公元 1989 年

柏林墙倒塌 FALL OF THE BERLIN WALL

这一年东、西德重新统一。1991 年，东方阵营的解体宣告冷战结束，开始全球化进程。

公元 1994 年

种族隔离制度的废除 END OF APARTHEID

1990 年，政治活动家纳尔逊·曼德拉（Nelson Mandela, 1918—）在入狱 27 年后，终于获得释放。1994 年，南非第一次面向所有种族进行全国民主选举，曼德拉当选总统。

贫富两极分化　EXTREMES OF WEALTH AND POVERTY

美国从国家重建（1877年）到第一次世界大战（1917年）之间，经历了工业高速发展和移民洪潮。在钢铁、石油和铁路建设方面，投资者积累了大量财富。有钱人沉醉于20世纪20年代的纸醉金迷之中，

而穷人则挣扎在拥挤的贫民窟。1873年，作家马克·吐温（Mark Twain，1835—1910）和查尔斯·杜德利·华纳（Charles Dudley Warner，1829—1900）合作撰写了一本名为《镀金时代：明天的神话》（*The*

Gilded Age : A Tale of Tomorrow）的书——以讽刺虚假繁荣的社会表象之下是贪婪和腐败。这个词形象地概括了这一时代的特征。同样戏剧性的转变也发生在景观设计方面，设计的重心彻底改变。

乡村时代　THE COUNTRY PLACE ERA

从19世纪80年代到20世纪20年代，富有的美国企业家和银行家效仿古代的国王和文艺复兴时期的王公贵族，在乡村地区大规模建设私家庄园，作为自身财富和权力的象征。欧式风格的建筑和花园——庄园、别墅、城堡，成为大城市外围的主要景观。鲁琴斯与杰基尔的设计事务所（the Lutyens/Jekyll Partnership，1893—1912）也出现于这一时期，其设计作品的特点是对高质量建筑材料的利用和清晰的结构性空间。这一时期的典型特征是强调

建筑和花园之间的联系以及空间的等级秩序。1929年股票市场爆跌，1933年颁布了新的个人所得税法，宣告乡村时代结束。

贝娅特丽克丝·琼斯·弗莱德是美国景观设计师协会的创始人之一，也是一位先锋派的女性设计师。上流社会的出身背景使得她与许多达官贵人构成了宾主合作关系[1]。1920年，弗莱德开始了敦巴顿橡树园（Dumbarton Oak）的设计工作，并一直持续了27年。敦巴顿橡树园位于

华盛顿特区的乔治敦（Georgetown），是罗伯特·伍德·布里斯（Robert Woods Bliss，1875—1962，美国慈善家）和米尔德里德·巴恩斯·布里斯（Mildred Barnes Bliss，1879—1969，美国慈善家，罗伯特的异父姊妹）的居所。由建筑元素构成的台地随着林间坡地缓缓下降。玫瑰园、北部的远景以及砾石花园等外部空间的细部设计细腻、艺术风格独特。

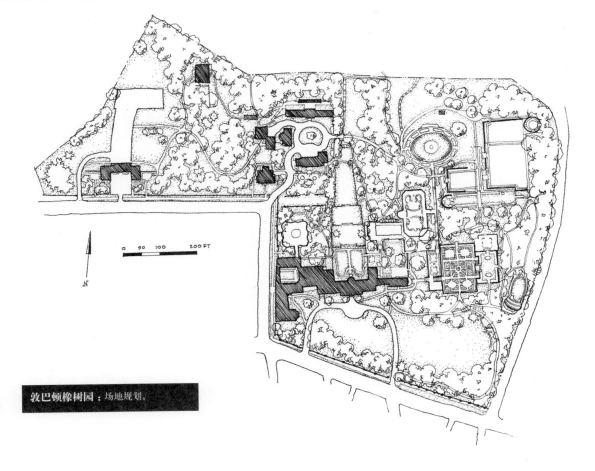

0　50　100　200 FT

N

敦巴顿橡树园：场地规划。

台地花园：弗莱德创造了植物、铺地和建筑等元素之间的高度和谐。

查尔斯·亚当·普莱特（Charles Adams Platt，1861—1933）是一名建筑师，其作品深受意大利文艺复兴风格花园的影响，追求空间秩序感和视觉上的和谐与复古。他出版于1894年的著作《意大利花园》（*Italian Gardens*）在美国享有很高的知名度，强调将建筑空间关系引入住宅设计。他将住宅和花园融合为一体，室内外空间通过比例关系和视线进行联系。从1906年开始，他为威廉姆·格文·马瑟（William Gwinn Mather，1857—1951，美国工业家）设计了克利夫兰庄园（the Cleveland estate）。沃伦·亨利·曼宁（Warren Henry Manning，1860—1938，美国景园建筑师）也设计过一个占地面积达27英亩的庄园，普莱特则设计了园中建筑和一个面积5英亩的小花园。在普莱特的设计中，主要空间与次要空间之间具有良好的视线联系。1935年，马瑟聘请爱伦·希普曼（Ellen Shipman，1869—1950，美国景观设计师）对普莱特的规则式花园进行了改建。

普莱特住宅：查尔斯·亚当·普莱特在新罕布什尔州科尼什（Cornish）的住宅在平面布局中利用侧翼轴线进行空间组织，成为范例。

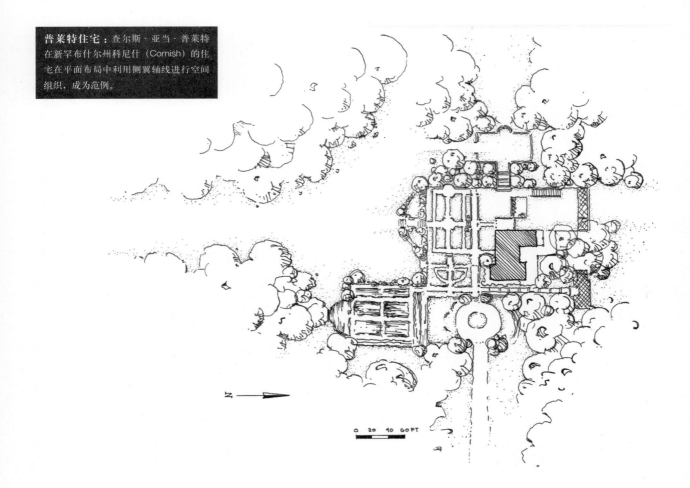

此外，还有一些著名的乡村庄园，如位于加利福尼亚州伍德塞德（Woodside）、属于布恩家族庄园（the Bourn family estate）的费罗丽花园（Filoil）、特拉华州杜邦家族（the du Ponts）的住宅温特图尔花园（Winterthur）、位于马萨诸塞州莱诺克斯（Lenox）的伊迪丝·华顿（Edith Wharton，1862—1937，美国作家）的住宅蒙特庄园（the Mount）、位于佛罗里达州迈阿密市詹姆斯·迪灵（James Deering，1859—1925，美国工业家）的威斯卡亚别墅（Villa Vizcaya）以及位于北卡罗来纳州阿什维尔的巴尔的摩别墅（上一章已介绍）。20世纪下半叶，住宅已不再是设计的重心。景观建筑师采用商业运作模式，承接由企业客户和政府委托的大型设计项目。

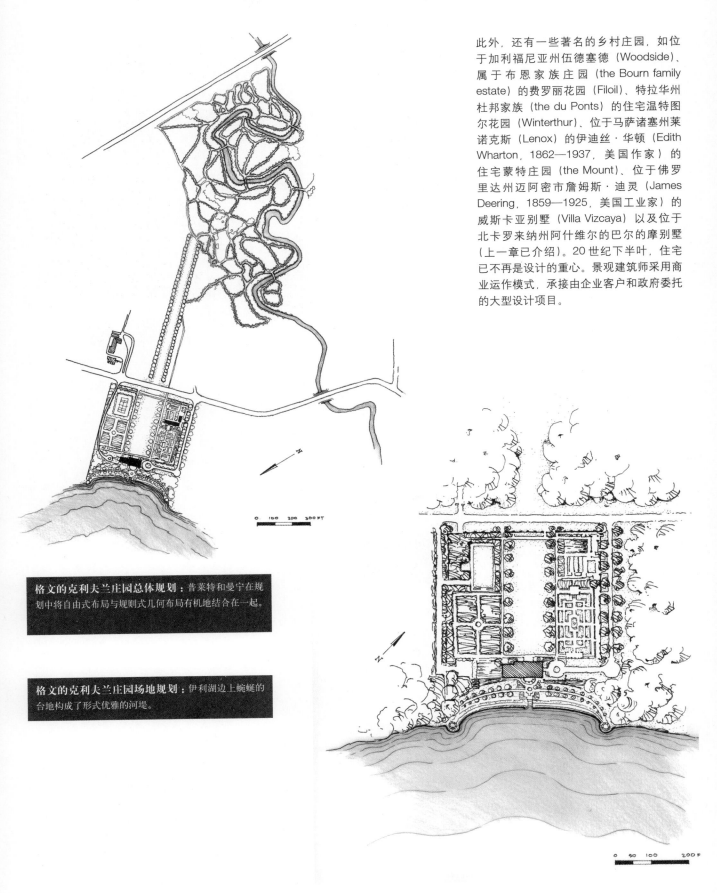

格文的克利夫兰庄园总体规划：普莱特和曼宁在规划中将自由式布局与规则式几何布局有机地结合在一起。

格文的克利夫兰庄园场地规划：伊利湖边上蜿蜒的台地构成了形式优雅的河堤。

209

打造更美的城市
THE CITY MADE BEAUTIFUL

镀金时代的庄园以浮华的外部装饰著称，改革者将这一特点运用到城市中，认为这有助于为城市创造统一的发展蓝图。芝加哥世界博览会的成功为公众树立了最初的城市规划理念。新闻记者、作家查尔斯·芒福德·罗宾逊 (Charles Mulford Robinson，1869—1917) 在媒体上专栏评论博览会，由此提出"城市美学"理论 (theories of civic aesthetic)，并得到公众的热烈响应。他于 1903 年撰写的著作《现代城市艺术》(*Modern Civic Art*，又叫《打造更美的城市》(*The City Made Beautiful*)) 为这一城市美化运动推波助澜[2]。

通过城市美化运动，城市空间中遍布纪念性建筑、雕塑以及图书馆、邮局等公共建筑。秉持巴黎美术学院艺术理念的建筑师提议对城市进行总体规划，但由于种种原因，没能付诸实施[3]。丹尼尔·伯纳姆为芝加哥城市更新所做的规则式布局方案就包括放射状和对角线式的道路网系统、宽阔的林荫大道以及具有纪念性的城市中心。评论家认为他的方案过于注重外形，忽视了社会责任；同时由于其他原因，这一方案并没有付诸实施[4]。

但是，伯纳姆又得到了一个按照新古典主义风格重塑城市的机会。伯纳姆与景

拥有巴黎美术学院艺术风格的芝加哥： 伯纳姆的芝加哥重建计划并未得以实现。

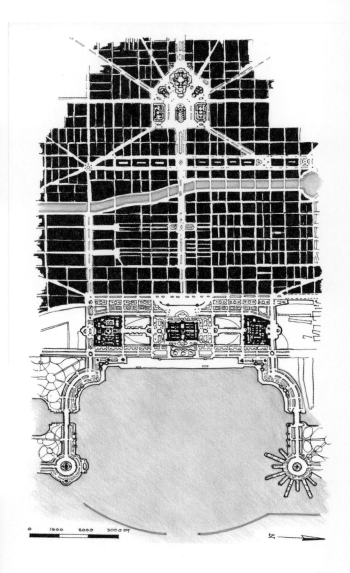

麦克米伦规划： 1901 年，麦克米伦规划为首都（华盛顿）增添了一种艺术性风貌。

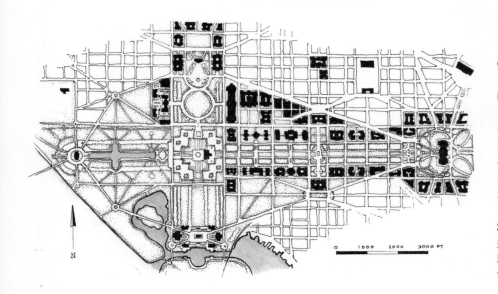

观建筑师小弗雷德里克·劳·奥姆斯泰德 (Frederick Law Olmsted Jr.)、雕塑家奥古斯都·圣 - 高登斯 (Augustus Saint-Gaudens，1848—1907) 以及建筑师查尔斯·弗伦·马吉姆 (Charles Follen McKim，1847—1909) 接受麦克米伦委员会 (the Mcmillan Commission) 的委托，在皮埃尔·夏尔·郎方 1791 年所做的规划基础上，为华盛顿特区制定重建计划。在麦克米伦规划 (the Mcmillan Plan) 的影响下，美国首都被赋予了浓郁的巴黎美术学院风格的艺术风貌。

20 世纪 20 年代，城市美化运动推动城市规划脱离景观建筑学，成为一门独立的学科。1929 年，哈佛大学开办了第一套城市规划专业课程。

现代主义的新审美观
THE NEW AESTHETIC OF MODERNISM

在景观建筑学中，现代主义是对传统风格的扬弃，更加趋近于功能主义。现代主义的新艺术风格是对历史上各种设计风格的兼收并蓄，并在世纪之交得以流行。现代主义设计师在设计中传达出民主的、明白易懂的理念，强调崭新的、更加随性的生活方式。景观设计追求反轴线、全方位，利用非传统材料、抽象的形式和雕塑感。设计师运用植物和雕塑只是为了营造纯粹的艺术效果，而不去顾及各类元素整合后的内涵。

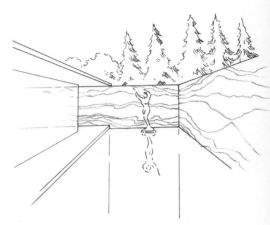

国际主义风格　THE INTERNATIONAL STYLE

20世纪上半叶，设计师对机器大工业时代科技所扮演的角色持乐观态度，坚信技术将为人们带来健康和舒适的生活方式。建筑理论家从中提炼出一种国际主义设计风格，工业材料的表现与利用完全不受权力、等级、社会阶层或者乡土风俗的影响[5]。现代主义的对象和空间体现的是实用功能。装饰是不必要的，设计元素必须具有实用意义。

"形式追随功能"（form follows function）简明概括了现代主义的要旨[6]。坐落于德国德绍（Dessau）的包豪斯学院（the Bauhaus）是一所跨学科的艺术与设计研究学院，它追求艺术、工业和自然的和谐统一。学生们探索低造价的工业材料与技术的使用方法，坚信艺术面前人人平等。沃尔特·格罗皮乌斯（Walter Gropius，1883—1969，德国建筑师）创办了包豪斯学院，并于1925—1933年担任学院院长。1933年，他又受聘为哈佛大学设计学院的院长，将国际主义设计风格带到了美国。

路德维格·密斯·凡德罗（Ludwig Mies van der Rohe，1886—1969，美国建筑师）为1929年巴塞罗那国际博览会（the Barcelona Exposition）设计的德国馆，成为现代主义空间构成的典范之作。它开敞的楼层布局和模数化的支撑系统创造了一种全新的空间感，相互穿插的垂直构件和舒展的水平面有机地融为一体。夏尔-埃杜瓦·让内特（Charles-Edouard Jeanneret，又名"勒·柯布西埃"（Le Corbusier)，1887—1965，法国建筑师）将国际主义设计风格应用于居住区设计中。他把建筑视为"居住的机器"（a "machine for living"）[7]。1929年，他在巴黎郊外的普瓦希（Poissy）为自己建造了萨伏伊别墅（Villa Savoye），整个建筑由柱子支撑起来，并与周边的地景相互脱离开来。自然环境成为建筑的浪漫背景，这一设计手法深深打动了众多建筑师。

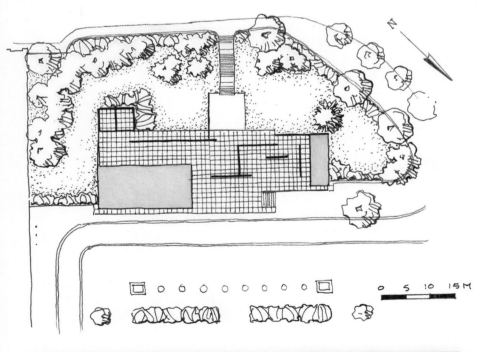

0　5　10　15 M

巴塞罗那馆（Barcelona Pavilion）：取消承重墙，创造了开敞的楼层平面。

现代主义花园的早期影响
EARLY INFLUENCES ON MODERNIST GARDENS

1925 年，在巴黎举办的艺术装饰与现代工业国际博览会（L'Exposition Internationale des Arts Décoratifs et Industriels Modernes）创立了一种新的设计语言，即装饰艺术（Art Deco）。在这次博览会上，出现了一种"观景式"花园（viewing garden），对 20 世纪初期的景观设计产生了很大影响。加布里·盖弗瑞康（Gabriel Guevrekian，1892—1970，美国景观设计师）在其设计作品中探索了一种新的空间概念，他还应博览会场地设计师让·克劳德·尼古拉斯·弗里斯蒂（Jean Claude Nicolas Forestier，1861—1930，法国建筑师）的邀请，设计了一座现代波斯风格花园[8]。他设计方案的名称叫做"水与光的花园"（the Garden of Water and Light），平面采用三角形制，表面装饰有反光性材料。他在设计中还利用光学色彩理论，营造出一种三维绘画效果[9]。整座花园像一个巨大的三角形，内部划分出一些三角形的花坛和水池。四周的围墙用彩色三角形玻璃垒砌而成。一个内部发光的球形雕塑不停地旋转，球体表面由小块的反光玻璃组成。

盖弗瑞康的设计意图是将整个花园作为一个概念性的艺术品进行展示，植物的功能是作为一种抽象的色块。后来他在 1927 年的设计项目诺阿耶别墅（Villa Noailles）中也作了相同的尝试。新闻媒体将他设计的花园称之为"立体主义"花园（"cubist" garden），因为花园空间中可以同时出现多个视点，从而营造出一种视觉幻景，其手法很像立体主义画派的景物写生。但是有学者指出，在三维物质空间中不可能复制二维立体主义绘画中的那种视觉效果[10]。尽管在动态景观的设计过程中，很难应用僵硬的现代主义美学观念，但也有一些设计师脱颖而出，为促进这种全新的景观设计风格的发展做出了重要贡献。

居住的机器：萨伏伊别墅的整体建筑结构抬升，但没有干扰任何周边的自然景观。

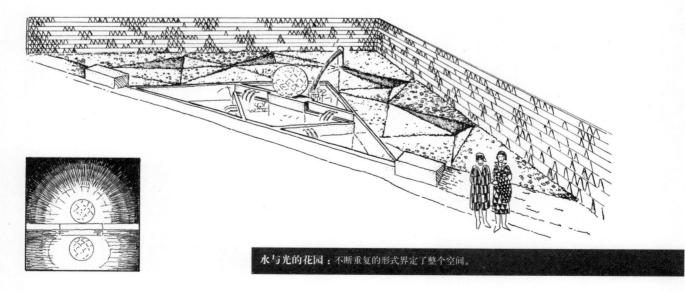

水与光的花园：不断重复的形式界定了整个空间。

先锋派花园：位于法国耶尔（Hyeres）的诺阿耶别墅平面图和一系列空间景观。不断抬高的花架和旋转的雕塑构成了一种超现实的景观空间体验。

璃姆科吉庄园：弗莱彻·斯蒂尔在璃姆科吉设计建造的玫瑰园深受装饰艺术的影响。

蓝色台阶：围绕一系列的竖向蓝色拱形洞穴，对称设置台阶和踏步。

弗莱彻·斯蒂尔（Fletcher Steele，1885—1971）是一位来自波士顿的作家、评论家和景观设计师，他在设计中将巴黎美术学院式风格与现代主义风格结合起来。他曾在沃伦·亨利·曼宁的事务所实习并工作过一段时间。1925 年，他参加了巴黎博览会，深受参展花园表现出的抽象概念的影响 [11]。他在设计中所呈现的纯净线条、流畅的几何空间形制和对色彩的运用，都具有典型的装饰艺术风格。

斯蒂尔在璃姆科吉（Naumkeag）设计建造了一系列花园，如他在马萨诸塞州斯托克布里奇市（Stockbridge）为马布·乔特（Mabel Choate，1870—1958，美国律师）设计的私家庄园中，表现出一种户外生活景观的新理念。这个项目始于 1938 年，一直持续了 30 多年。他设计了一组园林空间，如玫瑰园（the Rose Garden）、午后园（the Afternoon Garden）和蓝标台阶（the Iconic Blue Steps）。白色的桦树林看台配有弧形钢质扶手，远看如波涛起伏，并与周围绿色的树林、蓝色的台阶踏步（Blue Steps）形成鲜明对比。

1938 年，克里斯托夫·唐纳德（Christopher Tunnard，1910—1979，美国景观建筑师）撰写了一本名为《现代景观花园》（Gardens in the Modern Landscape）的著作，提出花园是一个社会学概念，功能决定形式。受日本园林及其线条设计的启发，唐纳德提倡不对称平衡以及室内外空间的协调 [12]。

20世纪中期的美国现代主义
MIDCENTURY MODERNISTS IN AMERICA

加利福尼亚州的地中海式气候催生了丰富的户外生活。西班牙式庭院和意大利式凉廊成为加利福尼亚地区空间设计中常用的手法，当地人喜欢在花园中进行户外活动和休闲娱乐。《日落杂志》（*Sunset Magazine*，创办于1898年）刊登的景观设计作品极大地促进了低维护成本、并且随性的西海岸生活方式的发展。为了满足人们对户外空间的新需求，一批具有影响力的设计师提出了以使用者为导向、极具功能性的现代主义景观，并被称为"加利福尼亚花园风格"（California garden style）。

托马斯·丘奇（Thomas Church，1902—1978）是一位加利福尼亚州的本土景观建筑师，深受巴黎美术学院式艺术风格的熏陶，他的作品主要是住宅设计。1955年，他出版了一本极具影响力的著作《人民的花园》（*Gardens Are for People*），建议设计师在开展景观空间设计时应着重考虑环境气候特点。他还给业主提供如何挖掘基地特质的建议。丘奇摈弃了中轴线对称以及按照功能组织空间的设计手法。他在不对称的平面布局中运用线条、材质和形式等元素，为家庭生活和娱乐休闲营造出既实用、又富于艺术气息的环境空间。他最主要的设计特点是在平面布局中强调空间结构而不是植物种植，经常把曲线和仿生形式巧妙杂糅在一起，避免方正呆板的形制。唐纳尔花园（the Donnell Garden）位于加利福尼亚州的索诺玛（Sonoma），修建于1947—1949年，大概是他最著名的设计作品。

此外，加勒特·埃克博（Garrett Eckbo，1910—2000，美国景观建筑师）也致力于为中产阶级家庭设计造价低廉、功能性强、富于活力的花园景观。他1950年出版的著作《生活景观》（*Landscape for Living*）和1956年出版的《家庭景观艺术》（*The Art of Home Landscaping*）为小尺度空间的景观设计提供了指导。他认为空间的组织与建构才是花园设计的核心，应当根据使用者的需求与功能性空间之间的关系来进行规划。埃克博是第一个批判巴

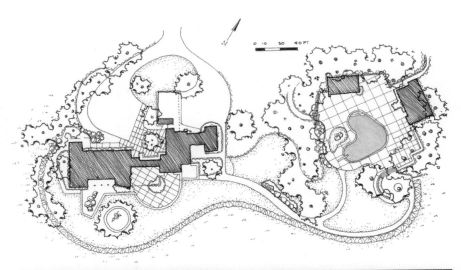

唐纳尔花园场地规划：加利福尼亚州花园风格体现了20世纪中期随性的生活方式。

黎美术学院风格和形式主义美学的景观设计师，但在专业院校中这仍是学科教育的主要内容[13]。格罗皮乌斯在哈佛大学任教时，埃克博和丹尼尔·厄本·凯利（Daniel Urban Kiley，1912—2004，美国景观建筑师）（下文将进行介绍）都在校学习，但是景观设计课程很迟才纳入现代主义专业教育体系之中。

应对当时社会环境中的大问题，埃克博追求一种更加切合实际的设计理念。他深受当时文化潮流的影响，迷恋于爵士乐、时尚、电影和艺术，这些都对他的设计产生了潜移默化的影响。埃克博还热衷于社会进步事业和富于社会意识的设计。他受农场安全管理局（the Farm Security Administration）委托，设计建造了外籍务工人员住宅和社区中心。1959年修建的位于加利福尼亚州月桂谷（Laurel Canyon）的阿尔卡未来公园（the Alcoa Forecast Garden）就是由美国铝业公司（the Aluminum Company of America）出资建造的，旨在展示新材料如何运用于居住区设计。埃克博将自己住宅的后院用来演示最新的设计样品，如挡板、格子架和喷泉等，所有样品都是用铝材制成的。

弧线＋切线：半月形的水池成为现代主义花园的重要标志。从唐纳尔花园看过去，索诺玛沼泽地也有与半月形水池相似的曲线。

215

瓦西里·康定斯基（Wassily Kandinsky，1866—1944，俄罗斯画家）1923 年绘制的"构图"（Composition）：穿行于埃克博设计的花园中，就如同欣赏一幅抽象画。

▶ABC 电视台　6 月 21 日 星期二

想知道未来的花园是什么样子的吗？

请观看美国铝业公司摄制的宣传片。

电视预告片：美国铝业公司委托设计师探索轻型材料的应用方式，并借助电视预告节目加以广泛宣传。埃克博的花园出现在铝业公司 1960 年拍摄的电视系列片《奇幻人间》（One Step Beyond）中，得到了全国上下的一致好评。

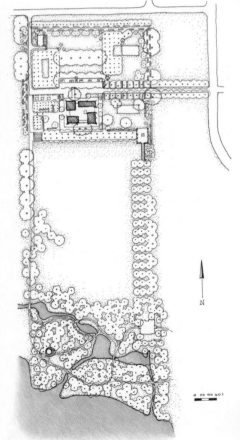

米勒花园：现代设计元素影响下的规则式几何空间布局。

丹尼尔·厄本·凯利师从沃伦·曼宁和建筑师路易斯·康（Louis Kahn, 1901—1974，美国建筑师）。他在设计中特别注重形式与空间等级之间的关系，采用强烈的几何形式来建立景观秩序，有点类似于17世纪法国的形式主义，由此创造出鲜明的方向感。凯利与许多著名的现代主义建筑大师都有密切的合作。他在设计中常常通过叠置平面、重复模数，创造出景观空间的动态融合。在位于印第安纳州哥伦布市（Columbus）1955年设计的米勒花园（the Miller Garden）中，他将花园内偏移的轴线、长长的林间小道、直线形的空间与艾罗·沙里宁（Eero Saarinen, 1910—1961，美国建筑师）设计的住宅形体有机地结合起来。凯利还为一些大型企业做过设计，曾为银行和私人企业设计过许多著名的广场。

现代主义标新立异
MODERN MAVERICK

劳伦斯·哈普林（Lawrence Halprin, 1916—2009，美国景观设计师）的设计作品成为沟通现代主义和环境设计运动的桥梁。哈普林的职业生涯从托马斯·丘奇的事务所开始。他一直对"设计过程"充满了兴趣，并在1969年出版的著作《RSVP循环：人类环境的创造规程》（*RSVP Cycles：Creative Processes in the Human Environment*，RSVP意指：资源（Resources）、分值（Scores）、评估（Valuaction）和功能（Performance)）中阐述了他对人类与自然之间关系的看法。他认为，对基地进行整体性的分析是一项成功设计不可或缺的组成部分。他最先提出了一套景观"打分"体系，试图完整地勾绘一幅自然的、社会的和文化的图景。

哈普林的设计和方法都具有创新性，从不同事物中挖掘设计灵感，并鼓励团队合作。哈普林也是第一位倡导"市民参与设计过程"的设计师[14]。

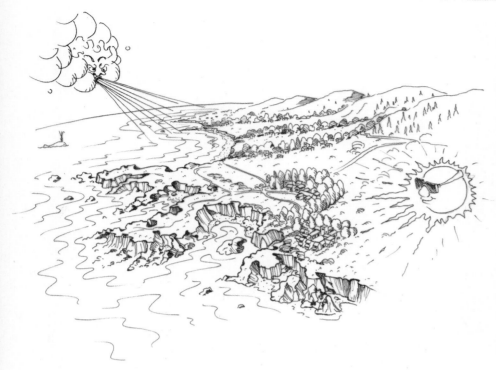

位于加利福尼亚瓜拉拉（Gualala）的滨海牧场（Sea Ranch）是一个住宅区，建于1965年。这个项目是哈普林与其他专业设计师合作，结合自然力量共同完成的杰作。

哈普林关注城市生活，积极促进城市的活力与绿化。1962年，他将位于旧金山的一家老旧的吉尔德利巧克力工厂（Ghirardelli chocolate factory）改建为一座公共广场，这是第一个成功的城市建筑再利用案例。哈普林的其他著名设计作品还有位于俄勒冈州波特兰市（Portland）的伊拉·凯勒喷泉（the Ira Keller fountain）、华盛顿州西雅图市（Seattle）的高速公路花园（Freeway Park）、加利福尼亚州旧金山市的李维·斯特劳斯广场（Levi Strauss Plaza，李维·斯特劳斯，1829—1902，美国服装制造商、牛仔裤发明人），以及华盛顿特区的富兰克林·德拉诺·罗斯福纪念馆（the FDR Memorial）。

滨海牧场： 哈普林将建筑群集中布局在山体的斜坡上，一方面尽可能地保护开放空间，另一方面保持景观天际线的完整，同时还能避免海风的侵袭。

喷泉广场： 广场占据了整整一个城市街区，人们可以爬高下低，进入广场内部，自身也成为水景空间的一部分。

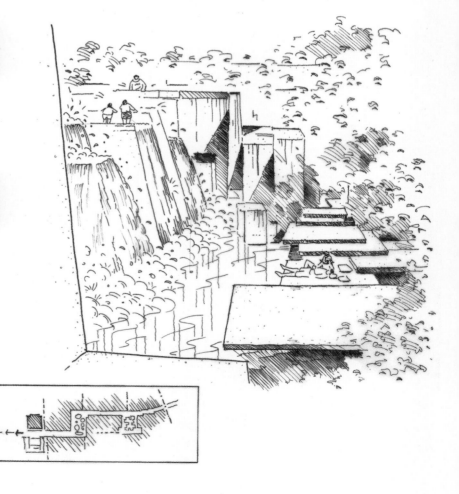

作为媒介的自然
NATURE AS MEDIUM

早在史前时代，人们就认识到景观是一种传情达意的媒介。自 20 世纪 60 年代，景观建筑师关注文化的融合，艺术家们在景观设计中积极探索具有创意性的表达方式，环境艺术家们则将大地作为设计的媒介。20 世纪下半叶，他们参与景观设计的探索被视为一种对大范围文化与环境变革的回应。

环境艺术家们对 "艺术是博物馆中珍藏的精美展品" 的观点提出质疑。他们参考的范围从商品到概念不一而足。大地景观是一种大尺度的景观干预行为，需要动用重型机械才能实现。地处偏远的景观给人以遥远与孤寂之感。用照片对设计过程进行记录十分重要。1970 年，罗伯特·史密斯（Robert Smithson, 1938—1973，美国艺术家）在犹他州的大盐湖（Great Salt Lake）设计建造了一座螺旋式防波堤（the Spiral Jetty）。如今，它已成为大地艺术运动的标志。

另一些环境艺术家试图展现自然界中一些转瞬即逝或者不可察觉的过程景象。安迪·高兹沃斯（Andy Goldsworthy, 1956—，英国雕塑家）创作了一些临时性的雕塑来展现自然和时间。他利用天然材料，如冰、树叶、石头和木材搭建特定的场地，塑造出独特的景观形制。他的设计作品在被风、水以及气候毁损之前，都用照片的形式记录了下来。

环境艺术和大地艺术运动对于自然生态过程进行了可视化表达，也让景观建筑师再次认识到景观是一种传情达意的媒介[15]。

螺旋式防波堤：大地艺术作品中往往包含着对宇宙的思考。

临时的球体：高兹沃斯的艺术创作源于自然，最终又回归于自然。

景观设计中的艺术潮流
ARTISTIC TRENDS IN LANDSCAPE DESIGN

国际设计师罗伯托·布雷·马克斯 (Roberto Burle Marx，1909—1994) 和路易斯·巴拉甘 (Luis Barragan，1902—1988) 的作品已成为现代主义设计范例，体现出"将景观设计作为艺术作品"的理念。通过色彩、材质与线条的运用来塑造特定形式。

罗伯托·布雷·马克斯是一位巴西的景观设计师，他在设计中表现出对植物学和绘画的浓厚兴趣。他把设计场地视为画布，利用典型的天然植物，组织抽象的空间结构，并呈现出丰富的色彩。1948 年，他在蒙泰罗花园 (the Monteiro garden，现称"费尔南德斯花园"(the Fernandes garden)) 的设计中，将空间作为一种纯粹的视觉体验，景观与建筑相互独立，自成一体。但布雷·马克斯并没有将建筑的几何形式延用到花园中。

 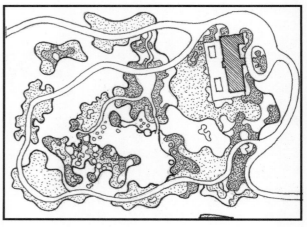

植物画家：罗伯托·布雷·马克斯在蒙泰罗花园中设计了许多仿生形空间，有点类似于让·阿尔普 (Jean Arp，1886—1966，法国画家) 的绘画。

景观画布：罗伯托·布雷·马克斯喜欢在自己的花园中作画，绘画中抽象的构图手法直接影响着他的景观设计实践。右图中所示的是 1983 年他设计巴西圣保罗市的萨夫拉银行 (Banco Safra) 广场时的情景。

马场，圣克里斯托瓦尔：巴拉甘利用粉刷的灰泥墙和水景元素设计了一系列富于活力的空间。

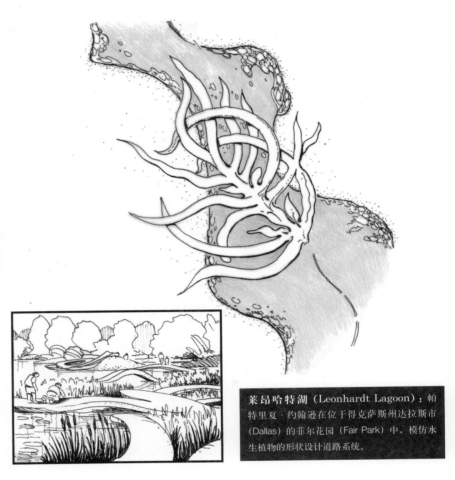

莱昂哈特湖（Leonhardt Lagoon）：帕特里夏·约翰逊在位于得克萨斯州达拉斯市（Dallas）的菲尔花园（Fair Park）中，模仿水生植物的形状设计道路系统。

巴拉甘是一名墨西哥建筑师，他的设计作品以色彩丰富、极简的空间构图而著称。他用墙体划分景观空间，这种方法源自他在西班牙的阿尔罕布拉宫（the Alhambra）外乡村中的旅游体验。他采用具有墨西哥传统的乡土语言将室内外空间艺术性地融为一体。他在设计中表现出浓厚的乡土观念，如位于墨西哥城近郊的圣克里斯托瓦尔马场（the San Cristobal horse farm），竣工于 1969 年。建筑、水池（分别供马和人使用）和马厩组合在一起，激发了同时代的建筑师、设计师和景观建筑师的设计灵感。

一些后辈景观设计师，如凯瑟琳·古斯塔夫（Kathryn Gustafson，1951—）、帕特里夏·约翰逊（Patricia Johanson，1940—）以及西班牙景观建筑师费尔南多·卡伦科（Fernando Caruncho，1958—），都继承了布雷·马克斯与刘易斯·巴拉甘的设计理念与手法。古斯塔夫将场地像编织物一样进行翻转和折叠；约翰逊把生物形式转换为建筑元素设计；卡伦科则借鉴农业的布局模式构建景观，加入植物、水体和矿石等元素。

麦田：费尔南多·卡伦科重新诠释了西班牙麦圃花园（Mas de les Voltes）中的装饰型农场（the Ferme Ornée）。

引领新潮流方向
PIONEERING NEW DIRECTIONS

20 世纪上半叶，房屋所有者和土地所有者就景观建设展开竞争——大量的除草剂、化肥和农药被倾泻到大地上。1962 年，蕾切尔·卡森（Rachel Carson，1907—1964，美国环保主义者）出版了其著作《寂静的春天》（Silent Spring），呼吁美国民众关注环境恶化带来的危险。1970 年发起了第一个地球日，以此敦促人们树立生态保护观念。

民众呼吁政府尽快采取应对措施，美国制定的重要环境立法包括：1970 年的《清洁空气法案》（the Clean Air Act）、1972 年的《洁净水体法案》（the Clean Water Act）和 1970 年的《国家环境保护法》（the National Environmental Protection Act），这些法律规定所有申请政府资助的项目计划都要出具环境影响评价报告（Environmental Impact Statement）。设计团队应当对项目在自然、社会和经济等方面的影响进行分析评估，并制定规划供社区备查之需。

继 18 世纪的植物学家和 19 世纪的自然资源保护论者之后，生态设计师继续开拓性的工作。詹斯·杰森（Jens Jensen，1860—1951，美国景观建筑师）在他职业生涯的早期就已认识到环境问题的重要性。杰森出生在丹麦，二十几岁时移民美国，此后在芝加哥开展景观设计工作。他的设计作品充满了自然主义风格，坚信公园及其休闲设施将带来更多的社会收益。杰森深受 19 世纪改革派理念和 20 世纪"草原式"（Prairie Style）设计风格的影响，后一风格特点在弗兰克·劳埃德·赖特（Frank Loyd Wright，1867—1959，美国建筑师）的作品中得到了充分体现，杰森发挥了承上启下的作用。他的设计思想影响了以美国中西部为核心的大片地区。他的设计作品既有大规模的居住区，也有小型的城市公园。杰森十分喜爱描绘天然牧场与林地的油画，受之影响，他在空间设计中常常使用乡土植被和石材。在 1933 年出版的《过滤》（Siftings）一书中，他阐述了环境设计理念。1935 年，他在威斯康星州建立一所称为"空地"（the

Clearing）的民间学校，主要培训园艺学和艺术学。

另一位推动生态理念的重要人物是伊恩·麦克哈格（Ian McHarg，1920—2001，美国景观建筑师），他也倡导完整的设计方法。他在 1969 年的著作《设计结合自然》（Design with Nature）中，依据土地承载力和潜在的适用功能，提出一套场地分析方法。麦克哈格还运用了地图叠图技术，为地理信息系统技术（GIS，geographic information systems）的发展奠定了基础。他还在设计中提倡对潜在机遇和约束条件进行分析，评估项目的社会效益和环境效益。

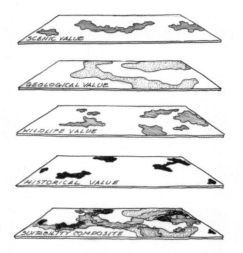

潜在机遇和约束条件：麦克哈格运用地理信息系统技术发展出一套叠图分析法。

草原风格：詹斯·杰森的设计作品表现出一种生态美学观念。

当前的发展潮流源自土地管理、人与地球之间的可持续发展等理念，如设计过程的共同参与、康复花园和社区花园的发展等。伦道夫·T.海斯特（Randolph T.Hester，加利福尼亚大学伯克利分校景观建筑与环境规划学院教授）在其 2006 年的著作《生态民主化设计》（Design for Ecological Democracy）中为推动人与环境的和谐共处提供了一个诗意的阐释。

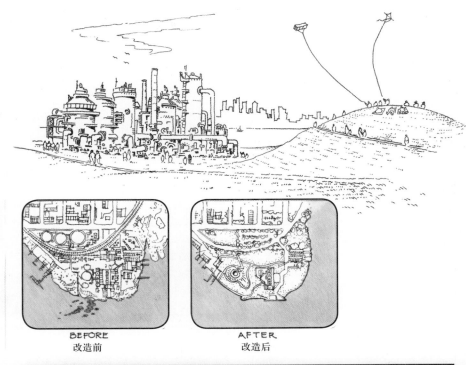

生态设计师试图利用生态系统原理，为环境问题寻找创造性的解决方案。他们的目标是，解决方案既要美观，还要实用，具有可持续性。项目涵盖已遭受污染的工业用地的生物治理和修复、垃圾填埋场的改造以及湿地的复原等。

第一个景观改造项目是华盛顿州西雅图市的天然气公园（Gas Works Park）。这座公园是理查德·哈格（Richard Haag，1923—，美国景观设计师）于 1975 年设计的。他对一个占地 19 英亩的废弃天然气工厂进行了改造，留存的工厂构筑物被重新设计为郊游和娱乐设施。近期设计案例有德国的杜伊斯堡公园（Duisburg-Nord Park）。这个项目是由彼得·拉茨（Peter Latz，1939—，德国景观设计师）1994 年设计改造的。他将鲁尔河谷（the Ruhr River valley）中一座占地 500 英亩的废弃钢铁和煤炭加工厂改造为公共开放空间，这个公园也是埃姆歇公园（the Emscher Park）区域再发展规划的一部分。矿石燃料、烟囱和一个高炉被改建为攀岩墙、植物园和雕塑。

BEFORE
改造前

AFTER
改造后

天然气公园：一座废弃的天然气处理厂被改造为公园。

后现代景观
POSTMODERN LANDSCAPES

后现代主义涵盖对现代主义思潮的质疑。20 世纪下半叶，哲学家、艺术家和作家开始对"特权"观念和主流观点发起挑战，他们认为当代文化就像一个大拼盘，将各种不同内涵和影响的阐释融合在一起。在艺术领域，后现代追求含混和同时性；意义并不存在于艺术作品中，而存在于观者的心中。空间也被认为是属于中性的[16]。为了与现代主义的枯燥乏味相区别，艺术家和设计师再次将活泼的装饰、丰富的色彩和历史性主题植入作品中。

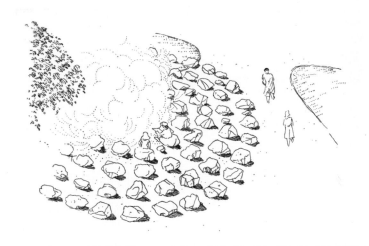

皮匠喷泉（Tanner Fountain）：彼得·沃克尔（Peter Walker，1932—，美国景观建筑师）打破了景观设计和环境艺术之间的界限。

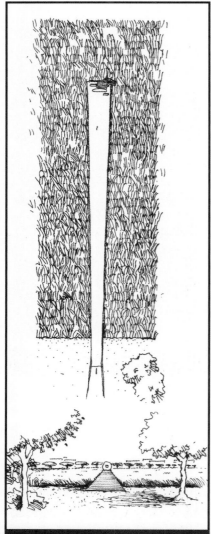

麦田甬道：罗恩·威金顿是第一批将景观视为艺术作品的设计师之一。他获奖的 1988 年加利福尼亚大学戴维斯分校植物园设计方案极富诗意，表达了他将景观视为集体记忆场所的理念。

碎片湖（Fractal Lake）：量子理论就是在查尔斯·詹克斯的公园中构思出来的。

景观焦点：景观建筑师大卫·迈耶（David Meyer）和拉姆齐·斯伯格（Ramsey Silberberg）为了庆祝英国"冠军"树（"champion" trees）[责编注] 落户于 2003 年威斯顿伯特国际花园节（the 2003 Westonbrit International Festival of the Garden），专门设计了一个类似圆形舞台的土丘，"冠军"树占据着"舞台"的中央。

[责编注]"冠军"树指树龄超过100年的古树。

钟情隐喻的设计手法又重新出现在后现代花园中，景观设计中充满越来越多的象征意义。取景自然，将景观作为一种素材，以及清晰展示自然变化过程都成为景观设计师探索的主题 [17]。迈克尔·范·瓦尔肯伯格（Michael Van Valkenburgh，1951—，美国景观建筑师）1990 年在马萨诸塞州玛萨葡萄园（Martha's Vineyard）设计的克拉科夫冰雪公园（Krakow Ice Garden）、彼得·沃克尔 1984 年为哈佛大学设计的皮匠喷泉均体现了这些设计理念潮流。隐

喻式的设计作品有玛莎·施瓦兹（Martha Schwartz，1950—，美国景观建筑师）1986 年为马萨诸塞州剑桥市（Cambridge）怀特海德研究所（Whitehead Institute）设计的拼接花园（Splice Garden）、罗恩·威金顿（Ron Wigginton，1944—，美国景观建筑师）1988 年为加利福尼亚大学戴维斯分校（University of California, Davis）土地研究所（Land Studio's）设计的麦田甬道（Wheat Walk）、查尔斯·亚历山大·詹克斯（Charles Alexander Jencks，1939—，美国景观建筑师）和玛姬·凯丝威克·詹克斯（Maggie Keswick Jencks，1941—1995，英国景观设计师）夫妻 1990 年在苏格兰邓弗里斯郡（Dumfriesshire）的家中建造的宇宙探索花园（Garden of Cosmic Speculation）。

后现代主义设计师与 18 世纪辉格党派的地产主一样喜欢使用寓言。伊恩·汉密尔

顿·芬雷（Ian Hamilton Finlay，1925—2006，苏格兰园艺家）在苏格兰拉纳克郡（Lanarkshire）的家中建造了一座诗人花园，并以"混凝土诗"（concrete poetry）闻名，诗句都镌刻在石头上，并结合景观布局放置在园中的醒目位置。他在小斯巴达（Little Sparta）花园的设计中表现出对法国大革命的浓厚兴趣，并反映出对其所处社会环境的不满 [18]。

20 世纪末，国际性园艺博览会以及相关节日重新成为时尚的文化潮流。1992 年，在法国卢瓦尔河畔肖蒙（Chaumont-sur-Loire）举办的肖蒙花园节（the Chaumont Garden Festival）首开这一文化潮流的先河，节日中展示了诸多知名景观设计师的作品和他们的奇思妙想。每年一度在英国、德国、加拿大和荷兰举办的节日，都以花园为主题，帮助公众了解花园建造的多种可能性。

漫步于后现代花园中，随处可见诗情画意般的景致。

A. 小斯巴达花图

B. 世外桃源

C. 现在的秩序就是未来的无秩序。

D. 观赏尼古拉斯·普桑（的画作），聆听克劳德·劳伦（的心声）。

解构与重构
DECONSTRUCTION AND RECONSTRUCTION

建筑理论与文学理论的思潮也影响着后现代主义者。建筑师伯纳德·楚弥（Bernard Tschumi，1944—，瑞士建筑师）在巴黎郊外的旧屠宰场改建为公园的设计竞赛中标。1985年他还根据解构理论设计了拉维莱特公园（Parc de la Villette），在设计中他对建筑和空间的定义与边界都提出了质疑。这座公园提供了一个占地85英亩的开放空间，是一项规模巨大的重建计划，包括一座科学与技术博物馆和一个音乐中心。

拉维莱特公园：在解构的空间中，游客自行建立与空间的关系。

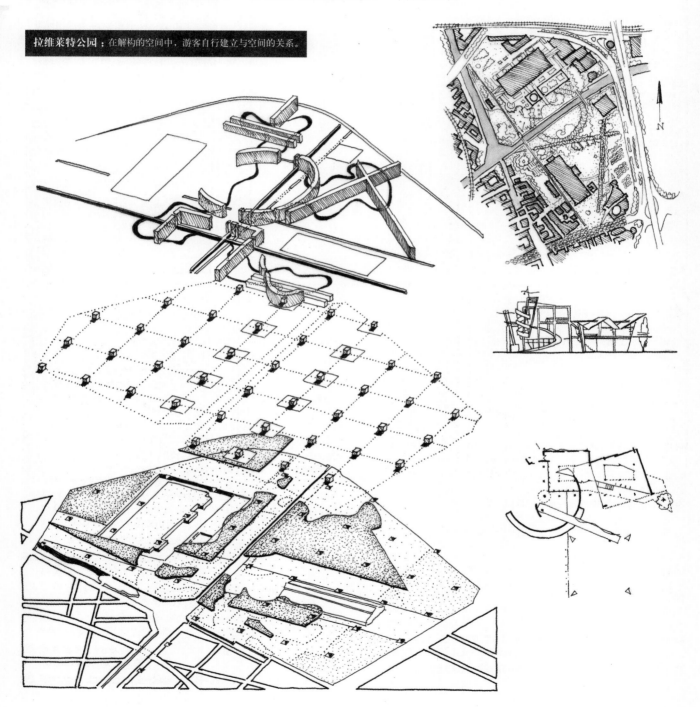

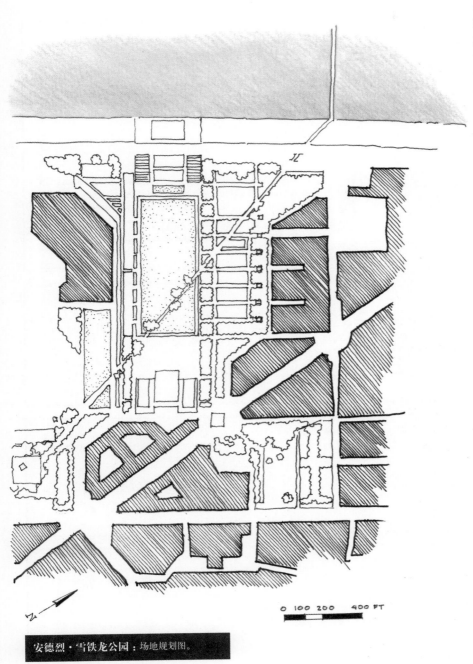

景观建筑师阿兰·普罗沃斯（Alain Provost，法国当代景观建筑师）和吉尔斯·克莱门特（Gilles Clement，1943—，法国园艺师）1992年在安德烈·雪铁龙公园（Parc André Citroën）的设计中另辟蹊径，在巴黎郊外一家旧汽车厂的基地上展开营建活动。在这座占地35英亩的公园里，他们精心组织场地布局，被视为是对17世纪法国规则式花园大胆而抽象的重新诠释。像城市中心那些具有历史感的滨水花园一样，一片大草坪构成垂直于塞纳河（the Seine）的轴线。草坪北侧设有六座主题花园，它们具有神秘的隐喻象征：分别对应着金属、行星、一周中的某一天、水的物质形态以及感官（包括属于第六种感官的直觉在内）[19]。水渠对空间加以细分。花园的东端建有两座温室，分布于广场两边，广场中还设有一座不断变换造型的喷泉。草坪的南侧是一条逐渐上升的步行道，与倒映水池平行。一条对角线式的道路斜穿过整个公园，营造出一系列充满动态的空间体验。

这两座城市公园体现了公园设计的新理念，塑造了一种完全不同于19世纪追求如画般景观效果的新设计风格。拉维莱特公园创造的是一种刻意不确定的空间，游人在其中可以自由地活动和行进。安德烈·雪铁龙公园则根植于城市肌理之中，用景观塑造空间感。上述公园设计试图重新唤起人们对"封闭式花园"（the hortus conclusus）的回忆，为我们带来祥和、优美与快乐的生活。

0 100 200   400 FT

安德烈·雪铁龙公园：场地规划图。

BLUE GARDEN 蓝色之园	VENUS 金星	COPPER 铜	SMELL 嗅觉		
GREEN GARDEN 绿色之园	JUPITER 木星	TIN 锡	HEARING 听觉	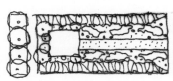	
ORANGE GARDEN 橙色之园	MERCURY 水星	MERCURY 汞	TOUCH 触觉	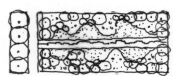	
RED GARDEN 红色之园	MARS 火星	IRON 铁	TASTE 味觉	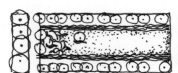	
SILVER GARDEN 银色之园	MOON 月亮	SILVER 银	SIGHT 视觉	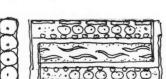	
GOLDEN GARDEN 金色之园	SUN 太阳	GOLD 金	 6th. SENSE 第六感	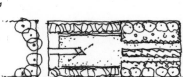	

公园中的神秘隐喻： 在安德烈·雪铁龙公园中，六个怡人的主题花园分别具有不同的设计主题。

总　结

新的资源、技术、交通模式和通讯系统改变了 20 世纪人与人之间、人与自然之间的沟通方式。景观设计对这些价值观的变化进行了形象化的表达。

20 世纪的景观设计受到多种因素的影响，空间变得非常建筑化，由景观建筑师诠释艺术潮流。现代主义景观的形式和功能取决于对基地条件与使用者需求的分析。后现代主义设计师则积极寻求传统社区感的重构。所谓的"绿色革命"就发生在生态设计领域。

设计原则

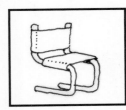    

实　用 UTILITY	真　实 TRUTH	一致性 CORRESPONDENCE	原创性 ORIGINALITY	完整性 INTEGRITY
形式由功能决定，应优先满足使用者的需求。	好的设计将忠实表达材料或基地的内在特性。	美来自于对时间、地点和概念同步性的洞悉。	创新来自抛弃成见，对一切可能性采取开放包容的态度。	设计方案只有体现出美中所含有的道德元素，才能达到自身的完善。

设计语汇

网 格

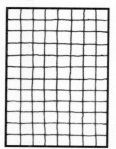

位移的轴线

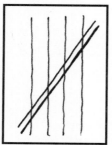

弧线与切线

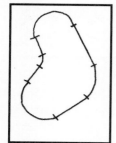

仿生形态

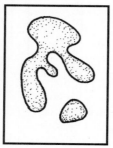

合成材料

地 形

拼 贴

色 彩

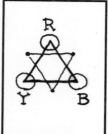

拓展阅读

图 书

1984, by George Orwell
THE AGE OF INNOCENCE, by Edith Wharton
BRAVE NEW WORLD, by Aldous Huxley
THE FOUNTAINHEAD, by Ayn Rand
THE GRAPES OF WRATH, by John Steinbeck
THE GREAT GATSBY, by F. Scott Fitzgerald
THE JUNGLE, by Upton Sinclair
ON THE ROAD, by Jack Kerouac
OVERLAY, by Lucy Lippard
SAND COUNTY ALMANAC, by Aldo Leopold
SILENT SPRING, by Rachel Carson

电 影

ALL'S FAIR AT THE FAIR (1938)
APOCALYPSE NOW (1979)
THE CABINET OF DR. CALIGARI (1920)
CASABLANCA (1942)
CITIZEN KANE (1941)
DR. STRANGELOVE (1964)
GONE WITH THE WIND (1939)
HOTEL RWANDA (2004)
THE LAST EMPEROR (1987)
METROPOLIS (1927)
MON ONCLE, by Jacques Tati (1958)
SCHINDLER'S LIST (1993)
THE TRUMAN SHOW (1998)

绘画与雕塑

LES MADEMOISELLES D'AVIGNON, by Pablo Picasso (1907)
NUDE DESCENDING A STAIRCASE, by Marcel Duchamp (1912)
SUPREMATIST COMPOSITION: WHITE ON WHITE, by Kazimir Malevich (1918)
BIRD IN SPACE, by Constantin Brancusi (1928)
COMPOSITION WITH RED, BLUE AND YELLOW, by Piet Mondrian (1930)
RECUMBENT FIGURE, by Henry Moore (1938)
LOBSTER TRAP AND FISH TAIL, by Alexander Calder (1939)
AN AMERICAN EXODUS, photographic series by Dorothea Lange (1939)
AUTUMN RHYTHM (NUMBER 30), by Jackson Pollock (1950)
LIGHTNING FIELD, by Walter de Maria (1977)
SURROUNDED ISLANDS, by Christo and Jean-Claude (1983)
BOHEMIA LIES BY THE SEA (1996), by Anselm Kiefer

公元21世纪

每件事情都有赖于我们无法悉知的历史渊源。如果我们能够在推动文化发展的同时，持之以恒地尊重历史，那么我们就能够保护历史。

——史蒂芬·杰伊·古尔德（Stephen Jay Gould，1941—2001，美国古生物学家）

文化潮流与市场息息相关，21世纪的文化是动态的、网络化的、即时可得的。当前的时尚潮流是"绿色"，起初它作为一个反文化运动出现，但现在已经成为时代的主流。要求每一件事都是绿色的，"可持续性"成为了一个时髦用语。希望这一文化潮流能够永久地留驻在全世界人民的心中，并成为所有设计的初衷。

早期的现代主义者乐观地认为工业材料和生产方式具有无限潜能，能为人类的未来带来希望。设计师们由此重燃希望之火，相信技术能重建人类与自然之间的和谐共处。本章通过案例分析指出，艺术与科学的结合能够创造出美观与生态兼备的景观空间。

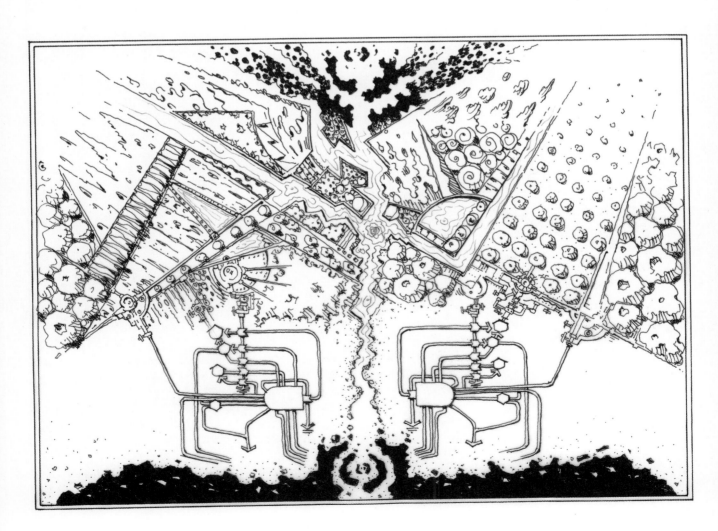

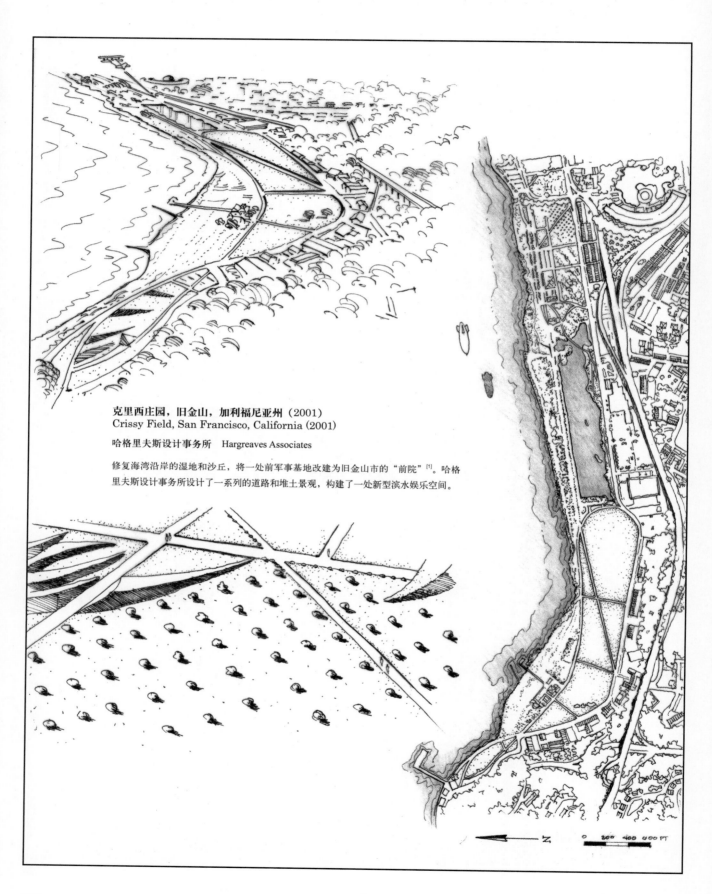

克里西庄园，旧金山，加利福尼亚州（2001）
Crissy Field, San Francisco, California (2001)

哈格里夫斯设计事务所　Hargreaves Associates

修复海湾沿岸的湿地和沙丘，将一处前军事基地改建为旧金山市的"前院"[1]。哈格里夫斯设计事务所设计了一系列的道路和堆土景观，构建了一处新型滨水娱乐空间。

赫尔曼·米勒工厂景观，切诺基县，佐治亚州（2001）
Herman Miller Factory Landscape, Cherokee County, Georgia (2001)

迈克尔·范·瓦尔肯伯格事务所　Michael Van Valkenburgh Associates, Inc.

这座乡村工厂改造的核心是水文系统的修复。整个建筑位于一处占地面积达 22 英亩、坡度约为 5% 的斜坡上，便于雨水沿着人工表面流淌到地表层，再流入湿地，不再需要铺设管道或者缘石。当旱季来临，湿地变成一片草地，沿着漫滩生长的树林就像繁茂的灌木丛。

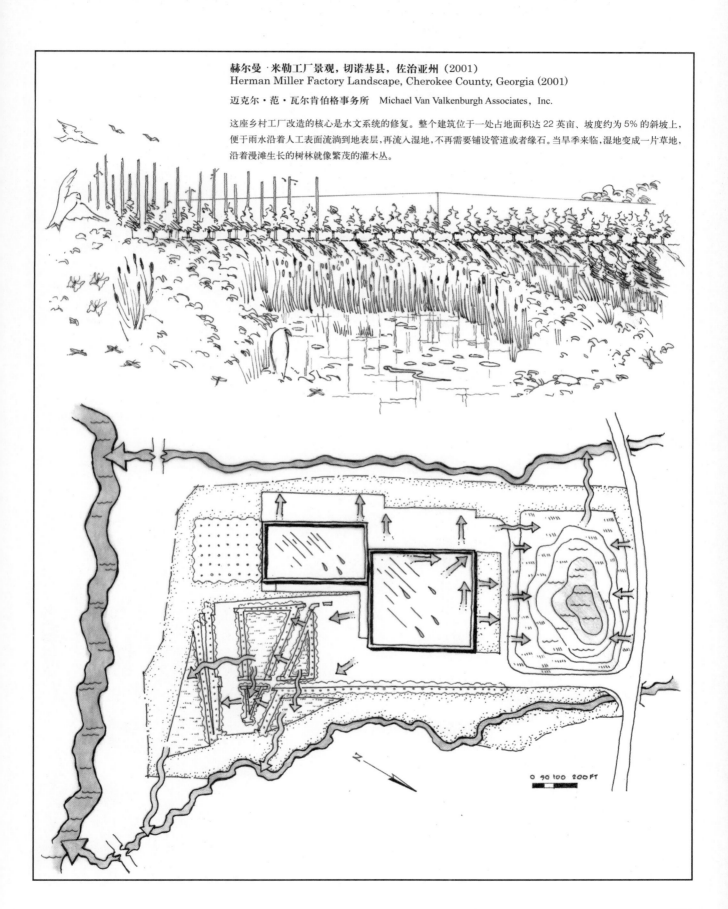

混沌建筑与湖岸平台，伊韦尔东，瑞士（2002）
Blur Building and Arteplage, Yverdon-les-Bains, Switzerland (2002)

建筑设计：迪勒尔与斯科菲迪奥设计事务所　Diller+ Scofidio (architects)
景观设计：West 8　West 8 (landscape architects)

作为瑞士博览会的展馆设计，这处景观空间将建
筑与景观、结构与环境有机结合起来，形成一个
整体。从纳沙泰尔湖（Lake Neuchatel）提升来的
水流从 35000 个喷嘴喷射出来，形成水雾，将基
地全部笼罩在里面。雾气笼罩中的游人完全失去
了空间感和尺度感。这是 21 世纪人们对于物质空
间局限性的反思。

穿过一个完全由回收材料建成的广场，
走近一座凉亭。高 18 英尺的人工沙堆与
粗糙的木制构筑物、芬芳艳丽的花卉图
案形成鲜明对比，加剧了游人的空间迷
失感。

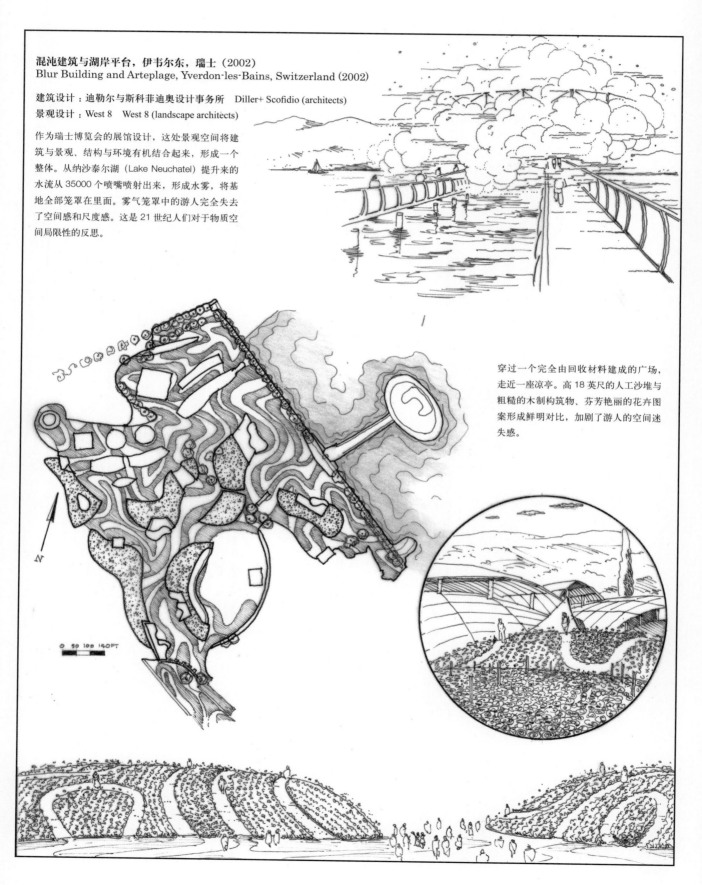

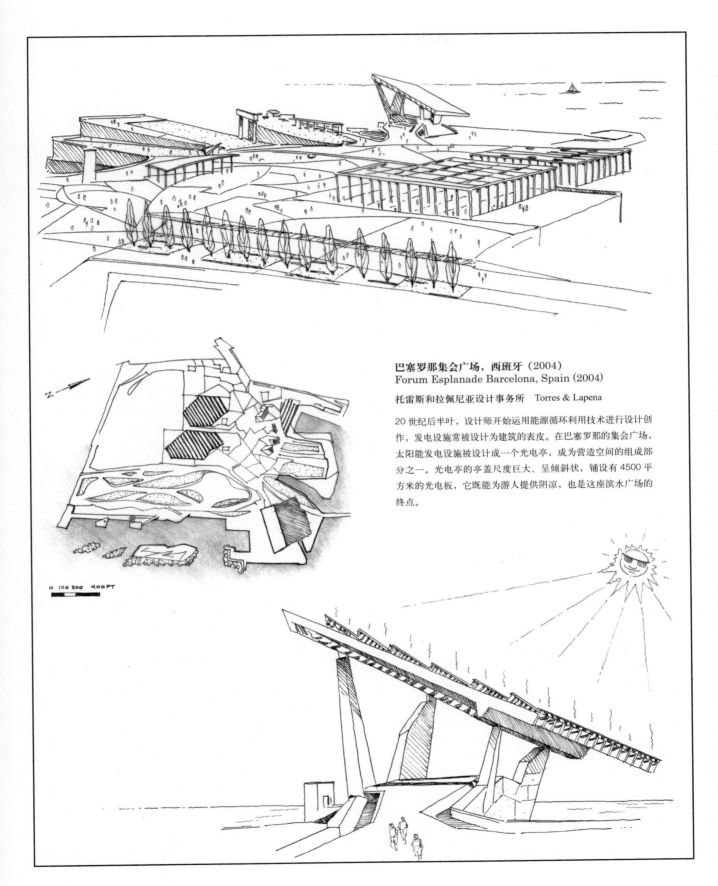

巴塞罗那集会广场，西班牙（2004）
Forum Esplanade Barcelona, Spain (2004)

托雷斯和拉佩尼亚设计事务所　Torres & Lapena

20世纪后半叶，设计师开始运用能源循环利用技术进行设计创作，发电设施常被设计为建筑的表皮。在巴塞罗那的集会广场，太阳能发电设施被设计成一个光电亭，成为营造空间的组成部分之一。光电亭的亭盖尺度巨大、呈倾斜状，铺设有4500平方米的光电板，它既能为游人提供阴凉，也是这座滨水广场的终点。

卢瑞花园，芝加哥，伊利诺斯州（2004）
Lurie Garden, Chicago, Illinois (2004)

高斯塔夫森·格思里·尼格罗设计公司，佩特·奥多夫与罗伯特·伊斯瑞尔
Gustafson Guthrie Nichol Ltd., Piet Oudolf and Robert Israel

卢瑞花园是芝加哥千禧公园（Millennium Park）的核心，地下是停车场和旧的地铁线路。这处开敞空间将闹市区与密歇根湖（Lake Michigan）连为一体。高斯塔夫森研究了芝加哥城市生态的演化历史，充分利用乡土植被和本地石料，并借鉴中西部大草原景观，形成了组群式的规则花园设计风格。木栈道沿着蜿蜒的溪流向前延伸，游人席地而坐，水流触脚可及。在潮湿的夏季，游人和周边的上班族涌入园中，对他们来说，这里是一处新颖的休闲场所。

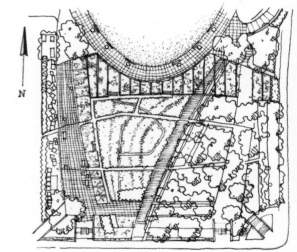

0　30　60　90FT

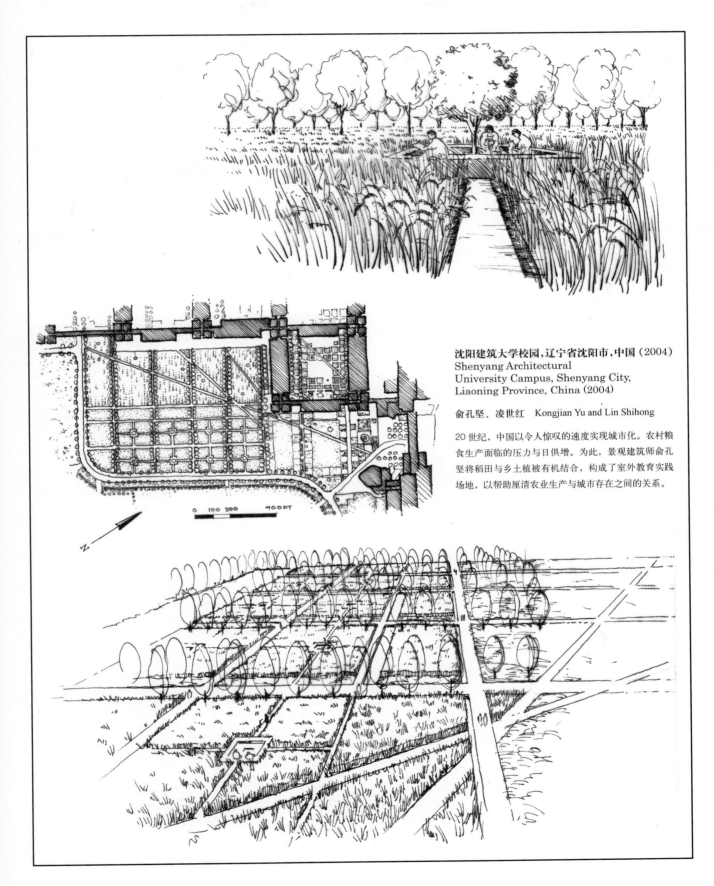

沈阳建筑大学校园，辽宁省沈阳市，中国（2004）
Shenyang Architectural
University Campus, Shenyang City,
Liaoning Province, China (2004)

俞孔坚、凌世红   Kongjian Yu and Lin Shihong

20世纪，中国以令人惊叹的速度实现城市化。农村粮食生产面临的压力与日俱增。为此，景观建筑师俞孔坚将稻田与乡土植被有机结合，构成了室外教育实践场地，以帮助厘清农业生产与城市存在之间的关系。

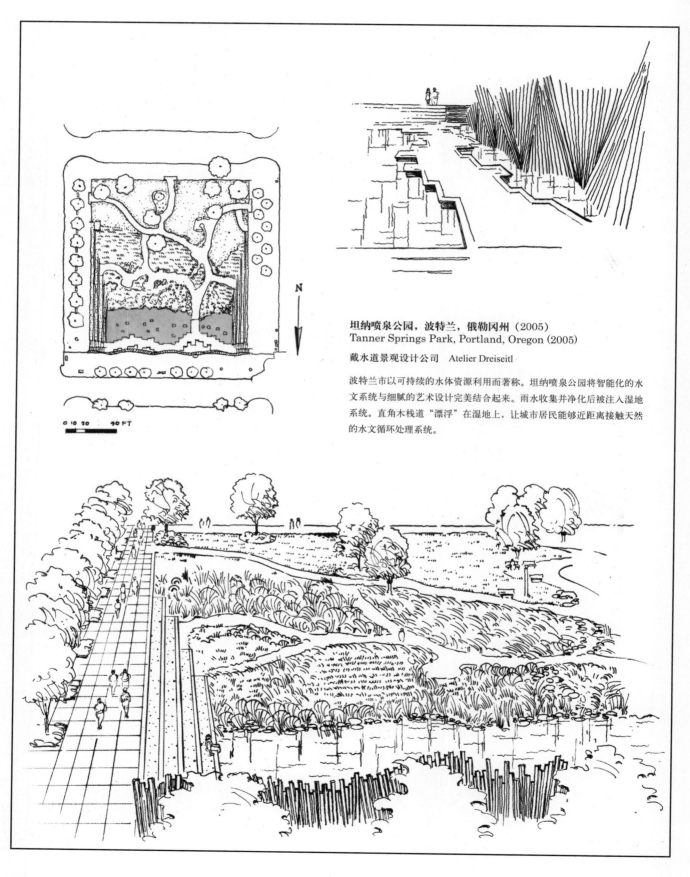

N

0 10 20　　40 FT

坦纳喷泉公园，波特兰，俄勒冈州（2005）
Tanner Springs Park, Portland, Oregon (2005)

戴水道景观设计公司　Atelier Dreiseitl

波特兰市以可持续的水体资源利用而著称。坦纳喷泉公园将智能化的水文系统与细腻的艺术设计完美结合起来。雨水收集并净化后被注入湿地系统。直角木栈道"漂浮"在湿地上，让城市居民能够近距离接触天然的水文循环处理系统。

查普尔特佩克公园喷泉步道，墨西哥城，墨西哥（2006）
Fountain Promenade at Chapultepec Park, Mexico City, Mexico (2006)

城市设计事务所的马里奥·谢特兰　Grupo de Diseno (Mario Schjetnan)

谢特兰及其设计事务所承揽了查普尔特佩克公园（Chapultepec Park）改造项目中若干个园区之一。这片园区利用城市中央公园中尚未开发的地段建造而成，以吸引周边居民。公园中，人行步道、钢材和石头盖成的凉亭、儿童游乐场与绿色植被融为一体，其中还包括一条为提高水质而开挖的新水渠以及重新栽种植物的规划。

活动屋顶：加利福尼亚科学院，旧金山，加利福尼亚州（2008）
The Living Roof: California Academy of Sciences, San Francisco, California (2008)

伦佐·皮亚诺　Renzo Piano

建筑师在加利福尼亚科学院（California Academy of Sciences）的屋顶上使用了7块波浪状的覆土顶板，这一构思来源于旧金山连绵起伏的山脉。设计师在新建筑的顶板上建造金门公园（Golden Gate Park）。屋顶的风塔调节室内通风系统，借助斜坡将凉爽的自然风引入建筑内部开敞的走廊。

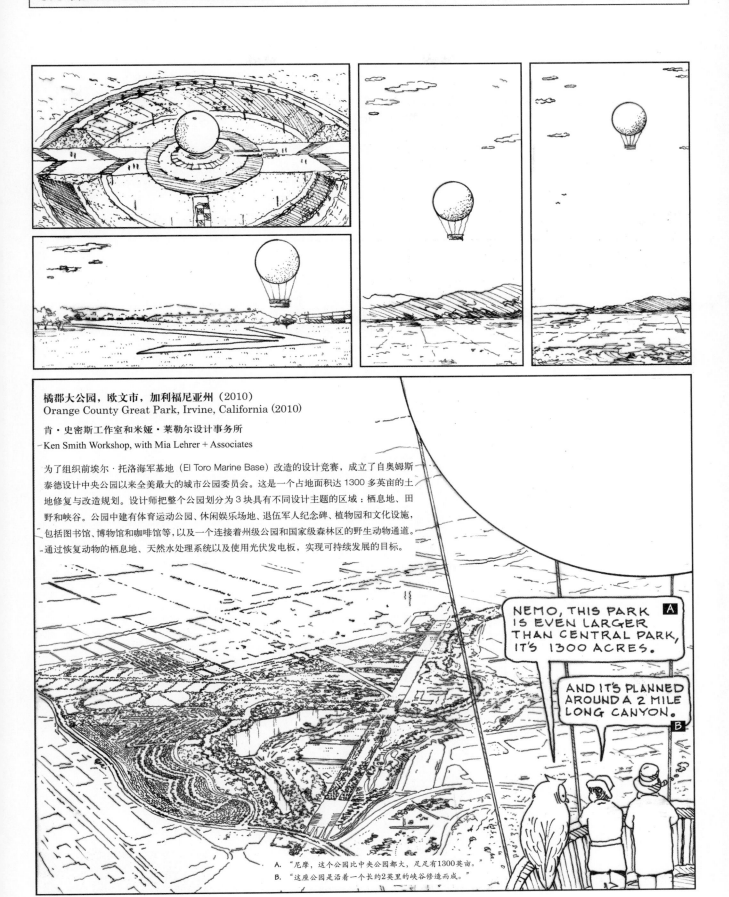

橘郡大公园，欧文市，加利福尼亚州（2010）
Orange County Great Park, Irvine, California (2010)

肯·史密斯工作室和米娅·莱勒尔设计事务所
Ken Smith Workshop, with Mia Lehrer + Associates

为了组织前埃尔·托洛海军基地（El Toro Marine Base）改造的设计竞赛，成立了自奥姆斯泰德设计中央公园以来全美最大的城市公园委员会。这是一个占地面积达 1300 多英亩的土地修复与改造规划。设计师把整个公园划分为 3 块具有不同设计主题的区域：栖息地、田野和峡谷。公园中建有体育运动公园、休闲娱乐场地、退伍军人纪念碑、植物园和文化设施，包括图书馆、博物馆和咖啡馆等，以及一个连接着州级公园和国家级森林区的野生动物通道。通过恢复动物的栖息地、天然水处理系统以及使用光伏发电板，实现可持续发展的目标。

NEMO, THIS PARK IS EVEN LARGER THAN CENTRAL PARK, IT'S 1300 ACRES. **A**

AND IT'S PLANNED AROUND A 2 MILE LONG CANYON. **B**

A. "尼摩，这个公园比中央公园都大，足足有1300英亩。"
B. "这座公园是沿着一个长约2英里的峡谷修造而成。"

241

总　结

经历了一场景观设计史的视觉之旅，也到了我们该休息的时候。21 世纪的设计师面临着种种新的挑战，在这个世纪的第一个十年中，一些近期修建的项目能否经受时间的考验尚难定论。让我们继续前进、创造未来。

"地球上发生的任何事，都会作用在地球上的人类及其下一代人身上。"
——西雅图酋长 (Chief Seattle，1780—1866，杜瓦米什 (Duwamish) 印第安人部落酋长)

设计原则

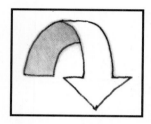 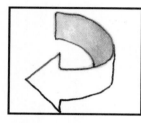 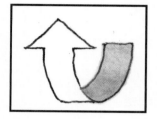

减少　REDUCE　　　　　　　再利用　REUSE　　　　　　　循环　RECYCLE

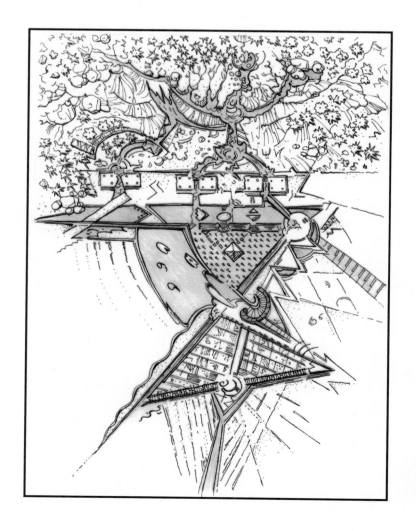

面向 21 世纪的花园：奇普·沙利文设计了一个资源节约型的公园方案。

设计语汇

地球

风

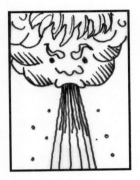

太阳

水

拓展阅读

图 书

CRADLE TO CRADLE: REMAKING THE WAY WE MAKE THINGS, by William McDonough and Michael Braungart

DESIGN FOR ECOLOGICAL DEMOCRACY, by Randolph T. Hester

THE DIAMOND AGE, by Neal Stephenson

DUNE, by Frank Herbert

THE END OF OIL: ON THE EDGE OF A PERILOUS NEW WORLD, by Paul Roberts

GARDEN AND CLIMATE, by Chip Sullivan

THE MEMOIRS OF A SURVIVOR, by Doris Lessing

THE OMNIVORE'S DILEMMA, by Michael Pollan

ORYX AND CRAKE, by Margaret Atwood

RECLAIMING THE AMERICAN WEST, by Alan Berger

电 影

2001: A SPACE ODYSSEY (1968)

AN INCONVENIENT TRUTH (2006)

BLADERUNNER (1982)

LOST IN TRANSLATION (2003)

THE MARCH OF THE PENGUINS (2005)

THE MATRIX (1999)

RIVERS AND TIDES (2001)

SLUMDOG MILLIONAIRE (2008)

SUPER SIZE ME (2004)

WALL-E (2006)

艺术作品

RODEN CRATER (earthwork), by James Turrell (2000)

EVERY SHOT, EVERY EPISODE (installation), by Jennifer and Kevin McCoy (2001)

SETO INLAND SEA, YASHIMA (photography), by Hiroshi Sugimoto (2001)

THE WEATHER PROJECT (installation), by Olafur Eliasson (2003)

CLOUD GATE, by Anish Kapoor (2004)

FOR NEW YORK CITY (light projection), by Jenny Holzer (2004)

注 释

史前时代至公元 6 世纪

1. Archeologist Alfred Kroeber and Peruvian scholar Toribio Mejia first documented the lines in their travel diaries in 1926. German mathematician Maria Reiche began studying the geoglyphs at Nazca in 1946. She dedicated her life to the documentation and preservation of the enigmatic lines and figures. Reiche published her photographs and influential theories on the astronomical orientation of the Nazca lines in her pamphlet *Mystery on the Desert* (1949). Reiche acknowledged the work of historian Paul Kosok, who first noted the alignment of one of the traces with sunset on the summer solstice, and who referred to the markings as a "gigantic calendar."

2. The tale of adventure known as the Epic of Gilgamesh dates from the 7th century BCE and was written in cuneiform on a series of clay tablets. In the story, the walled city of Uruk enclosed "one league city, one league palm gardens, one league lowlands." See *The Epic of Gilgamesh*, translated by Maureen Gallery Kovacs (Stanford, CA: Stanford University Press, 1989), p. 3.

3. This drawing is based on the plan reconstructed by Elisabeth B. Moynihan in *Paradise as a Garden in Persia and Mughal India* (New York: George Braziller, 1979), p. 17. See also Ralph Pinder-Wilson, "The Persian Garden: Bagh and Chahar Bagh," in *The Islamic Garden*, Dumbarton Oaks Colloquium on the History of Landscape Architecture IV, Elisabeth B. MacDougall and Richard Ettinghausen, eds. (Washington, DC: Dumbarton Oaks, Trustees for Harvard University, 1976), pp. 71–72.

4. The total area of Hadrian's villa is estimated at 300 acres. See William L. MacDonald and John A. Pinto, *Hadrian's Villa and Its Legacy* (New Haven: Yale University Press, 1995), p. 29.

5. Hobhouse, Penelope. *The Story of Gardening* (London: Dorling Kindersley Ltd., 2002), p. 27.

6. The classical "orders" refer to specific compositions of column, capital, and base, and include the Doric, Ionic, and Corinthian orders. The Doric order is the simplest in design, and the oldest. The Ionic order is taller and more slender, its capital distinguished by scrolling volutes. The Corinthian capital is more ornate, with carved acanthus leaves. Vitruvius cataloged the orders in the 1st century. Serlio elaborated on the proportioning system during the Renaissance.

7. In his book *Design of Cities* (1974), Edmund Bacon described the development of the *agora* over time, particularly noting the relationship between architecture and open space, and its effect on movement systems (see pp. 64–71). The open space of the agora was most clearly articulated during the Hellenistic era. In the Roman period, the addition of fountains, sculptures, and temples affected the clarity of the space. The agora was destroyed in 267 CE.

8. Emperor Qin Shi Huangdi unified all of China. Great advancements took place during his reign; weights, measures, currency, and writing were standardized. He initiated a canal-building project to connect northern and southern river systems, and expanded existing border fortifications to form the Great Wall. The imperial system stayed in place until the 20th century.

Qin Shi Huangdi commissioned a new royal palace and great hunting park, Shanglin, built along the Wei River near the capital of Chang-an, on the slopes of Li Shan mountain. Written accounts describe a miniature universe of rare plants and animals and a network of secret passageways and corridors that connected the opulent palace complex. He also ordered the construction of an enormous mausoleum that included an army of life-size terracotta soldiers. His lavish extravagances led to the downfall of his dynasty, but established a prototype for imperial gardens.

9. The Neolithic Revolution refers to the important societal shift from hunting and gathering to settled agriculture. Glaciers began to recede at the end of the Paleolithic Era, or Old Stone Age (500,000 BCE–8,000 BCE). The cave paintings in southern France date from this period. During the Neolithic Era, or New Stone Age (8,000 BCE–4,000 BCE), belief in celestial gods replaced notions of an earth goddess. The first urban civilizations developed in the fertile crescent during the Bronze Age (4,000 BCE–2,000 BCE), when writing and metallurgy advanced.

Jane Jacobs disputed the theory that settled agriculture was a prerequisite for the development of cities in her book *The Economy of Cities* (1969), stating that agriculture and the domestication of animals emerged from urban centers.

公元 6 世纪至 15 世纪

1. "A garden enclosed is my sister, my spouse; a spring shut up, a fountain sealed." Song of Solomon 4:12.

2. See Ferguson, George. *Signs and Symbols in Christian Art* (London: Oxford University Press, 1961).

3. From *The Romance of the Rose*, Guillaume de Lorris and Jean de Meun; translated and edited by Frances Horgan (New York: Oxford University Press, 1999).

4. King, Roland. *The Quest for Paradise* (New York: Mayflower Books, 1979), p. 70.

5. Illustration after M. Gomez-Moreno, in Marianne Barrucand and Achim Bednorz, *Moorish Architecture in Andalusia* (Cologne: Taschen, 2007), p. 69. See also Hobhouse, Penelope. *The Story of Gardening* (London, Dorling Kindersley Limited, 2002), pp. 66–67.

6. Wright, Richardson. *The Story of Gardening: From the Hanging Gardens of Babylon to the Hanging Gardens of New York* (New York: Garden City Publishing Co. Inc., 1938), p. 30.

7. James Dickie, "The Islamic Garden in Spain," in *The Islamic Garden*, Dumbarton Oaks Colloquium on the History of Landscape Architecture IV, Elisabeth B. MacDougall and Richard Ettinghausen, eds. (Washington, DC: Dumbarton Oaks, Trustees for Harvard University, 1976), p. 99.

8. Casa Valdes, Marquesa de. *Spanish Gardens*. Translated by Edward Tanner (Woodbridge, Suffolk, UK: Antique Collectors' Club Ltd., [1973] 1987), p. 41.

9. Keswick, Maggie. *The Chinese Garden: History, Art & Architecture* (New York: Rizzoli, 1978), pp. 48–49.

10. Kostoff, Spiro. *The City Shaped: Urban Patterns and Meanings Through History* (Boston: Bulfinch Press/Little Brown and Co., 1991), p. 33.

11. See Tuan, Yi-Fu. *Topophilia: A Study of Environmental Perception, Attitudes, and Values* (New York: Columbia University Press, 1990), pp. 164–166. Also, Tuan, Yi-Fu. *Space and Place: The Perspective of Experience* (Minneapolis: University of Minnesota Press, 2001), p. 134.

12. Wang Wei (701–761), poems from the Wang River sequence, in *The Anchor Book of Chinese Poetry*, Tony Barnstone and Chou Ping, eds. (New York: Anchor Books/Random House, 2005), pp. 106–107.

13. Jellicoe, Sir Geoffrey, Susan Jellicoe, Patrick Goode, and Michael Lancaster, eds. *The Oxford Companion to Gardens* (Oxford, UK: Oxford University Press, 1986), p. 541.

14. Keswick, *The Chinese Garden*, p. 56.

15. See Cahill, James. *Chinese Painting* (New York: Rizzoli, 1977).

16. Thacker, Christopher. *The History of Gardens* (Berkeley, CA: University of California Press, 1979), p. 55.

17. Image and poem adapted from the work of Chen Congzhou (1956) as presented by Stanislaus Fung in "Longing and Belonging in Chinese Garden History," in *Perspectives on Garden Histories*, Dumbarton Oaks Colloquium on the History of Landscape Architecture, vol. 21, Michel Conan, ed. (Washington, DC: Dumbarton Oaks, Trustees for Harvard University, 1999), pp. 209–210.

18. *The Travels of Marco Polo*, Art Type edition, The World's Popular Classics (New York Books, Inc., undated).

19. Flower-viewing festivals remain popular in Japan. Springtime celebrations include the plum blossom festival in February, the peach blossom festival in March, and the cherry blossom festival in April. See also Thacker, *The History of Gardens*, pp. 63–66.

20. Yuniwa refers to the purified space of Shinto shrines. A discussion of the evolution of the term can be found in Camelia Nakagawara, "The Japanese Garden for the Mind: The 'Bliss' of Paradise Transcended," in *Stanford Journal of East Asian Affairs*, vol. 4, no. 2, Summer 2004, pp. 84–85, 88–89. Retr. 3.1.09 from http://www.stanford.edu/group/sjeaa/journal42/japan2.pdf.

   Irmtraud Schaarschmidt-Richter discusses the function of the "sandy parterre" in *Japanese Gardens* (New York: William Morrow & Co. Inc., 1979), pp. 95–98. The changing use of the yuniwa at Kyoto Imperial Palace is described by Marc Treib and Ron Herman in *A Guide to the Gardens of Kyoto* (New York: Kodansha America Inc., 2003 revised edition), pp. 6, 72.

21. Schaarschmidt-Richter, *Japanese Gardens*, p. 50.

22. See Morris, A. E. J. *History of Urban Form: Before the Industrial Revolution* (New York: John Wiley & Sons, Inc., 1982), pp. 292–295.

23. See Nitschke, Gunter. *Japanese Gardens: Right Angle and Natural Form* (Cologne: Taschen, 1999), pp. 34–35.

24. Shikibu, Murasaki. *The Tale of Genji*. Translated by Edward G. Seidensticker (New York: Alfred A. Knopf, 1987), p. 386.

25. See Keane, Marc. *Japanese Garden Design* (Rutland, VT: Charles E. Tuttle Inc., 1996), p. 50.

26. Nitschke, *Japanese Gardens*, pp. 76–77.

公元 15 世纪

1. For a discussion of how changing architectural styles affected the perception and use of gardens, see Camelia Nakagawara, "The Japanese Garden for the Mind: The 'Bliss' of Paradise Transcended," in *Stanford Journal of East Asian Affairs*, vol. 4, no. 2, Summer 2004, p. 93. Retr. 3.1.09 from http://www.stanford.edu/group/sjeaa/journal42/japan2.pdf.

2. See the section on "The Rise of the Working Garden Master" by Irmtraud Schaarschmidt-Richter in *Japanese Gardens* (New York: William Morrow & Co. Inc., 1979), p. 257.

3. Kuck, Loraine. *The World of the Japanese Garden: From Chinese Origins to Modern Landscape Art* (New York: Weatherhill, 1968), p. 142.

4. Ibid., p. 139.

5. Gunter Nitschke discusses the symbolism of the garden in *Japanese Gardens: Right Angle and Natural Form* (Cologne: Taschen, 1999), p. 93.

6. Schaarschmidt-Richter, *Japanese Gardens*, p. 75.

7. Keswick, Maggie. *The Chinese Garden: History, Art & Architecture* (New York: Rizzoli, 1978), p. 59.

8. Yi-Fu Tuan explains how the form of the city is based on traditional symbolism in *Topophilia: A Study of Environmental Perception, Attitudes, and Values* (New York: Columbia University Press, 1990), pp. 164–166. Also, Tuan, Yi-Fu, *Space and Place: The Perspective of Experience* (Minneapolis: University of Minnesota Press, 2001), p. 165.

9. See Ruy Gonzalez de Clavijo, *Embassy to Tamerlane 1403–1406*, translated by Guy LeStrange (London: George Routledge & Sons, 1928).

10. Wilber, Donald Newton. *Persian Gardens and Garden Pavilions* (Washington, DC: Dumbarton Oaks, Trustees for Harvard University, 1979), p. 32.

11. Ralph Pinder-Wilson, "The Persian Garden: *Bagh* and *Chahar Bagh*," in *The Islamic Garden*, Dumbarton Oaks Colloquium on the History of Landscape Architecture IV, Elisabeth B. MacDougall and Richard Ettinghausen, eds. (Washington, DC: Dumbarton Oaks, Trustees for Harvard University, 1976), p. 80.

12. de Clavijo, *Embassy to Tamerlane 1403–1406*, p. 206.

13. Ibid., p. 227.

14. Masson, Georgina. *Italian Gardens* (Woodbridge, England: Antique Collectors' Club, 1987), p. 57.

15. Van der Ree, Paul, Gerrit Smienk, and Clemens Steenbergen. *Italian Villas and Gardens*. (Munich: Presel-Verlag, 1993), p. 24.

16. Cicero, in the 1st century BCE, coined the phrase "second nature" to denote a landscape shaped by use; the conceptual framework was expanded upon during the Renaissance to include a third state of nature shaped by art. See John Dixon Hunt, *Gardens and the Picturesque* (Cambridge: MIT Press, 1992), pp. 3–4. Claudia Lazzaro discusses the categorization of plantings in chapters two and five of *The Italian Renaissance Garden* (New Haven, CT: Yale University Press, 1990); her explanation of the origin of the concept of second and third nature occurs on page 9.

17. Ackerman, James S. *The Villa: Form and Ideology of Country Houses* (Princeton, NJ: Princeton University Press, 1990), p. 73.

18. Sica, Grazia Gobbi. *The Florentine Villa* (Oxford: Routledge, 2007), p. 47.

公元 16 世纪

1. Painters, sculptors, and architects working in the Mannerist style exploited classical prototypes, applying classical motifs and conventions in a manner removed from and often contradictory to historical contexts.

2. Masson, Georgina. *Italian Gardens* (Woodbridge, England: Antique Collectors' Club, 1987), p. 122.

3. Lazzaro, Claudia. *The Italian Renaissance Garden,* (New Haven, CT: Yale University Press, 1990), p. 236.

4. Ibid., pp. 246–247.

5. Pliny described a table in the garden at his Tuscan villa that contained a basin of water where dishes could be floated during a meal. See Masson, *Italian Gardens*, p. 25.

6. See the section on "The Concept of Stage Management," in *Italian Villas and Gardens* by Paul Van der Ree, Gerrit Smienk, and Clemens Steenbergen (Munich: Prestel-Verlag, 1993), pp. 25–27. Also Lazzaro, *The Italian Renaissance Garden*, pp. 110–111.

7. Van der Ree, *Italian Villas and Gardens*, pp. 191–195.

8. Ackerman, James S. *Palladio* (New York: Penguin Books, 1991), p. 25.

9. Woodbridge, Kenneth. *Princely Gardens: The Origins and Development of the French Formal Style* (London: Thames and Hudson, 1986), p. 44.

10. Ibid., pp. 81–82.

11. Newton, Norman T. *Design on the Land: The Development of Landscape Architecture* (Cambridge, MA: Belknap Press/Harvard University, 1974), p. 183.

12. The forthright is described by G. B. Tobey in *A History of Landscape Architecture: The Relationship of People to Environment* (New York: American Elsevier Publishing Company, Inc., 1973), p. 123.

13. The design of the pond and privy gardens, including the summerhouse, is described by Julia S. Berrall in *The Garden: An Illustrated History* (New York: Penguin Books, 1978), p. 237.

14. Lazzaro, *The Italian Renaissance Garden*, p. 11.

15. See Prest, John. *The Garden of Eden: The Botanic Garden and the Recreation of Paradise* (New Haven, CT: Yale University Press), 1988.

16. Babur's gardens served social and political ends, and were symbolic of the subjugation of conquered lands. For a discussion of the political expediency of royal encampments, see Thomas W. Lentz, "Memory and Ideology in the Timurid Garden," in *Mughal Gardens: Sources, Places, Representations and Prospects*, James L. Wescoat, Jr. and Joachim Wolschke-Bulmahn, eds. (Washington, DC: Dumbarton Oaks Research Library and Collection, 1996), p. 56.

17. Moynihan, Elizabeth. *Paradise as a Garden in Persia and Mughal India* (New York: George Braziller, 1979), p. 83.

18. Wybe Kuitert explains the relationship between "Tea and Politics," particularly the role of Nobunaga's advisors, in *Themes in the History of Japanese Garden Art* (Honolulu: University of Hawaii Press, 2002), p. 152.

19. Ibid., p. 142.

20. Ibid., pp. 143–146.

21. Ibid., p. 147. The author discusses how nature was romanticized by urban dwellers, and relates the story of an aristocrat's visit to Soshu's tea hut.

公元 17 世纪

1. See Penelope Hobhouse's description of the Hortus Palatinus in *The Story of Gardening* (London: Dorling Kindersley Ltd., 2004), pp. 144–145.

2. Wright, Richardson. *The Story of Gardening: From the Hanging Gardens of Babylon to the Hanging Gardens of New York* (Garden City, NY: Garden City Publishing Co. Inc., 1938), p. 301.

3. Keswick, Maggie. *The Chinese Garden* (New York: Rizzoli, 1980), p. 123.

4. Ibid., p. 158.

5. Gunter Nitschke explains aspects of neo-Confucianism in *Japanese Gardens: Right Angle and Natural Form* (Cologne: Taschen, 1999), p. 172.

6. Keane, Marc. P. *Japanese Garden Design* (Rutland, VT: Charles E. Tuttle, 1996), p. 103.

7. Kuitert, Wybe. *Themes in the History of Japanese Garden Art* (Honolulu: University of Hawaii Press, 2002), p. 172–173.

8. See ibid., the section on the discovery of the romantic countryside by the imperial court and their enjoyment of the "idle landscape," pp. 173–176.

9. Keane, *Japanese Garden Design*, p. 104.

10. Kobori Enshu was a tea master and flower arranger and a disciple of Furuta Oribe, who in turn was student of Sen no Rikyu. Enshu was appointed Commissioner of Public Works in Hideyoshi's bureaucracy, where he managed construction projects for the shogun. His design aesthetic included the introduction of right-angle geometries to garden form. The use of clipped shrubs to function as rocks in a garden also originates with Enshu.

11. Keane, *Japanese Garden Design*, p. 86.

12. Nitschke, *Japanese Gardens*, p. 158.

13. Crowe, Sylvia, Sheila Haywood, Susan Jellicoe, and Gordon Patterson, *The Gardens of Mughal India: A History and a Guide* (London: Thames and Hudson, 1972), p. 132.

14. Moore, Charles, William J. Mitchell, and William Turnbull Jr., *The Poetics of Gardens* (Cambridge, MA: MIT Press, 1988), p. 171.

15. Brookes, John. *Gardens of Paradise: The History and Design of Great Islamic Gardens* (New York: New Amsterdam, 1987), p. 154.

16. Crowe, et al., *The Gardens of Mughal India: A History and a Guide*, p. 168, contains an image of the layout plan prepared in 1828 by the surveyor-general of India, Colonel Hodgson. Each quadrant is subdivided three times, for a total of 256 beds.

17. Wilber, Donald Newton. *Persian Gardens and Garden Pavilions* (Washington, DC: Dumbarton Oaks, Trustees for Harvard University, 1979), p. 39.

18. Ferrier, Ronald W. *A Journey to Persia: Jean Chardin's Portrait of a Seventeenth-Century Empire* (London: I.B. Tauris, 1996), p. 149.

19. Wilber. *Persian Gardens*, pp. 89–90.

20. Brookes describes the collection and distribution of water in detail in *Gardens of Paradise*, pp. 112–113.

21. Franck, C. L. *The Villas of Frascati* (London: Alec Tiranti, 1966), p. 26.

22. Ibid., pp. 20–33.

23. Kluckert, Ehrenfried. *European Garden Design* (Cologne: Konemann, 2000), p. 155.

24. Lazzaro, Claudia. *The Italian Renaissance Garden* (New Haven, CT: Yale University Press, 1990), p. 191.

25. Clifford, Derek. *A History of Garden Design* (New York: Frederick A. Praeger, 1966), pp. 44–45.

26. Ibid., pp. 103–104.

27. In France and Holland, Renaissance garden "compartments" became elaborate *parterres* (literally, "on the ground") styled with a wide variety of imaginative motifs, including the *parterre de broderie*, meant to imitate the scrolls and swags of brocade.

28. During the 17th century, the adventuresome Tradescant family made important contributions to the field of horticulture, particularly in their introduction of North American plants to England. They also collected curiosities from around the world and displayed them to the public in their London garden, called the Ark. Their collection formed the core of the natural history exhibits at the Ashmolean Museum at Oxford.

29. Andre Mollet was the son of Claude Mollet, and grandson of Jacques Mollet, patriarch of the renowned Mollet family of royal gardeners. Jacques Mollet was the head gardener at Anet. Claude Mollet designed many of Henry IV's gardens, and credited himself with developing the first *parterre de broderie* in his influential book, *Theatre des plans et jardinages* (1652). Andre Mollet worked in France, Sweden, the Netherlands, and England; his book, *Le Jardin de plaisir*, applied theories of perspective to planting design. Gabriel Mollet is thought to be Andre's nephew.

30. Weiss, Allen S. *Mirrors of Infinity: The French Formal Garden and 17th-Century Metaphysics* (New York: Princeton Architectural Press, 1995), pp. 61–62.

31. Verin, Helene. "Technology in the Park: Engineers and Gardeners in Seventeenth-Century France," in *The History of Garden Design: The Western Tradition from the Renaissance to the Present Day*, Monique Mosser and Georges Teyssot, eds. (New York: Thames and Hudson, 1991), p. 135.

32. Referred to as "the politics of the gaze" in Weiss, *Mirrors of Infinity*, pp. 25–26.

33. Verin, "Technology in the Park," pp. 136–137.

34. The Grotto of Thetis was the first sculpture completed in the heliocentric program. In the myth, Apollo retires to sleep in the home of the sea goddess Thetis after completing his circuit of the Earth—just as Louis retires to sleep in his apartments directly above the grotto. Other key sculptures with Apollo themes include the Fountain of Latona and the Fountain of Apollo. The Fountain of Latona marked the beginning of the axis within the Petit Parc. Latona was the mother of Apollo. When fleeing with her children, Apollo and Diana, from the wrath of Hera, she attempted to draw water from a pond and was thwarted by shepherds. She turned them into frogs. The myth referenced Louis and his mother escaping the Paris mobs during the fronde. See Kenneth Woodbridge, *Princely Gardens: The Origins and Development of the French Formal Style* (London: Thames and Hudson, 1986), p. 203. At the opposite end of the *allée*, Apollo rises from the water in his horse-drawn chariot, indicating the dawn of a new day.

35. Berrall, Julia S. *The Garden: An Illustrated History* (New York: Penguin Books, 1978), p. 203.

36. *The Way to Present the Gardens of Versailles*, by Louis XIV, translated by John F. Stewart (Paris: Editions de la Réunion des Musées Nationaux, 1992), p. 28.

公元 18 世纪

1. The "naturalistic" style characteristic of the English landscape garden has its roots in the 17th century. In the late 1600s, Timo- thy Nourse wrote a book about the design of country houses that suggested one part of the garden should be a "natural-artificial" wilderness. See S. Lang, "Genesis of the Landscape Garden," in *The Picturesque Garden and Its Influence Outside the British Isles* (Washington, DC: Dumbarton Oaks, 1974), p. 8.

2. The Epistle was written before Kent reworked Bridgeman's design. See *Descriptions of Lord Cobham's Gardens at Stowe 1700–1750*, G. B. Clarke, ed., Buckinghamshire Record Society, 1990, p. 31.

3. "All gardening is landscape painting. (Spoken on the round of Inigo Jones and the view through it at the Physic Garden at Oxford.) Just like a painting hung up." From Joseph Spence, *Observations, Anecdotes and Characters of Books and Men*, James M. Osborn, ed., Volume I (Oxford, England: Oxford University Press, 1966), p. 252 (anecdote 606).

4. By the 18th century, many Italian Renaissance villas were in a state of disrepair. The gardens that the English visited were tempered by time and neglect, and mellowed with overgrown vegetation, contributing to a Romantic conception of the landscape.

5. Derek Clifford describes the history and theory of the *ferme ornée* in *A History of Garden Design* (New York: Frederick A. Praeger, 1966), pp. 139–140.

6. "At that moment appeared Kent, painter enough to taste the charms of landscape, bold and opinionative enough to dare and to dictate, and born with a genius to strike out a great system from the twilight of imperfect essays. He leaped the fence, and saw that all nature was a garden." From *On Modern Gardening, An Essay* by Horace Walpole, (New York: Young Books Inc., 1931), pp. 43–44. Walpole's book was first published in 1785.

7. From a letter by Sir Thomas Robinson to Lord Carlisle; as quoted in Richard Bisgrove, *The National Trust Book of the English Garden* (London: Viking, 1990), p. 86.

8. Wright, Richardson. *The Story of Gardening: From the Hanging Gardens of Babylon to the Hanging Gardens of New York* (Garden City, NY: Garden City Publishing Co. Inc., 1938), p. 308.

9. See Elisabetta Cereghini, "The Italian Origins of Rousham," in *The History of Garden Design: The Western Tradition from the Renaissance to the Present Day*, Monique Mosser and Georges Teyssot, eds. (New York: Thames and Hudson, 1991), p. 320.

10. John Dixon Hunt points out that in the early 18th century, the term "picturesque" referred specifically to the subject matter of paintings, their themes, and meanings; it was not a quality of gardens. In the later 18th century, the word took on a different connotation. A picturesque landscape was not one that represented a specific iconography, but one that had scenic attributes. See John Dixon Hunt, *Gardens and the Picturesque: Studies in the History of Landscape Architecture* (Cambridge, MA: MIT Press, 1992), pp. 105–136.

11. Wright comments on the dedication to agricultural improvement in France during the second half of the 18th century in *The Story of Gardening*, p. 368.

12. Morris, Edwin T. *The Gardens of China: History, Art and Meanings* (New York: Charles Scribner's Sons, 1983), p. 23.

13. Keswick, Maggie. *The Chinese Garden* (New York: Rizzoli, 1980), p. 15.

14. Chen, Lifang, and Yu Sianglin. *The Garden Art of China* (Portland, OR: Timber Press, 1986), p. 63.

15. Morris, *The Gardens of China*, p. 99.

16. See Peter Martin, *The Pleasure Gardens of Virginia: from Jamestown to Jefferson* (Princeton, NJ: Princeton University Press, 1991), pp. 145–148.

公元 19 世纪

1. Thacker, Christopher. *The History of Gardens* (Berkeley, CA: University of California Press, 1979), p. 237.

2. Wheelchair-bound for the last seven years of his life, Repton became concerned with accessible garden elements and the close-up view of the landscape. See Richard Bisgrove, *The National Trust Book of the English Garden* (London: Viking, 1990), pp. 138–139.

3. See Renzo Dubbini, "Glasshouses and Winter Gardens," in *The History of Garden Design: The Western Tradition from the Renaissance to the Present Day*, Monique Mosser and Georges Teyssot, eds. (New York: Thames and Hudson, 1991), p. 428.

4. See Kate Colquhoun, *"The Busiest Man in England": A Life of Joseph Paxton, Gardener, Architect and Victorian Visionary* (Boston, MA: David R. Godine, 2006), p. 110. An illustration of Paxton's "Plan for Forming Subscription Gardens" (1834) appears in Alessandra Ponte, "Public Parks in Great Britain and the United States," in *The History of Garden Design: The Western Tradition from the Renaissance to the Present Day*, Monique Mosser and Georges Teyssot, eds. (New York: Thames and Hudson, 1991), p. 376.

5. Bisgrove, *The National Trust Book of the English Garden*, p. 174.

6. Robinson, William. *The English Flower Garden: Design, Arrangement, and Plans*, Fourth Edition (London: John Murray, 1895), p. 30. Retrieved July 3, 2009 from www.books.google.com.

7. Bisgrove, *The National Trust Book of the English Garden*, p. 189. See also Ponte, "Public Parks in Great Britain and the United States," p. 373.

8. Thomas von Joest describes improvements made to the Champs-Elysées by architect Jacques-Ignace Hittorff, in "Haussmann's Paris: A Green Metropolis?" in *The History of Garden Design: The Western Tradition from the Renaissance to the Present Day*, Monique Mosser and Georges Teyssot, eds. (New York: Thames and Hudson, 1991), p. 388.

9. Alphand's book is titled *Les Promenades de Paris (1867–1873)*, and was reprinted by Princeton Architectural Press, Princeton, NJ, in 1984.

10. von Joest, "Hausmann's Paris," p. 392.

11. Ibid., p. 397.

12. Schuyler, David. *Apostle of Taste: Andrew Jackson Downing 1815–1852* (Baltimore: The Johns Hopkins University Press, 1996), p. 92.

13. See Roy Rosenzweig and Elizabeth Blackmar, *The Park and the People* (Ithaca, NY: Cornell University Press, 1996), pp. 65–77.

14. Olmsted's publications include: *Walks and Talks of an American Farmer in England* (1852), *The Seaboard Slave States* (1856), *A Journey in Texas* (1857), *A Journey in the Back Country* (1860), and two volumes of previously published essays titled *Journeys and Explorations in the Cotton Kingdom* (1861).

15. "It is one great purpose of the Park to supply to the hundreds of thousands of tired workers, who have no opportunity to spend their summers in the country, a specimen of God's handiwork that shall be to them, inexpensively, what a month or two in the White Mountains or the Adirondacks is, at great cost, to those in easier circumstances." Olmsted quoted in Norman T. Newton, *Design on the Land: The Development of Landscape Architecture* (Cambridge MA: Belknap Press/Harvard University Press, 1974), p. 289.

16. See Warren Angus Ferris, *Life in the Rocky Mountains: A Diary of Wanderings on the Sources of the Rivers Missouri, Columbia, and Colorado, 1830–1835*, Leroy R. Hafen, ed., new revised edition (Denver, CO: Fred A. Rosenstock/The Old West Publishing Company, 1983). Ferris's descriptions of Yellowstone appear on pp. 326–329. See also Burton Harris, *John Colter: His Years in the Rockies* (New York: Charles Scribner's Sons, 1952). Accounts of "Colter's Hell" are described on pp. 91–96.

17. A section of the 1890 census noted that settlement had expanded so rapidly across the West that there was no longer a clear line demarcating populated areas from wilderness areas. Frederick Jackson Turner developed an influential 'frontier thesis' in his essay "The Significance of the Frontier in American History." See *Rereading Frederick Jackson Turner: "The Significance of the Frontier in American History" and other essays*, with commentary by John Mack Faragher (New York: Henry Holt and Company, 1994), pp. 31–60.

公元 20 世纪

1. See Robin Karson, *A Genius for Place: American Landscapes of the Country Place Era* (Amherst, MA: University of Massachusetts Press, 2007), pp. 133–147. Farrand's papers are archived at the College of Environmental Design, University of California, Berkeley.

2. Emily Talen discusses the rise in civic improvement associations and examines the idea of 'urban plan-making' as an instrument of social control in *New Urbanism and American Planning: The Conflict of Cultures* (New York: Routledge, 2005), pp. 114–125. See also Norman T. Newton, *Design on the Land: The Development of Landscape Architecture* (Cambridge MA: Belknap Press/Harvard University Press, 1974), pp. 414–416, for his description of the popularity of Robinson's articles.

3. Spiro Kostof attributes the failure of monumental urban planning in America to the lack of a centralized local authority in *The City Shaped: Urban Patterns and Meanings through History* (Boston, MA: Bulfinch Press/Little, Brown and Co., 1991), p. 217. Burnham created monumental plans for the cities of Chicago, Cleveland, San Francisco, Washington, DC, and the cities of Manila and Baguio in the Philippines. Although only the plan of Washington, DC was implemented (as an extension of the federal government's power), the idea of comprehensive urban planning endured and helped develop a conception of urbanism in America.

4. Talen, *New Urbanism and American Planning* p. 114. See also Newton, *Design on the Land*, pp. 421–423, and Lewis Mumford, *The City in History* (New York: Harcourt, Brace and World, Inc., 1961), p. 401.

5. In 1925 Walter Gropius published a volume entitled *Internationale Architektur* that showcased some of the work exhibited at the Bauhaus in 1923. Gropius believed that functionalism could express the values of a unified society. See Harry Francis Mallgrave, *Modern Architectural Theory* (Cambridge, UK: Cambridge University Press, 2005), p. 252.

   In 1932, the Museum of Modern Art in New York mounted a show titled "Modern Architecture: International Exhibition." The accompanying book *The International Style*, written by Henry-Russell Hitchcock and Philip Johnson, introduced the 'new style' to America. The book and the exhibit highlighted the work of European architects who were working in avant-garde, not historical, styles. The avant-garde represented a progressive ideology that sought to express commonalities rather than differences. See Terence Riley, *The International Style: Exhibition 15 and the Museum of Modern Art* (New York: Rizzoli/Columbia Books of Architecture, 1992), pp. 9–64.

6. In his 1896 essay, "The Tall Office Building Artistically Re-considered," American architect Louis Sullivan (1856–1924) wrote "all things in Nature have a shape…a form…that tells us what they are…Whether it be the sweeping eagle in his flight or the open apple-blossom…form ever follows function, and this is the law." The phrase expressed his belief that the ornamentation of skyscrapers (a totally new form of building) should be inspired from organic nature and not classical motifs. See *Louis Sullivan: The Public Papers*, Robert Twombly, ed. (Chicago, IL: University of Chicago Press, 1988), p. 111.

7. Le Corbusier, *Toward an Architecture*, introduction by Jean-Louis Cohen; translation by John Goodman (Los Angeles, CA: Getty Research Institute/Texts and Documents, 2007), p. 87.

8. Imbert, Dorothee. *The Modernist Garden in France* (New Haven, CT: Yale University Press, 1993), p. 128. George Dodds makes a case that Guevrekian's triangular garden was "half of a Paradise garden" bisected by a diagonal cut line that symmetrically reflected the rest of the garden. See George Dodds, "Freedom from the Garden: Gabriel Guevrekian and a New Territory of Experience," in *Tradition and Innovation in French Garden Art: Chapters of a New History*, John Dixon Hunt and Michel Conan, eds. (Philadelphia, PA: University of Pennsylvania Press, 2002), pp. 192–193.

9. Imbert, *The Modernist Garden in France*, p. 128.

10. Ibid, p. 65. See also Dodds, "Freedom from the Garden," p. 185.

11. Karson, Robin. *Fletcher Steele, Landscape Architect* (A Ngaere Macray Book/New York: Harry N. Abrams, Inc., 1989), p. 108.

12. Neckar, Lance M. "Christopher Tunnard: The Garden in the Modern Landscape," in *Modern Landscape Architecture: A Critical Review*, Marc Treib, ed. (Cambridge, MA: MIT Press, 1994), p. 146.

13. See Marc Treib and Dorothee Imbert, *Garrett Eckbo: Modern Landscapes for Living*, (Berkeley, CA: University of California Press, 1997), pp. 16–20.

14. Halprin was involved in "Take Part" workshops in the 1960s. See Jim Burns, "The How of Creativity: Scores & Scoring" in *Lawrence Halprin: Changing Places* (San Francisco, CA: The San Francisco Museum of Modern Art, 1986), p. 57.

15. For discussions of the land art movement and its impact on architecture and landscape architecture, see John Beardsley, *Earthworks and Beyond* (New York: Abbeville Press, 1984), p. 122; also Michael McDonough, "Architecture's Unnoticed Avant-Garde" in *Art in the Land*, Alan Sonfist, ed. (New York: E.P. Dutton Inc., 1983), pp. 233–252; and Catherine M. Howett, "Landscape Architecture: Making a Place for Art," in *Places*, vol. 2, no. 4 (1985).

16. The idea of value-neutral space and open-ended meaning stems from the philosophical discourse of post structuralism and the linguistic theory of deconstruction. Jacques Derrida (b. 1930) is a philosopher whose writing on 'value-laden hierarchies' and 'slippery meanings' has influenced architects. Derrida collaborated with Peter Eisenman and Bernard Tschumi on the conceptual design of Parc de La Villette. The park was featured in a 1988 exhibition titled *Deconstructivist Architecture* at the Museum of Modern Art in New York. Excerpts from Derrida's works are included in *Rethinking Architecture: A reader in cultural theory*, Neil Leach, ed. (London: Routledge, 1997), pp. 317–336. See also the exhibition catalog, *Deconstructivist Architecture*, Philip Johnson and Mark Wigley/The Museum of Modern Art, New York (Boston, MA: Little Brown and Co., 1988).

17. In 1986 Harvard University Graduate School of Design mounted an exhibit titled *Transforming the American Garden: 12 New Landscape Designs*. The goal of the show was to examine the garden as an expressive and conceptual medium representative of the age. For critical commentary on the exhibit, see *Places*, vol. 3, no. 3 (1986). The July 1989 issue of *Progressive Architecture* magazine was also dedicated to the 'New American Landscape' and examined the "new emphasis on landscape as art." The issue highlighted the work of many of the same landscape architects who contributed to the 1986 exhibit.

(Interestingly, in 2005 a new set of circumstances affecting professional design practice was examined in the exhibition titled *Groundswell: Constructing the Contemporary Landscape* held at the Museum of Modern Art in New York. The show featured creative responses to the design of public urban open space in a postindustrial landscape, and included projects on reclaimed and formerly degraded sites.)

18. McIntosh, Christopher. *Gardens of the Gods* (London: I.B. Tauris, 2005), p. 116.

19. Clement, Gilles. *Le jardin en mouvement de la Vallée au champ via le parc André-Citroën*, 3rd edition ([Paris]: Sens and Tonka, 1999), pp. 172–175. See also Alan Tate, *Great City Parks* (London: Spon Press, 2001), p. 45.

公元 21 世纪

1. The project as described by its designer, George Hargreaves, in Jim Doyle's article, "The City's Front Yard," *San Francisco Chronicle*, 23 September 2001: CM-10.

参考书目

Ackerman, James S. *Palladio*. New York: Penguin Books, 1991.

———.*The Villa: Form and Ideology of Country Houses.* Princeton, NJ: Princeton University Press, 1990.

Arden, Heather M. *The Romance of the Rose.* Boston: Twayne Publishers, a division of GK Hall & Co., 1987.

Bacon, Edmund. *Design of Cities.* New York: Penguin Books, 1985.

Barnstone, Tony, and Chou Ping, eds. *The Anchor Book of Chinese Poetry.* New York: Anchor Books/Random House, 2005.

Barrucand, Marianne, and Achim Bednorz. *Moorish Architecture in Andalusia.* Cologne: Taschen, 2007.

Beardsley, John. *Earthworks and Beyond.* New York: Abbeville Press, 1984.

Berrall, Julia S. *The Garden: An Illustrated History.* New York: Penguin Books, 1978.

Bisgrove, Richard. *The National Trust Book of the English Garden.* London: Viking, 1990.

Blomfield, Reginald, and F. Inigo Thomas. *The Formal Garden in England.* London: Waterstone, 1985. First published in 1892.

Brookes, John. *Gardens of Paradise: The History and Design of the Great Islamic Gardens.* New York: New Amsterdam Books, 1987.

Byne, Mildred Stapley, and Arthur Byne. *Spanish Gardens and Patios.* Philadelphia: J.B. Lippincott Co., 1924.

Cahill, James. *Chinese Painting.* New York: Rizzoli, 1977.

Caplow, Theodore, Louis Hicks, and Ben J. Wattenberg. *The First Measured Century.* Washington, DC: The American Enterprise Institute Press, 2001.

Carroll, Maureen. *Earthly Paradises: Ancient Gardens in History and Archaeology.* Los Angeles: The J. Paul Getty Museum, 2003.

Casa Valdes, Teresa Ozores y Saavedra, marquesa de. *Spanish Gardens.* Woodbridge, England: Antique Collectors' Club, 1987.

Chen, Lifang, and Yu Sianglin. *The Garden Art of China.* Portland, OR: Timber Press, 1986.

Chittenden, Hiram Martin. *The Yellowstone National Park.* Norman, OK: University of Oklahoma Press, 1964.

Clarke, G. B., ed. *Descriptions of Lord Cobham's Gardens at Stowe 1700–1750.* Buckinghamshire Record Society, 1990.

Clary, David A. *"The Place Where Hell Bubbled Up": A History of the First National Park.* Washington, DC: Office of Publications, National Park Service, U.S. Department of the Interior, 1972.

Clement, Gilles. *Le jardin en mouvement de la Vallée au champ via le parc André-Citroën,* 3rd edition. [Paris]: Sens and Tonka, 1999.

Clifford, Derek. *A History of Garden Design.* New York: Frederick A. Praeger, 1966.

Colquhoun, Kate. *"The Busiest Man in England": A Life of Joseph Paxton, Gardener, Architect and Victorian Visionary.* Boston, MA: David R. Godine, 2006.

Conan, Michel, ed. *Perspectives on Garden Histories.* Washington, DC: Dumbarton Oaks, Trustees for Harvard University, 1999.

Conder, Josiah. *Landscape Gardening in Japan.* Tokyo: Kodansha International, 2002.

Crandell, Gina. *Nature Pictorialized.* Baltimore: Johns Hopkins University Press, 1993.

Crisp, Sir Frank. *Mediaeval Gardens,* Volumes 1 and 2. London: John Lane the Bodley Head Ltd., 1924.

Crowe, Sylvia, Sheila Haywood, Susan Jellicoe, and Gordon Patterson. *The Gardens of Mughal India: A History and a Guide.* London: Thames and Hudson, 1972.

de Clavijo, Ruy Gonzalez. *Embassy to Tamerlane 1403–1406,* translated from the Spanish by Guy Le Strange. London: George Routledge & Sons, 1928.

de Lorris, Guillaume and Jean de Meun. *The Romance of the Rose,* translated and edited by Frances Horgan. New York: Oxford University Press Inc., 1994.

Engel, David H. *Japanese Gardens for Today.* Rutland, VT: Charles E. Tuttle Co., 1982.

Fairbairn, Neil. *A Brief History of Gardening.* Emmaus, PA: Rodale Inc., 2001.

Ferguson, George. *Signs and Symbols in Christian Art.* London: Oxford University Press, 1961.

Ferris, Warren Angus. *Life in the Rocky Mountains: A Diary of Wanderings on the Sources of the Rivers Missouri, Columbia, and Colorado, 1830–1835,* Leroy R. Hafen, ed., new revised edition (Denver, CO: Fred A. Rosenstock/The Old West Publishing Company, 1983.

Fleming, Laurence and Alan Gore. *The English Garden.* London: Michael Joseph Ltd., 1979.

Franck, C. L. *The Villas of Frascati*. London: Alec Tiranti, 1966.

Geddes-Brown, Leslie. *The Walled Garden*. London: Merrell Publishers Ltd., 2007.

Gothein, Marie Luise. *A History of Garden Art*. New York: Hacker Art Books, 1979.

Gould, Stephen Jay, Umberto Eco, Jean-Claude Carriere, and Jean Delomeau. *Conversations About the End of Time*. New York: Fromm International, 2000.

Gromort, Georges. *Jardins d'Espagne*. Paris: A. Vincent, 1926.

Haines, Aubrey L. *The Yellowstone Story: A History of Our First National Park*. Yellowstone National Park, Wyoming: Yellowstone Library and Museum Association, 1977.

Hales, Mick. *Monastic Gardens*. New York: Stewart, Tabori & Chang, 2000.

Halprin, Lawrence. *Lawrence Halprin: Changing Places*. San Francisco CA: The San Francisco Museum of Modern Art, 1986.

Harris, Burton. *John Colter: His Years in the Rockies*. New York: Charles Scribner's Sons, 1952.

Hazelhurst, F. Hamilton. *Gardens of Illusion: The Genius of Andre Le Nostre*. Nashville, TN: Vanderbilt University Press, 1980.

Hobhouse, Penelope. *The Story of Gardening*. London: Dorling Kindersley Ltd., 2002.

Holborn, Mark. *The Ocean in the Sand*. Boulder, CO: Shambhala, 1978.

Hunt, John Dixon. *Garden and Grove: The Italian Renaissance Garden in the English Imagination, 1600–1750*. London: J.M. Dent & Sons Ltd., 1986.

———. *Gardens and the Picturesque: Studies in the History of Landscape Architecture*. Cambridge, MA: MIT Press, 1992.

Hunt, John Dixon, and Michel Conan, eds. *Tradition and Innovation in French Garden Art: Chapters of a New History*. Philadelphia: University of Pennsylvania Press, 2002.

Hunt, John Dixon and Peter Willis, eds. *The Genius of the Place: The English Landscape Garden 1620–1820*. Cambridge, MA: MIT Press, 1988.

Imbert, Dorothee. *The Modernist Garden in France*. New Haven, CT: Yale University Press, 1993.

Itoh, Teiji. *The Gardens of Japan*. New York: Kodansha America Inc., 1998.

Jacobs, Jane. *The Economy of Cities*. New York: Random House, 1969.

Jellicoe, Sir Geoffrey, Susan Jellicoe, Patrick Goode, and Michael Lancaster, eds. *The Oxford Companion to Gardens*. Oxford, UK: Oxford University Press, 1986.

Karson, Robin. *A Genius for Place: American Landscapes of the Country Place Era*. Amherst, MA: University of Massachusetts Press, 2007.

———. *Fletcher Steele, Landscape Architect*. A Ngaere Macray Book/New York: Harry N. Abrams, Inc., 1989.

Keane, Marc P. *Japanese Garden Design*. Rutland, VT: Charles E. Tuttle, 1996.

Kenna, Michael. *Le Notre's Gardens*. San Marino, CA: Ram Publications/Huntington Library, Art Collections and Botanical Gardens, 1997.

Keswick, Maggie. *The Chinese Garden*. New York: Rizzoli, 1980.

King, Ronald. *The Quest for Paradise: A History of the World's Gardens*. New York: Mayflower Books, 1979.

Kluckert, Ehrenfried. *European Garden Design*. Cologne: Konemann, 2000.

Knight, Richard Payne. *The Landscape, A Didactic Poem: in 3 books: addressed to Uvedale Price, Esquire*. Westmead, Farnborough: Gregg International Publishers Limited, 1972. Reprint of the 1795 edition published by W. Bulmer, London.

Kostoff, Spiro. *The City Shaped: Urban Patterns and Meanings through History*. Boston: Bulfinch Press/Little Brown & Co., 1991.

Kovacs, Maureen Gallery, trans. *The Epic of Gilgamesh*. Stanford, CA: Stanford University Press, 1989.

Kuck, Loraine. *The World of the Japanese Garden*. New York: Walker/Weatherhill, 1968.

Kuitert, Wybe. *Themes in the History of Japanese Garden Art*. Honolulu: University of Hawaii Press, 2002.

Landsberg, Sylvia. *The Medieval Garden*. London: Thames and Hudson, 1996.

Lang, S. "The Genesis of the English Landscape Garden," in Nikolaus Pevsner, ed. Dumbarton Oaks Colloquium on the History of Landscape Architecture II. Washington, DC: Dumbarton Oaks, Trustees for Harvard University, 1974.

Lazzaro, Claudia. *The Italian Renaissance Garden*. New Haven, CT: Yale University Press, 1990.

Le Corbusier. *Toward an Architecture*, introduction by Jean-Louis Cohen; translation by John Goodman. Los Angeles, CA: Getty Research Institute/Texts and Documents, 2007.

Leach, Neil, ed. *Rethinking Architecture: A reader in cultural theory*. London: Routledge, 1997.

Lehrman, Jonas. *Earthly Paradise: Garden and Courtyard in Islam*. Berkeley, CA: University of California Press, 1980.

MacDonald, William L., and John A. Pinto. *Hadrian's Villa and Its Legacy*. New Haven: Yale University Press, 1995.

MacDougall, Elisabeth B. *Medieval Gardens*. Washington, DC: Dumbarton Oaks, Trustees for Harvard University, 1986.

MacDougall, Elisabeth B., and Richard Ettinghausen, eds. *The Islamic Garden*. Washington, DC: Dumbarton Oaks, Trustees for Harvard University, 1976.

Macy, Christine, and Sarah Bonnemaison. *Architecture and Nature: Creating the American Landscape*. London: Routledge, 2003.

Mallgrave, Harry Francis. *Modern Architectural Theory*. Cambridge, England: Cambridge University Press, 2005.

Martin, Peter. *The Pleasure Gardens of Virginia: From Jamestown to Jefferson.* Princeton, NJ: Princeton University Press, 1991.

Masson, Georgina. *Italian Gardens.* Woodbridge, England: The Antique Collectors' Club, 1987.

McIntosh, Christopher. *Gardens of the Gods: Myth, Magic and Meaning.* London: I.B. Tauris & Co., 2005.

Moore, Charles, William J. Mitchell, and William Turnbull, Jr. *The Poetics of Gardens.* Cambridge, MA: MIT Press, 1988.

Morris, Edwin T. *The Gardens of China: History, Art and Meanings.* New York: Charles Scribner's Sons, 1983.

Morrison, Tony. *The Mystery of the Nasca Lines.* Woodbridge, Suffolk, England: Nonesuch Expeditions Ltd., 1987.

Mosser, Monique, and Georges Teyssot, eds. *The History of Garden Design: The Western Tradition from the Renaissance to the Present Day.* New York: Thames and Hudson, 1991.

Moynihan, Elizabeth. *Paradise as a Garden in Persia and Mughal India.* New York: George Braziller, 1979.

Murray, Peter. *The Architecture of the Italian Renaissance.* New York: Schocken Books, 1986.

Nakagawara, Camelia. "The Japanese Garden for the Mind: The 'Bliss' of Paradise Transcended," in *Stanford Journal of East Asian Affairs*, vol. 4, no. 2, Summer 2004, pp. 83–102.

Newton, Norman T. *Design on the Land: The Development of Landscape Architecture.* Cambridge, MA: Belknap Press/ Harvard University Press, 1974.

Nichols, Rose Standish. *Spanish & Portuguese Gardens.* Boston: Houghton Mifflin Company, 1924.

Nitschke, Gunter. *Japanese Gardens.* Cologne: Taschen, 1999.

Pevsner, Nikolaus, ed. *The Picturesque Garden and Its Influence Outside the British Isles.* Washington, DC: Dumbarton Oaks, Trustees for Harvard University, 1974.

Pizzoni, Filippo. *The Garden: A History in Landscape and Art.* New York: Rizzoli, 1999.

Prest, John. *The Garden of Eden: The Botanic Garden and the Recreation of Paradise.* New Haven, CT: Yale University Press, 1988.

Reed, Peter. *Groundswell: Constructing the Contemporary Landscape.* New York: The Museum of Modern Art, 2005.

Reiche, Maria. *Mystery on the Desert.* Lima, Peru, 1949.

Riley, Terence. *The International Style: Exhibition 15 and the Museum of Modern Art.* New York: Rizzoli/Columbia Books of Architecture, 1992.

Robinson, William. *The English Flower Garden, and Home Grounds of Hardy Trees and Flowers.* Roy Hay, ed. sixteenth edition. [London: John Murray] Fair Lawn, NJ: Essential Books, 1956.

————. *The Parks and Gardens of Paris.* London: Macmillan and Co., 1878.

————. *The Wild Garden.* Portland, OR: Sagapress, 1994.

Rogers, Elizabeth Barlow. *Landscape Design: A Cultural and Architectural History.* New York: Harry N. Abrams Inc., 2001.

Rosenzweig, Roy, and Elizabeth Blackmar. *The Park and the People.* Ithaca, NY: Cornell University Press, 1996

Schaarschmidt-Richter, Irmtraud. *Japanese Gardens.* New York: William Morrow & Co., 1979.

Schama, Simon. *Landscape and Memory.* Toronto: Random House/Vintage Canada edition, 1996.

Schuyler, David. *Apostle of Taste: Andrew Jackson Downing 1815–1852.* Baltimore: The Johns Hopkins University Press, 1996.

Scully, Vincent. *The Earth, the Temple, and the Gods: Greek Sacred Architecture.* New Haven, CT: Yale University Press, 1979.

Shepherd, J. C., and G. A. Jellico. *Italian Gardens of the Renaissance.* New York: Princeton Architectural Press, 1993.

Shikibu, Murasaki. *The Tale of Genji,* translated by Edward G. Seidensticker. New York: Alfred A. Knopf, 1987.

Sica, Grazia Gobbi. *The Florentine Villa.* Oxford, UK: Routledge, 2007.

Siren, Osvald. *Gardens of China.* New York: Ronald Press Company, 1949.

Sonfist, Alan, ed. *Art in the Land.* New York: E.P. Dutton Inc., 1983.

Spence, Joseph. *Observations, Anecdotes and Characters of Books and Men,* Volume I, James M. Osborn, ed. Oxford, UK: Oxford University Press, 1966.

Stewart, John F., trans. *The Way to Present the Gardens of Versailles,* by Louis XIV. Paris: Editions de la Réunion des Musées Nationaux, 1992.

Sullivan, Louis. *Louis Sullivan: The Public Papers,* Robert Twombly, ed. Chicago, IL: University of Chicago Press, 1988.

Swaffield, Simon. *Theory in Landscape Architecture.* Philadelphia: University of Pennsylvania Press, 2002.

Talen, Emily. *New Urbanism and American Planning: The Conflict of Cultures.* New York: Routledge, 2005.

Tate, Alan. *Great City Parks.* London: Spon Press, 2001.

Tatum, George B., and Elisabeth Blair MacDougall, eds. *Prophet with Honor: The Career of Andrew Jackson Downing 1815– 1852.* Washington, DC: Dumbarton Oaks, The Trustees for Harvard University, 1989.

Thacker, Christopher. *The History of Gardens.* Berkeley, CA: University of California Press, 1979.

Thompson, George F., and Frederick R. Steiner. *Ecological Design and Planning.* New York: John Wiley and Sons, Inc., 1997.

Thompson, Ian. *The Sun King's Garden: Louis XIV, Andre Le Notre and the Creation of the Gardens of Versailles*. London: Bloomsbury, 2006.

Tobey, G. B. *A History of Landscape Architecture: The Relationship of People to Environment*. New York: American Elsevier Publishing Company, Inc., 1973.

Toman, Rolf, ed. *European Garden Design: From Classical Antiquity to the Present Day*. Cologne: Konemann Verlagsgesellschaft mbH, 2000.

The Travels of Marco Polo, Art Type edition, The World's Popular Classics, New York Books, Inc., undated.

Treib, Marc, ed. *Modern Landscape Architecture: A Critical Review*. Cambridge, MA: MIT Press, 1994.

Treib, Marc, and Ron Herman. *The Gardens of Kyoto*. Tokyo: Kodansha International, 2003.

Treib, Marc, and Dorothee Imbert, *Garrett Eckbo: Modern Landscapes for Living*. Berkeley, CA: University of California Press, 1997.

Tuan, Yi-Fu. *Topophilia: A Study of Environmental Perception, Attitudes, and Values*. New York: Columbia University Press, 1990.

————. *Space and Place: The Perspective of Experience*. Minneapolis: University of Minnesota Press, 2001.

Turner, Frederick Jackson. *Rereading Frederick Jackson Turner: "The Significance of the Frontier in American History" and other essays, with commentary by John Mack Faragher*. New York: Henry Holt and Company, 1994.

Valery, Marie-Francoise. *Jardins du Moyen Age*. Tournai (Belgique): La Renaissance du Livre, 2001.

Van der Ree, Paul, Gerrit Smienk, and Clemens Steenbergen. *Italian Villas and Gardens*. Munich: Prestel-Verlag, 1993.

Villiers-Stuart, C. M. *Spanish Gardens*. London: B.T. Batsford Ltd., 1929.

Walpole, Horace. *On Modern Gardening*. New York: Young Books Inc., 1931.

Weiss, Allen S. *Mirrors of Infinity: The French Formal Garden and 17th-Century Metaphysics*. New York: Princeton Architectural Press, 1995.

Wescoat, Jr., James L., and Joachim Wolschke-Buhlmahn, eds. *Mughal Gardens: Sources, Places, Representations, and Prospects*. Washington, DC: Dumbarton Oaks, Trustees for Harvard University, 1996.

Wilber, Donald Newton. *Persian Gardens and Garden Pavilions*. Washington, DC: Dumbarton Oaks Trustees for Harvard University, 1979.

Williams, Dorothy Hunt. *Historic Virginia Gardens: Preservations by the Garden Club of Virginia*. Charlottesville, VA: University Press of Virginia, 1975.

Wines, James. *Green Architecture*. Cologne: Taschen, 2000.

Woodbridge, Kenneth. *Princely Gardens: The Origins and Development of the French Formal Style*. London: Thames and Hudson, 1986.

Wright, Richardson. *The Story of Gardening: From the Hanging Gardens of Babylon to the Hanging Gardens of New York*. Garden City, NY: Garden City Publishing Co. Inc., 1938.

Yoshida, Tetsuro. *Gardens of Japan*. New York: Frederick A. Praeger, 1957.

Yourcenar, Marguerite. *Memoirs of Hadrian*. New York: Farrar, Straus and Giroux, [1951] 1983.